KEY TECHNOLOGIES FOR INTELLIGENT
MEDIUM VOLTAGE SWITCHGEAR SETS

智能中压成套开关设备关键技术

吴汉榕　吴厚烽　主编

中国电力出版社
CHINA ELECTRIC POWER PRESS

内 容 提 要

配电开关设备是配电网的关键设备，其中户内交流金属铠装移开式开关设备（KYN 开关柜）为典型中压成套开关设备。随着智能电网以及无人值班站 / 所的普及应用，对中压开关设备智能化水平的要求也越来越高，本书以 KYN 开关柜为例，讲述智能中压成套开关设备关键技术。

全书共分 6 章，主要内容包括：KYN 开关设备及其基本组成、操作控制；开关设备智能终端通信技术；开关设备状态在线监测技术；基于 Web 的开关设备数据可视化技术；开关设备运行及故障状态的智能诊断技术等。

本书可供广大从事配电网成套开关设备研究、设计及应用的工程技术人员参考阅读。

图书在版编目（CIP）数据

智能中压成套开关设备关键技术 / 吴汉榕，吴厚烽
主编 . -- 北京：中国电力出版社，2025.2. -- ISBN
978-7-5198-9522-8

Ⅰ . TM91

中国国家版本馆 CIP 数据核字第 2025QR3628 号

出版发行：中国电力出版社
地　　址：北京市东城区北京站西街 19 号（邮政编码 100005）
网　　址：http://www.cepp.sgcc.com.cn
责任编辑：杨　扬（010-63412524）
责任校对：黄　蓓　于　维
装帧设计：赵姗姗
责任印制：杨晓东

印　　刷：北京九天鸿程印刷有限责任公司
版　　次：2025 年 2 月第一版
印　　次：2025 年 2 月北京第一次印刷
开　　本：787 毫米 ×1092 毫米　16 开本
印　　张：14
字　　数：326 千字
定　　价：88.00 元

序 一

自 20 世纪 90 年代 12kV 铠装移开式交流金属封闭开关设备（简称 KYN 开关柜）投入使用，经运行考核得到市场认可后，很快应用于各个行业。据《2022 年高压开关行业年鉴》统计，当年 40.5kV KYN 开关柜产量为 77209 面，占该电压等级开关柜产量的 90% 以上；12kV KYN 开关柜产量为 600783 面，超过了该电压等级开关柜产量的 90%。据不完全统计，截至 2023 年底，仅国家电网公司系统，10～35kV 电压等级的 KYN 开关柜装用量总计达 1020255 面，这两年的采购更是集中在该型号上。

KYN 开关柜属于金属铠装移开式开关设备，相较早期采用油断路器的落地式手车开关柜，应用了真空断路器的中置式手车开关柜轻巧了许多，由于运行维护工作量少、可靠性高，中置式手车开关柜得到了广泛应用。加之近年来电动底盘车和电动快速接地开关的应用，从硬件上为实现配电系统智能化和无人值班目标提供了基础。

广东正超电气有限公司是从事中压开关设备设计制造行业老厂，他们根据多年的经验，从产品设计与制造角度全面介绍了 KYN 开关柜的结构、功能以及操作控制要求，其中有关电动底盘车和快速接地开关的内容，弥补了以往缺少系统性资料的空白。近年来开关设备智能、智慧化的要求越来越被用户所接受，客观上，智能电网技术发展和无人值班要求也促进了设备运行状态监测、数据可视化和设备状态异常诊断等技术的发展。书中结合南方电网实际要求，专门介绍了这方面的内容，涵盖基础理论并结合实际案例进行了解析。

应该讲，开关设备智能、智慧化要求是今后行业发展的趋势。当今有关中压开关设备的短路电流开断技术和防治过电压问题均已得到很好的解决，而实时了解掌握开关设备的运行状态、事先诊断可能存在的缺陷，是用户迫切需要学习的新课题。随着检测技术的进步，特别是传感器技术和检测数据处理技术的发展，为解决好这个新课题打下了基础，应用人工智能进行数据处理将大大提高技术进步的水平。希望本书能在这方面给读者一个初步地了解，为今后应用做好准备。

刘兆林

2024 年 6 月

序 二

　　配电网是电力系统的重要组成部分,连接千家万户,是电力供应的"最后一公里"。国家能源局今年印发《配电网高质量发展行动实施方案(2024—2027年)》,提出围绕供电能力、抗灾能力和承载能力提升,加大配电网智能化、高质量发展力度。

　　作为配电网的核心装备,配电开关为新型电力系统的安全可靠性保驾护航。随着我国"双碳"战略的推进和以新能源为主体的新型电力系统的发展,配电开关的智能化、数字化更显重要,成为当前乃至未来的一个必然趋势。本书围绕广泛应用于中压配电网的12kV户内交流金属铠装移开式开关设备的智能化技术,从基本结构、操作控制、智能终端通信、状态在线监测、数字化可视化、故障智能诊断等环节,层层深入地展开分析和阐述,为读者很好地分享了作者在该领域的专业知识。

　　本书作者长期工作在配电开关生产制造一线,工程和生产经验丰富,并有扎实的理论功底,创新意识强。本书是作者多年工程经验与研发创新成果的总结和分享,对同行具有重要的参考价值,对工程界和学术界都有很好的启发和帮助。

张勇军

华南理工大学电力学院教授、博导

2024年8月

前　言

随着新型电力系统的发展，无人值班变电站得到普及应用，对电网系统中开关设备智能化水平的要求也越来越高，这些智能开关设备的健康运行是保障配电网可靠运行的重要技术保障，对其经济技术性、安全性、可靠性、智能化、环保性等方面的需求，均在不断提高。

中压成套开关设备（简称中压开关柜）广泛应用于中压配电网，其智能化水平有待进一步提高，而目前尚缺乏全面阐述智能中压开关设备及其关键技术的专著，为了满足广大从事配电网成套开关设备研究、设计及应用的工程技术人员的需求，特编写此书。

按照开关柜核心元件的安装方式分类，中压开关柜可分为固定式开关柜（其核心元件被固定安装在主回路中）和可移式开式柜（其核心元件安装在可移开的部件上），而可移式开式柜结构更为复杂。本书将以典型的可移式开式柜（KYN 开关柜）为应用对象，介绍智能中压开关设备所涉及的关键技术。

全书共分 6 章，第 1 章概括介绍了 KYN 开关柜的本体结构，重点涉及 KYN 开关柜所涉及的通用技术，其中包括 KYN 开关柜的关键技术参数、开关柜的基本组成以及开关柜的典型结构类型等。第 2 章重点阐述 KYN 开关柜的操作控制，重点涉及开关柜的"五防"联锁操作、开关柜的操作流程以及一键顺控操作等。第 3 章着重叙述了 KYN 开关柜智能终端及变电站自动化通信技术，重点论述了通信架构及其方式，以及目前已广泛应用的 IEC60870 - 5 - 101、IEC60870 - 5 - 104 规约及其应用，特别是越来越广泛应用的 61850 通信标准及其应用。第 4 章概括介绍了 KYN 开关柜的状态在线监测技术，其中着重介绍了高压开关柜的局部放电在线监测技术、高压开关柜的温度在线监测技术以及断路器机械特性在线监测技术等。第 5 章介绍了基于 Web 的开关设备数据可视化技术，其中重点涉及 Web 开发技术、数据可视化技术及其在开关柜领域的应用等。第 6 章阐述了 KYN 开关柜运行及故障状态的智能诊断技术，其中重点阐述了目前应用较广的智能诊断算法原理，在此基础上介绍了对 KYN 开关柜局部放电类型的智能诊断技术。

本书可供电气设备制造企业从事产品的设计研发、生产、销售、售后服务等相关人员以及电力行业从事科研、规划、设计、采购、安装调度、运行维护及相关管理工作的人员使用，也可作为大专院校相关专业师生的参考书籍。

本书由吴汉榕、吴厚烽担任主编，李健伟、肖洋、倪惠浩、唐晓军、谢志杨、方俊钦、梁炳钧、林明伟、叶伟标、李晓洋、许逵、吕鸿、李欣、莫洲、黄晓胜、刘喆、将再新、张载霖、许雄飞、杜鑑钊、刘文佳、陈晓佳、陈翔、苏贲、何晓冬、陈永祥、庞小峰、姚聪伟参与本书编写。

限于编写人员的水平和经验，书中若有疏漏不当之处，恳请广大读者批评指正。

目录

第2章 KYN开关设备的操作控制

第3章 开关设备智能终端通信技术

第4章 开关设备状态在线监测技术

第5章 基于Web的开关设备数据可视化技术

第6章　开关设备运行及故障状态的智能诊断技术

第1章 KYN开关设备及其基本组成

1.1 概述

传统的户内交流金属铠装移开式（KYN）开关设备（也称 KYN 开关柜）是一种 10 ～ 35kV 三相交流 50Hz 单母线分段系统的成套配电装置，主要用于发电厂、变电站、中小型发电机送电、工矿企事业单位配电以及大型高压电动机起动等应用场景，实现对供电线路或设备的控制、保护及监测等功能，以完成接受和分配电能的工作。

1.1.1 KYN 开关设备型号

交流金属铠装移开式开关设备型号的含义如图 1 - 1 所示。

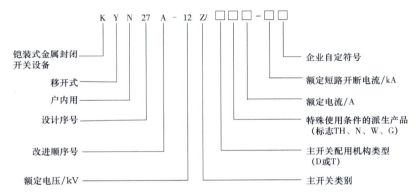

图 1 - 1　交流金属铠装移开式开关设备型号

1.1.2 使用环境条件

KYN 开关设备常规使用条件如下。

（1）周围空气最高温度：+40℃。

（2）周围空气最低温度：-10℃。

（3）最大日温差：30K。

（4）相对湿度：日平均值不大于95%；月平均值不大于90%。

（5）海拔高度：≤2000m；用于高海拔场所不超过5000m。

（6）地震烈度：不超过8度。

（7）污秽等级：2级。

（8）安装地点：户内。

1.1.3 主要技术参数

以典型的 KYN27 - 12 型移开式开关柜为例，其主要技术参数见表 1 - 1。

表 1-1　　　　　　　　　　KYN27-12 型移开式开关柜主要技术参数

序号	项目			单位	技术参数
1	额定电压			kV	12
2	额定频率			Hz	50
3	主母线额定电流			A	≤4000
4	分支母线额定电流			A	1630, 1250, 1600, 2000, 2500, 3150, 4000
5	额定绝缘水平	1min 工频耐受电压（有效值）		kV	相间/对地：42；断口：48
		雷电冲击耐受电压（有效值）		kV	相间/对地：75；断口：85
6	额定短时耐受电流（有效值）			kA	25, 31.5, 40
7	额定短路持续时间			s	4
8	额定峰值耐受电流（峰值）			kA	63, 80, 100
9	额定短路开断电流（有效值）			kA	25, 31.5, 40
10	额定短路关合电流（峰值）			kA	63, 80, 100
11	内部电弧耐受试验（IAC）	可触及种类			ALFR
		内部电弧		kA/s	20/1, 31.5/0.5, 40/1
12	防护等级	外壳			IP4X
		断路器室门打开时			IP2X
13	几何尺寸	宽	≤1600A	mm	800
			≥2000A	mm	1000
		深	电缆进出线	mm	南方电网：1550；国家电网：1450
			架空进出线	mm	南方电网：1800；国家电网：1750
		高		mm	2360
14	质量			kg	1250A：800；3150 以上：1000~1100

1.1.4　智能化 KYN 开关设备

随着智能配电网以及无人值班变电站/所的普及应用，对开关设备智能化水平的要求也越来越高，由此推动了智能化 KYN 开关设备发展。事实上，智能化 KYN 开关设备是在传统的 KYN 开关设备基础上，通过应用当今先进的状态感知及智能监控与智能诊断技术，使得 KYN 开关设备具备了一定程度的智能化功能，在确保实现传统 KYN 开关设备功能的基础上，提高了 KYN 开关设备工作的可靠性，从而可很好地满足智能配电网以及无人值班变电站/所的需求。

相对于传统的 KYN 开关设备而言，智能化 KYN 开关设备的突出特色在于以下几个方面。

1. 开关设备运行状态的在线监测

借助于先进的传感与信号处理技术，实时采集开关设备的关键运行状态参数，全面感知开关设备的运行状态，从而可以更加有效地实施相关的设备维护，最大限度地提高开关设备的安全运行水平。比如，通过实时监测开关柜重点导电部件温度/温升，可以掌握开关柜运行时的温度状态，从而可以及时发现可能出现的异常或故障状态；通过对开关柜的局部放电的在线监测，可以及时发现开关柜运行时可能出现的局部放电现象，并根据相关的维护准则，实施必要的维护工作，避免由于局部放电引起的绝缘击穿而造成的短路故障；通过对开关柜操动机构的在线监测，可以动态了解开关柜操动机构的机械特性。有关 KYN 开关设备的在线监测技术将在第 4 章加以详细阐述。

2. 智能通信网关

采用安全可靠的通信技术以及融合多种通信规约智能通信网关，为开关设备智能终端与控制主站之间的安全可靠的信息交换奠定基础，从而为开关设备的操作与控制以及故障处理与保护提供保障。此部分相关技术将在第 3 章中予以阐述。

3. 开关设备内部可视化

智能化 KYN 开关设备配置了视频监控系统，使现场或远方操作人员能够实时观察设备内部断路器、接地开关的运动过程及状态，特别是可获取接地开关的开关状态，从而实现了开关状态的可视化，提高了开关设备操作的安全可靠性。此部分相关技术将在第 5 章中予以阐述。

4. 开关设备运行及故障状态的智能诊断

利用上述所述技术，特别是基于电力物联网的在线监测系统所采集的开关设备状态信息，采用合适的智能算法，基于云/边计算平台，实现对开关设备运行及故障状态的智能诊断。此部分内容将在第 6 章中予以阐述。

1.2　KYN 开关设备基本结构

以 KYN27 - 12（Z）开关柜为例，其由固定的柜体和可抽出部件（即手车）两大部分组成。开关柜的外壳防护等级为 IP 4X，断路器室门打开时为 IP 2X。KYN27 - 12（Z）开关柜典型结构及外观如图 1 - 2 所示。

开关柜内部由接地的金属隔板分隔成多个独立的小室，其中主要包括仪表室、（断路器）手车室、母线室、电缆室等。KYN27 - 12（Z）开关柜属于金属铠装移开式开关设备，其断路器是安装在可移动的手车上，据此有时又将手车室称为断路器室。此外，KYN 开关柜还有位于仪表室顶部的小母线室，以用于安装控制回路、保护回路、计量和测量回路的各种小母线。

上述各功能室之间互不干扰，可有效防止隔室内故障的蔓延和扩大。特别需要指出的是，手车室、母线室、电缆室这 3 个隔室均设有独立的泄压通道。当室内发生内部故障而燃弧时，室内气压上升，顶部的盖板自动打开，高压气体迅速向上排出，释放压力，从而确保操作人员和开关柜的安全。

开关柜柜内主要元件包括一次电缆、接地开关、电流互感器、静触头装置、静触头盒、穿墙套管、泄压顶盖、主母线、分支母线、活门板、真空断路器、接地开关操作机、闭锁机构等。

上述各功能室及其所配置的元器件均安装在金属柜体内部。

1.2.1　柜体

开关柜的外壳和各功能单元的隔板，采用优质冷轧钢板（或敷铝锌板）经数控机床加工折弯成形后，用高强度铆钉和拉铆螺母栓接组装而成，能保持柜体尺寸统一，手车互换性

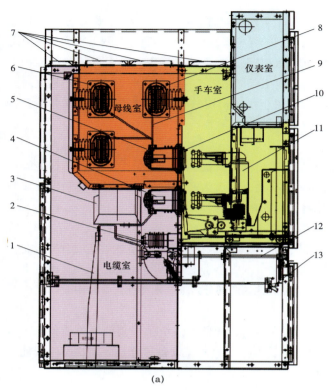

(a)　　　　　　　　　　　(b)

图 1-2　KYN27-12（Z）开关柜典型结构及外观

（a）结构；（b）外观

1——一次电缆；2——接地开关；3——电流互感器；4——静触头；5——静触头盒；6——穿墙套管；7——泄压顶盖；
8——主母线；9——分支母线；10——活门板；11——真空断路器；12——接地开关操作机构；13——闭锁机构

好，具有很高的机械强度和很强的耐腐蚀能力。柜体表面喷涂工艺采用先进的静电粉末自动喷涂生产线，具有面漆美观、附着力强、耐腐蚀、硬度高、抗老化、保光保色性好等优点。

1.2.2　仪表室

仪表室用于安装各类微机保护装置、仪表、继电器、信号指示灯、操作开关等元器件。在仪表室上部设有小母线通道，供敷设控制小母线。

1.2.3　主母线室

主母线室用于安装主母线及主母线至触头盒的分支母线。（三相）主母线之间及主母线与分支母线之间采用螺栓连接，并采用绝缘子支撑，所有母线及其搭接面均用热缩套管包封，没有裸露的带电体。

母线室侧壁装有 3 个（三相）绝缘穿墙套管，每两台柜之间共用一组穿墙套管，将柜与柜之间的母线室隔开，故障时可防止事故的蔓延，对单个柜而言，穿墙套管可以布置在左侧壁，也可以布置在右侧壁。

三相母线采用三角形布置，充分利用空间，并且具有很好的动稳定性。由于采取了特殊的方法，可以防止运行时涡流的产生。

主母线按每台柜一段制作，这样可以方便现场安装和检修。主母线室上部设有压力释放通道，以保障在异常情况下，因母线室内部燃弧引起其内部压力增大时，能够可靠泄压，以免除或减小对其他设备的损坏，保证操作人员的人身安全。

1.2.4　电缆室

电缆室空间大，可安装电流互感器、接地开关、避雷器、加热器及电缆。电缆安装高度不小于 700mm，可连接多根电缆，电缆进线孔处设有可调节金属封板以方便现场施工。接地开关与电缆室门的联锁方式采用机械联锁（没有接地开关的除外）。使得联锁更加可靠。

电缆室用于安装电流互感器、接地开关、避雷器、过电压吸收器和电缆等。电缆安装高度不小于 700mm，可连接多根电缆，电缆进线孔处设有可调节金属封板以方便现场施工。

接地开关与电缆室门的联锁方式采用机械联锁（没有接地开关的除外）。使得联锁更加可靠。

电缆室由于采用柜后开门的设计方式，电流互感器、接地开关等的合理布置，使其有足够的空间，方便安装维护人员的安装及检修维护。零序电流互感器可以装在电缆室内。电缆室的顶部设有压力释放通道，以保障在异常情况下，因电缆室的内部燃弧引起其内部压力增大时，能够可靠泄压，以免除或减小对其他设备的损坏，保证操作人员的人身安全。

1.2.5　小母线室

小母线室位于仪表室的顶部，用于安装控制回路、保护回路、计量和测量回路的各种小母线，根据小母线数量的多少，可以进行单层或双层布置，单层最多可以布置 13 条小母线。小母线一般采用 $\phi6$ 的实心铜棒或 $\phi8$ 的空心铜管制作。

1.2.6　手车室

手车室内安装了特制的导轨，供安装有断路器、负荷开关或其他装置的手车的进出柜体操作。此外，手车室还具有工作、试验位置的锁定功能。由此可见，手车室内包含了可沿着固定导轨运动的手车以及安装在手车上的主开关。对于断路器柜而言，手车上安装的主开关为断路器（通常为真空断路器）。

事实上，手车在手车室内有两个设定位置，即试验位置（简称试验位）和工作位置（简称工作位）。手车从试验位置进到工作位置（简称手车的摇入）或从工作位置退到试验位置（简称手车的摇出）是通过手车的推进丝杆机构来实现的。处于试验位和工作位的断路器手车状态分别如图 1 – 3 和图 1 – 4 所示。

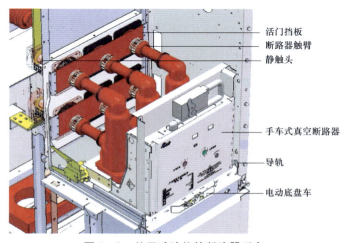

活门挡板
断路器触臂
静触头
手车式真空断路器
导轨
电动底盘车

图 1 – 3　处于试验位的断路器手车

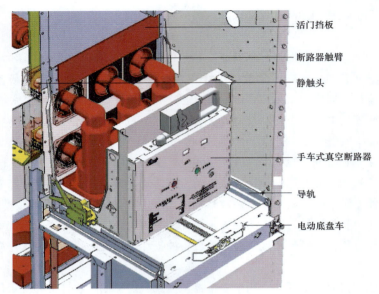

图1-4　处于工作位的断路器手车

（图中标注文字：活门挡板、断路器触臂、静触头、手车式真空断路器、导轨、电动底盘车）

由图1-3可见，当断路器手车处于试验位时，断路器手车的动/静触头是分离的。因此，该状态下开关柜的进/出母线处于分断状态。在此状态下，可以进行相关的断路器操作试验，而不会影响开关柜进/出母线的分断状态。当断路器手车处于工作位时（见图1-4），断路器手车的动/静触头相互接触，这就意味着，在此状态下可以通过控制断路器的关合与分断，实现开关柜进/出母线的接通与分断。

需要指出的是，手车的摇入和摇出操作需要满足一定的操作条件，比如，通过在手车室上的静触头前安装上下两套独立运动的活门机构，使得上下活门在手车运动过程中能自动打开或自动关闭。这样一来，可以在检修时锁定活门，从而确保手车在试验或完全抽出时，开关柜的带电部分能够得到有效的安全防护，保障人员安全。同时，手车可以实现中门联锁，即只有在前中门关闭时才能操作手车进退，只有在手车退出到试验位置时才能打开前中门。

手车处在工作位置时，手车上的接地触头与接地插头接通，并与整个接地系统连接。无论手车是从工作位置退到试验位置，还是从试验位置进到工作位置，手车均处于接地状态。

手车与接地开关操作机构之间设有联锁装置。在手车室与电缆室、手车室与主母线室之间设有接地的金属活门板，当手车处在试验位置时，活门板处于关闭状态；当手车从试验位置推进到工作位置时，通过手车上的推板将活门自动打开。当手车从柜内移出（即移开位置）时，为保证操作人员及检修人员的安全，活门在关闭状态下可以采用挂锁的方式防止误开活门板，将带电体与手车室内的检修人员隔开。手车室的上部设有压力释放通道，以保障在异常情况下，在开关柜内部因燃弧引起压力增大时，可以可靠泄压，以免除或减小对其他设备的损坏，保证操作人员的人身安全。

1.2.7　手车结构

手车室结构是KYN开关柜有别于其他形式开关柜的最具特色的结构。根据手车所配置的关键装置，开关柜的手车种类包括断路器手车、隔离手车、电压互感器（TV）手车、熔断器手车、接地手车等。它们分别用在不同的接线方案中，其结构主要是两部分组成，即手车式断路器、隔离插头、TV 机架、熔断器机架加带行走轮的底盘车而构成不同用途的手车。

VS1 – 12 断路器手车典型结构如图 1 – 5 所示。可以看到，断路器手车事实上是由断路器及底盘车所构成，断路器（包括操动机构）被安装在底盘车上，通过底盘车在开关柜柜体上导轨的移动，便可以实现断路器手车在试验位置和工作位置之间的移动，甚至可以方便的将断路器手车移出柜体之外。

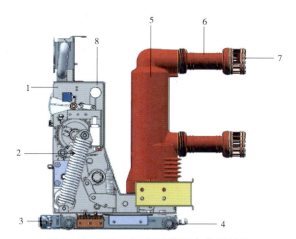

图 1 – 5　VS1 – 12 断路器手车典型结构

1—断路器框架；2—弹簧操作机构；3—底盘车；4—底盘车车轮；
5—固封极柱；6—出线臂；7—梅花触头；8—起吊圆孔

需要指出的是，手车在手车室内的试验位和工作位间移动是通过底盘车内的丝杆机构来实现的，而早期的 KYN 开关柜手车的位置移动是利用操作手柄人工来完成。因此，习惯上将这种可移动的开关装置称为手车，而手车的移动又被称为手车的摇入或摇出。尽管最新的 KYN 开关柜配置了可电动驱动的手车结构，但通常仍然采用传统的“手车”称谓。

底盘车内设有特殊的离合装置，当手车进到工作位置或退到试验位置后，如继续转动丝杆，则手车不会继续前进或后退，但操作手柄可以继续转动，并发出打滑的响声。

断路器与底盘车之间，底盘车与接地开关操作机构之间及与前下门之间均设有联锁机构，可以充分满足《3.6kV ~ 40.5kV 交流金属封闭开关设备和控制设备》（GB/T 3906—2020）中“五防”的要求。

开关柜的一次方案很多，结构各异，在正常运行中，操作人员进行最多的操作是对装有断路器手车的开关柜进行操作，所以本章着重介绍馈线柜的详细操作内容，同时对较常用的分段联络柜及 TV 柜的操作简要介绍。

1.2.8　转运车

严格意义上讲，转运车属于 KYN 开关柜的附属设备。上述的手车从开关柜内移出或手车从柜外进入开关柜内，均是通过转运车来实现的。

根据结构形式的不同，转运车可分为独立式转运车和联体式一体化转运车两种。

独立式转运车是运载同一规格手车的通用转运车，其结构如图 1 – 6 所示。

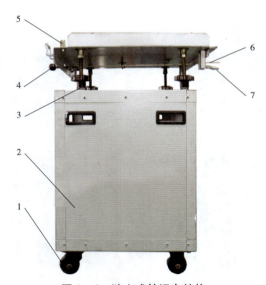

图 1 - 6　独立式转运车结构

1—转运车行走轮；2—转运车车架；3—高度调节机构；4—操作手柄；
5—安全限位块；6—与柜体的定位销；7—闭锁钩

　　联体式一体化转运车既起到转运车的作用，又是手车的一部分，与手车构成不可分离的整体，其结构如图 1 - 7 所示。

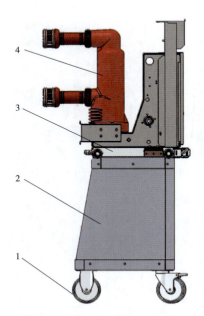

图 1 - 7　联体式一体化转运车结构

1—转运车行走轮；2—转运车车架；3—底盘车；4—断路器

1.3　电动底盘

为了实现（断路器）手车的远方遥控操作，需要将传统的手车底盘车电动化，即将断路器本体安装在电动底盘上，从而构成所谓的电动手车。

采用电动底盘，可以实现以下功能。

（1）断路器小车通过电机驱动缓慢和平稳的行进实现摇进／摇出操作。

（2）底盘车可分别进行手动和电动操作，手动和电动操作机构间具有离合装置，以使电动和手动操作相互独立。

（3）电动操作控制单元可远程控制底盘车进行摇进/摇出操作，具有电动操作电动机堵转保护和故障报警功能，当摇进／摇出操作过程中出现阻滞时进行报警，并及时切断电动机，防止摇进／摇出操作继续进行损坏相关机械闭锁。

（4）控制单元具有电动机制动功能，以防止电动摇进／摇出操作到位后电动机因惯性停转卡死。

（5）底盘车本体带位置信号辅助节点，并具备完整五防联锁功能。

1.3.1　电动底盘系统

断路器手车电动底盘系统主要包括电动底盘车本体和操作控制单元，电动底盘车本体又包括传统小车底盘、电机、传动机构等。

电动操作底盘车结构如图 1 - 8 所示。

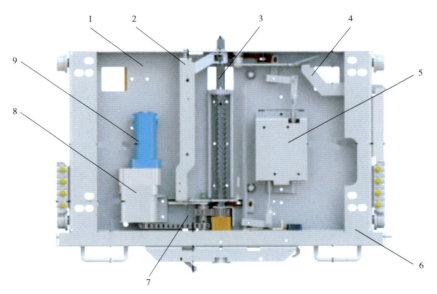

图 1 - 8　电动底盘系统结构

1—动车架；2—锁板；3—丝杆；4—联锁板；5—辅助开关；6—静车架；
7—左板；8—离合器；9—直流电动机

动车架 1 用于断路器承载，锁板 2 和左板 7 用于断路器联锁，丝杆 3 用于手车的摇进与摇出，静车架 6 用于手车的固定和拉出，联锁板 4 用于配合接地开关联锁，辅助开关部分用于提供手车试验位置信号或工作位置信号，离合器 8 部分实现电动操作和手动操作分离，直流电动机9部分用于驱动手车摇进摇出的功能。

电动底盘车驱动系统配置完善的过载保护,当底盘车在行进或退出过程中出现过载或卡滞现象时,过载保护元件会迅速切断电机电源,保护电机和传动机构。

1.3.2 电动操作过程

1. 手车摇入

试验位置时当电动模块通电并得到进车指令时,电机带动离合器、锥齿轮正转,并使得丝杆顺时针转动,底盘车车架向工作位置行进,即将到达工作位置时,套顶住弯板转动,并压住微动开关,切断电机回路,到达工作位置。

2. 手车摇出

工作位置时当电动模块通电并得到出车指令时,电机带动离合器、锥齿轮反转,并使得丝杆逆时针转动,底盘车车架向试验位置行进,即将到达试验位置时,横梁顶住销运动,并压住微动开关,切断电机回路,到达试验位置。

3. 手动优先原则

需要指出的是,电动手车既可以实现电动驱动,也可以利用手动操作,而且遵循"手动优先原则",即当现场操作人员实施手动操作手车摇入/摇出时,电动操作将被闭锁。手动操作时,当手柄插入丝杆上时,杆一直顶住微动开关,切断电机回路,保证手动操作安全;当手柄退出后,杆松开,电机回路导通,可进行电动操作。

1.3.3 电动底盘操作控制逻辑

(1)当手车处于非工作位和非试验位置时,电机只允许摇出动作。

(2)只有当所有的联锁信号都满足,且控制器无故障时,控制器才会被允许操作。

(3)当摇入过程发生堵转时,停止当前操作,并驱动电机返回试验位。返回过程中若再次发生堵转,则停止电机运行。

(4)当摇出过程发生堵转时,停止当前操作,并反向驱动电机运行300ms。

(5)当发生超时(超时时间通常设置为70s)未到达指定位置情况时,应退回试验位。

(6)电机到达试验位后延时400ms,再反向运行20ms。

1.3.4 电动底盘防误闭锁功能

按照 KYN 开关柜安全操作规范要求,需要为断路器手车配置必要的联锁装置,以防止断路器在闭合状态下摇入、摇出手车,以及防止接地开关闭合时断路器进入工作位。

1. 防止断路器在闭合状态下摇入、摇出手车

根据操作规程要求,当断路器处于闭合状态时,禁止摇入、摇出手车。

(1)手车处于试验位。处于试验位的手车局部结构如图1-9所示。其中拐臂机构与断路器操动机构相连。

在手车处于试验位状态下,闭合断路器,断路器操动机构将带动拐臂向下运动,直至拐臂套筒压住锁板,使得手车底盘上的锁板不能抬起。此时,如果顺时针旋转丝杠摇入手车,则丝杠前段的试验位闭锁卡键将会卡入锁板的方型孔中,从而阻止了丝杠的转动,由此实现了在手车试验位防止手车被摇入工作位的操作。

(2)手车处于工作位。处于工作位的手车局部结构如图1-10所示。该图中并未画出与断路器操动机构相连的拐臂机构(可参见图1-9)。

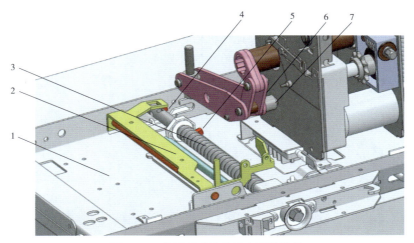

图 1 – 9　处于试验位的手车局部结构

1—动车架；2—锁板；3—丝杠；4—试验位闭锁卡键；5—工作位闭锁卡键；
6—拐臂机构；7—拐臂套筒

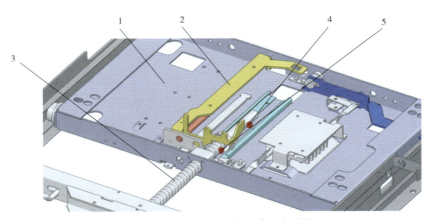

图 1 – 10　处于工作位的手车局部结构

1—动车架；2—锁板；3—丝杠；4—试验位闭锁卡键；5—工作位闭锁卡键

　　当手车处于工作位时，闭合断路器，断路器操动机构将带动拐臂向下运动，直至拐臂套筒压住锁板，使得手车底盘上的锁板不能抬起。此时，如果逆时针旋转丝杠摇出手车，则丝杠上的工作位闭锁卡键将会被锁板卡住，从而阻止了丝杠的转动，进而实现了在手车工作位防止手车被摇出工作位的操作。

　　综上所述，手车无论是在试验位还是在工作位，断路器的闭合都会使手车底盘车上的锁板不能抬起，不能正常抬起的锁板会限制手车底盘车丝杠的转动，使得手车无法摇入或摇出。从而可以实现闭合断路器状态下防止摇入、摇出手车这一闭锁功能。

2. 防止接地开关闭合时断路器手车进入工作位

　　依据 KYN 开关柜防误闭锁功能要求，当接地开关闭合时（此操作只能在手车处于试验位），不允许将断路器手车摇入工作位，这一闭锁功能所涉及的关键零件包括安装断路器的动车架、手车运动锁板、手车运动丝杠、试验位闭锁卡、U 形叉以及连杆等，其中 U 形叉、连杆 6 和接地开关操作机构组成一个联动机构。处于试验位的手车局部结构如图 1 – 11 所示。当操作接地开关闭合时，接地开关操作机构将带动连杆向下运动，进而驱动 U 形叉向左运动，直至 U 形叉前段的凹槽卡入丝杠前端的试验位卡键内，使得丝杠不能顺时针转动，从而实现了接地开关闭合时断路器无法推入工作位这一闭锁功能。

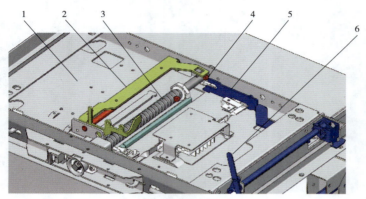

图 1 – 11　处于试验位的手车局部结构

1—动车架；2—锁板；3—丝杠；4—试验位闭锁卡键；5—U 形叉；6—连杆机构

1.4　电动快速接地开关

电动操作的接地开关主要采用带关合能力的线路侧接地开关，可以在手动操作的接地开关的框架中加装电动驱动和传动模块，配合操作控制单元（或和电动断路器控制器合成为二合一控制单元），实现接地开关电动操作。

1.4.1　电动快速接地开关典型结构

1. 处于分闸状态的接地开关

处于分闸状态的接地开关如图 1 – 12 所示，其中结构包括手动操作机构、电动机构、接

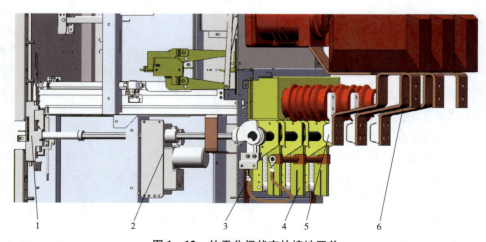

图 1 – 12　处于分闸状态的接地开关

1—手动操作机构；2—电动机构；3—接地系统；4—动触头；5—静触头；6—母线系统

地系统、（接地开关）动/静触头、（开关柜）母线系统等。接地开关的静触头与开关柜的母线系统直接电气相连接，而接地开关的动触头则是与开关柜的接地系统直接电气相连接，通过操作接地开关动触头的开/合，即可实现开关柜母线系统对接地系统的隔离与接通。

2. 处于合闸状态的接地开关

处于合闸状态的接地开关如图 1 - 13 所示，此时开关柜的母线系统将与接地系统电气相连。

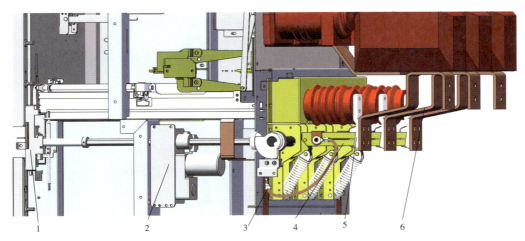

图 1 - 13　处于合闸状态的接地开关

1—手动操动机构；2—电动机构；3—接地系统；4—动触头；5—静触头；6—母线系统

3. 接地开关的开/合操作

接地开关的开/合操作可以通过手动和电动两种方式实现。而且手动和电动操作机构间具有离合装置，以确保电动和手动操作的相互独立。

手动操作接地开关时，需要利用手动操作手柄，将其插入开关柜箱体外部的操作孔，通过转动操作手柄带动丝杠旋转，进而驱动接地开关的关合。

电动操作控制单元可远程控制接地开关合闸/分闸，具有电动操作电机堵转保护和故障报警功能，当摇进/摇出操作过程中出现阻滞时进行报警，并及时切断电机，防止操作继续进行损坏相关机械闭锁。

1.4.2　防误闭锁功能

按照开关柜防误操作要求，当断路器手车处于工作位时，不允许操作接地开关合闸。为此 KYN 开关柜配置了必要的防误操作结构。

接地开关防误闭锁功能结构如图 1 - 14 所示，其关键部件包括接地开关操作口弯板、连杆、拐臂、接地开关驱动转轴、手车导轨联锁弯板及接地开关接地刀闸。图 1 - 15 和图 1 - 16 所示均为结构局部放大图。

为了操作接地开关接地刀闸完成关/合闸，需要利用操作手柄插入接地开关操作口，驱动接地开关驱动转轴转动，最终实现接地开关接地刀闸的关/合闸运动。而接地开关操作口可以通过接地开关操作口弯板的上下运动来实现开启或遮挡，换言之，操作手柄能否插入接地开关操作口、进而进行接地刀闸的关合闸操作，取决于接地开关操作口是否处于开启状

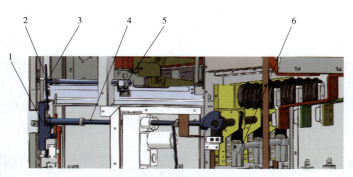

图 1-14　接地开关防误闭锁功能结构

1—接地开关操作口弯板；2—连杆；3—拐臂；4—接地开关驱动转轴；
5—手车导轨联锁弯板；6—接地开关接地刀闸

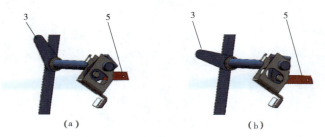

（a）　　　　　　　　　　　　　（b）

图 1-15　结构局部放大图

3—拐臂；5—手车导轨联锁弯板

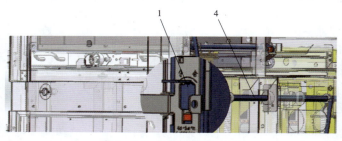

图 1-16　结构局部放大图

1—接地开关操作口弯板；4—接地开关驱动转轴

态。如果按下接地开关操作口弯板，则接地开关操作口将处于开启状态，进而可以将操作手柄插入接地开关操作口，实现接地刀闸的关合闸操作；如果闭锁接地开关操作口弯板的按下操作，则接地开关操作口处于遮挡状态（见图 1-16），从而导致无法将操作手柄插入接地开关操作口，因此无法操作接地刀闸的关合闸。

接地开关操作口弯板是通过连杆与拐臂以及手车导轨联锁弯板所构成的轴系相连的。按下接地开关操作口弯板，则拐臂和手车导轨联锁弯板做逆时针转动。因此，闭锁拐臂和手车导轨联锁弯板的逆时针转动，即可锁住接地开关操作口弯板的按下操作。而当手车由试验位推入工作位时，会阻挡手车导轨联锁弯板逆时针转动，从而使得接地开关操作口弯板不能被按下，这就意味着手车处于工作位时，接地开关操作口被弯板遮挡，无法利用操作手柄对接地刀闸实施合闸操作，进而达到防止断路器在工作位时闭合接地开关的目的。

1.5　KYN27 – 12 开关柜典型结构类型

KYN27 – 12 型移开式开关柜有多种典型结构方案，其中包括（架空）进线断路器柜，分段断路器柜、分段隔离柜、电缆馈线柜、电流互感器（TV）柜等基本结构方案。实际应用中，可以根据需要通过增减基本元件配置，组合构成所需要的结构方案。

1.5.1　架空进线断路器柜

架空进线断路器柜又称为架空进线柜，主要元件包括真空断路器、电流互感器（TA）、避雷器、带电显示装置、封闭母线桥等。架空进线断路器柜原理和结构分别如图 1 – 17 和图 1 – 18 所示。

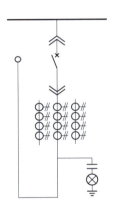

图 1 – 17　架空进线
断路器柜原理

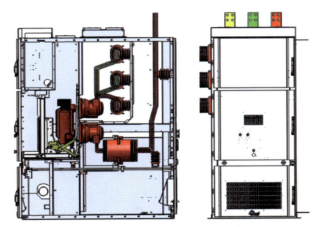

图 1 – 18　架空进线断路器柜结构

1.5.2　分段断路器柜

分段断路器柜主要元件包括真空断路器、电流互感器（TA）、带电显示装置等。分段断路器柜原理和结构分别如图 1 – 19 和图 1 – 20 所示。

1.5.3　分段隔离柜

分段隔离柜主要元件包括隔离开关、带电显示装置等。分段隔离柜原理和结构分别如图 1 – 21 和图 1 – 22 所示。

1.5.4　电缆馈线柜

电缆馈线柜的主要元件包括真空断路器、电流互感器（TA）、避雷器、接地开关、带电显示装置等。电缆馈线柜原理和结构分别如图 1 – 23 和图 1 – 24 所示。

1.5.5　电压互感器（TV）柜

电压互感器（TV）柜主要元件包括隔离开关、避雷器、熔断器、带电显示装置等。电压互感器（TV）柜原理和结构分别如图 1 – 25 和图 1 – 26 所示。

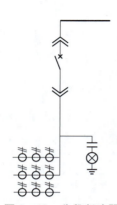

图 1 - 19　分段断路器
柜原理

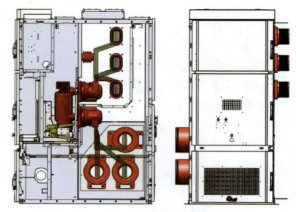

图 1 - 20　分段断路器柜结构

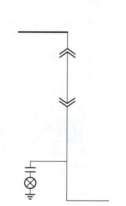

图 1 - 21　分段隔离柜
原理

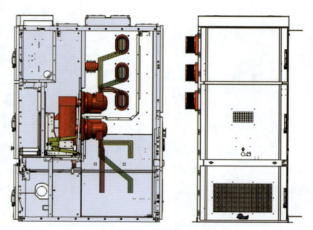

图 1 - 22　分段隔离柜结构

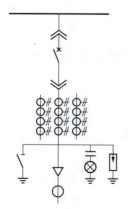

图 1 - 23　电缆馈线柜
原理

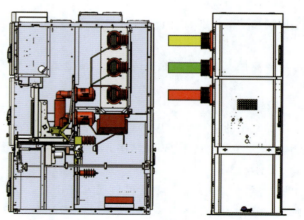

图 1 - 24　电缆馈线柜结构

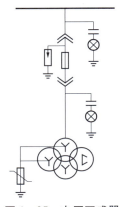

图1－25　电压互感器
（TV）柜原理

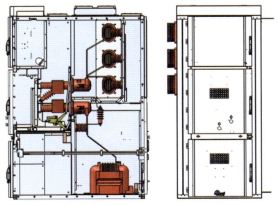

图1－26　电压互感器（TV）柜结构

第2章 KYN开关设备的操作控制

户内交流金属铠装移开式（KYN）开关设备主要应用于发电厂、变电站、中小型发电机送电、工矿企事业单位配电以及大型高压电动机起动等，用于对电路进行控制、保护及监测等操作，以实现接受和分配电能的功能。

2.1 开关柜的"五防"联锁操作

为确保人身和设备安全，电气设备（高压开关柜）应具备 5 种防误功能，简称"五防"。"五防"是电力安全的重要措施之一。

2.1.1 "五防"联锁操作要求

根据《国家电网公司防止电气误操作安全管理规定》电气"五防"的具体内容如下。

1. 防止带负荷分、合隔离开关

要求断路器、负荷开关、接触器在合闸状态不能操作隔离开关，换句话说，隔离开关的合闸与分闸操作只能在断路器、负荷开关、接触器等主开关处于分闸状态下执行。

2. 防止误分、误合断路器、负荷开关、接触器

只有操作指令与操作设备对应才能对被操作设备操作，即要求断路器、负荷开关、接触器等主开关的合闸与分闸动作是执行确定的操作指令（人工操作或程序控制）的结果。

3. 防止接地开关处于闭合位置时关合断路器、负荷开关

只有当接地开关处于分闸状态，才能合隔离开关或断路器（负荷开关）手车才能进至工作位置，才能执行断路器、负荷开关的闭合操作。

4. 防止在带电时误合接地开关

只有当断路器、负荷开关、隔离开关等处于分闸状态才能闭合接地开关。

5. 防止误入带电隔室

只有隔室不带电时，才允许打开隔室门、接触或进入隔室，确保人员安全。

注意：上述对电气设备防误装置的"五防"功能而言，除"防止误分、误合断路器"现阶段因技术原因可采取提示性措施外，其余"四防"功能必须采取强制性防止电气误操作措施。

2.1.2 常规防误闭锁方式

为了确保人身和设备安全，凡有可能引起误操作的高压电气设备，均应装设防误装置和相应的防误电气闭锁回路，高压电气设备的运行操作只能在所设置的全部闭锁被打开的情况下方可执行，否则，运行操作将被限制或阻止。

防误装置的设计原则是：凡有可能引起误操作的高压电气设备，均应装设防误装置和相应的防误电气闭锁回路。实际应用中，通常采用以下 4 种防误闭锁方式。

1. 机械闭锁

机械闭锁是一种采用机械方式实现防误操作的闭锁措施，通常是在开关柜或户外闸刀的操作部位之间，采用相互制约和联动的机械机构来达到先后动作的闭锁要求。

机械闭锁在操作过程中无需使用钥匙等辅助操作，可以实现随操作顺序的正确进行，自动地步步解锁。在发生误操作时，可以实现自动闭锁，阻止误操作的进行。机械闭锁可以实现正向和反向的闭锁要求，具有闭锁直观、不易损坏、检修工作量小、操作方便等优点。然而机械闭锁只能在开关柜内部及户外闸刀等的机械动作相关部位之间应用，很难实现两柜之间或开关柜与柜外配电设备之间及户外闸刀与开关（其他闸刀）之间的闭锁。所以在开关柜及户外闸刀上，只能以机械闭锁为主，还需辅以其他闭锁方法，方能达到全部"五防"要求。

2. 程序锁

程序锁又称机械程序锁，是用钥匙随操作程序传递或置换而达到先后开锁操作的要求。其最大优点是钥匙传递不受距离的限制，所以应用范围较广。程序锁在操作过程中有钥匙的传递和钥匙数量变化的辅助动作，符合操作票中限定开锁条件的操作顺序的要求，与操作票中规定的行走路线完全一致，所以也容易为操作人员所接受。

3. 电气闭锁

电气闭锁采用电气接点的原理来联锁闭锁一个元件的动作。比如，将断路器、隔离开关、接地刀闸等设备的辅助接点接入相关电气设备的操作电源回路所构成的闭锁，或通过某种电磁机构的动作，来实现解锁操作等。电气闭锁广泛用于电动操作设备。其优点是操作中不需要辅以其他操作，闭锁可靠。但需要接入大量的二次电缆，接线方式复杂、运行维护困难、有较多的辅助接点串入。辅助接点设备工作不可靠，会直接影响电气联锁的可靠性。电气闭锁回路一般只能防止断路器、隔离开关和接地开关的误操作，对误入带电间隔、接地线挂接（拆除）等则无能为力，无法独立实现完整的"五防"功能。

4. 微机防误闭锁装置

自 20 世纪 90 年代初，微机技术就进入了防误闭锁领域。微机防误闭锁装置是一种采用计算机技术，用于高压开关设备防止电气误操作的装置。经过十多年来的发展，微机防误闭锁装置已逐渐成熟，并已在电力系统中广泛推广。微机防误系统通过软件将现场大量的二次闭锁回路变为电脑中的"五防"闭锁规则库，实现了防误闭锁的数字化，并可以实现以往不能实现或者是很难实现的防误功能，应该说是电气设备防误闭锁技术的飞跃。

2.1.3　防止误操作措施及装置

为了充分保证设备及人身安全，KYN 开关设备必须遵循上述"五防"联锁措施，具体实施方案应具有完善、安全可靠的联锁装置。通常情况下，应遵守下列原则。

（1）只有当断路器手车处在试验位置或工作位置时，断路器才能进行分、合闸操作。当断路器手车处在试验位置和工作位置之间的任何位置时，断路器均无法进行分、合闸操作。

（2）当断路器手车处于合闸状态时，底盘车上的小活门一定是处于关闭状态，且无法打开，也就无法操作断路器手车使其从试验位置移到工作位置或从工作位置移到试验位置。只有当断路器处于分闸状态时，才允许断路器手车的摇入/摇出操作，即实现断路器手车从试验位置进入到工作位置或从工作位置退到试验位置的操作。

为了实现上述操作联锁要求，根据 KYN 开关设备的配置，可以通过合适的联锁装置来实现。比如，对于配置了可电动操作的断路器手车和接地开关，可以应用"一键顺控"操作措施来实现上述联锁目的。如果 KYN 开关设备未配置可电动操作的断路器手车和接地开关，则联锁只能通过必要的机构或装置来实现。事实上，配置了可电动操作的断路器手车和接地开关的 KYN 开关设备应具备"手动"和"电动"两种操作模式。因此，KYN 开关设备通常都必须配置合适的联锁机构或装置，以下仅对这些联锁机构或装置的工作原理加以阐述，有关通过"一键顺控"方式实现联锁操作的工作原理，将在第 2.3 节加以阐述。

1. 断路器手车与接地开关的联锁

（1）当断路器手车处在工作位置时，柜前右侧的接地开关操作孔的小活门关闭，且无法打开（此时接地开关一定是处于分闸状态），使接地开关操作手柄无法插入，从而可以防止误操作接地开关使其合闸。

（2）只有当断路器分闸后，并将断路器手车退到试验位置时，接地开关操作孔的小活门才可以打开。之后，才能插入接地开关操作手柄，并通过顺时针转动 90°，使接地开关合闸。

（3）当接地开关合闸后，断路器手车无法从试验位置进入到工作位置，此时如果插入断路器手车操作手柄，顺时针转动时，手车前进大约 10mm，底盘车上的离合装置开始打滑，即使继续转动手柄，手车也不会前进，只会听到离合器的打滑声。

2. 柜门与接地开关之间的联锁

（1）开关柜的后门与前下门之间通过程序锁来实现联锁，即后门没关闭，前下门无法关闭；前下门没有打开，后门也无法打开。只有后门关闭后，将程序锁的钥匙取出放入前下门背后的锁座内，顺时针转动锁匙，使程序锁的锁舌退回，前下门才能关闭，反之，只有当前下门打开后，才能从其门后拿到开后门的程序锁钥匙。

（2）接地开关操作孔处设有双层小活门，只有当后门、前下门均已关闭，且接地开关处于合闸状态时，双层小活门才会同时打开。换言之，如果要将接地开关分闸，则必须首先关好开关柜的后门和前下门，否则接地开关将无法操作。

（3）接地开关分闸后，由接地开关操作轴上的凸轮带动联锁机构，将前下门闭锁，此时前下门无法打开。

（4）当接地开关处于合闸状态时，其操作孔处的外层小活门一定为打开状态，只有当接地开关分闸时，外层小活门处于自然关闭状态，同时当手车处在试验位置时可以手动打开外层小活门，当手车处在工作位置时外层小活门不能被打开。

（5）当开关柜的前下门处于关闭状态时，接地开关操作孔处的内层小活门自动打开，当开关柜前下门打开时，内层小活门自动关闭。

3. 手车与开关柜前下门的闭锁

（1）对于没有安装接地开关的柜，如进线柜、隔离柜、TV 柜等，柜内的断路器手车、隔离手车、TV 手车、熔断器手车等均设有与开关柜前下门的机械联锁装置，确保防止误入带电间隔。

（2）开关柜的后门与前下门之间仍然采用程序锁的方式进行联锁，同时当手车处在工作位置时，开关柜的前下门无法打开，只有当手车处在试验位置时，开关柜的前下门才能打开。

（3）开关柜的前下门没关闭时，手车无法从试验位置推进到工作位置，只有当开关柜的后门和前下门均已关闭时，手车才能从试验位置推进到工作位置（如果是断路器手车，断路器还必须是处于分闸状态）。

4. "紧急解锁" 装置

当手车与柜门之间的联锁装置因故障而失灵时，即使手车已处在试验位置，接地开关亦处于合闸状态下，开关柜的前下门仍然不能打开，或者当断路器手车已退到试验位置，而接地开关没有合闸，又需要强制打开柜门时，均可采用打开 "紧急解锁" 孔的连接片，再用解锁杆进行解锁的方法来打开柜门。

特别需要注意的是：紧急解锁必须确保人身安全，只有在需要进入的隔室没有电的情况下，才能进行此项操作！

5. 二次接插装置

（1）手车的二次接插装置是采用自动接插方式，二次插头装于手车上，二次插座安装于开关柜上。

（2）当手车从试验位置进入到工作位置时，辅助回路自动接通，且被锁定不能被拔出。

（3）当手车从工作位置退出直到手车退到试验位置，其二次回路始终处于接通状态。

（4）当手车处在试验位置，二次回路又没有接通，此时如果需要进行二次回路的有关测试，可以手动将二次插件接通。

（5）当手车要从试验位置移开拉出开关柜时，手车上的二次插头与柜体上的二次插座自然分离。

6. 电气联锁

（1）对下进线电源柜，即电源端在电缆室，由于无法实现机械联锁，此种情况采用加装电磁锁来防止误开开关柜的柜门，当开关柜内有电时，电磁锁无法打开，只有柜内没有电时电磁锁才能打开（电磁锁本身具有强制开锁功能）。

（2）对装有接地开关的电缆出线柜，为了避免在电缆头有反送电的情况下合接地开关，在柜内加装了闭锁电磁铁，保证电缆头有电时，接地开关操作孔的外层小活门无法打开（此功能由用户提出后才加装，因为接地开关本身具有关合短路电流的能力）。

（3）对不同开关之间，当距离太远，机械联锁方式难以实现或者操作特别复杂时，采用电气联锁的方式来进行防止误操作。

2.2　开关柜的操作流程

在开关柜运行及维护过程中，操作人员进行最多的操作是对装有断路器手车的开关柜进行操作，本节将着重介绍馈线柜的详细操作内容，并对较常用的分段联络柜及 TV 柜的操作加以简要介绍。

2.2.1　手车从柜外进入柜内试验位置及从柜内试验位置移出柜外的操作

对两种不同结构的手车，从柜外进入柜内或从柜内移出柜外有不同的方式。中置式手车通过独立式转运车进入柜内或移出柜外（见图 1 - 6）；联体式一体化手车（即中置式手车与转运车设计成一体化）通过过渡板进入柜内或移出柜外（见图1-7）。

1. 中置式手车经独立式转运车进入柜内试验位置的操作

（1）将独立式转运车推到开关柜前，正对开关柜。

（2）用手转动高度调节机构尼龙转盘（见图1-6），使转运车的定位销对准开关柜的定位孔。

（3）移开转运车，将手车搬到转运车上，使手车底盘的伸缩板插入安全限位块旁的方孔内（见图1-6），将手车锁定在转运车上。

（4）将载有手车的转运车推到开关柜前，使转运车定位销及闭锁钩插入柜体上的定位孔和闭锁孔，使转运车与开关柜相对固定。

（5）再次微调转运车的高度调节机构，使手车的行走面与柜内导轨的行走面高度一致，从而使手车可轻松进入柜内。

（6）将手车底盘上的两个手把同时向内侧拉，使底盘的伸缩板退出旁边的闭锁孔。

（7）用力将手车往柜内推，使手车到达试验位置。一旦到位后，手车会停在试验位置，此时使手车的伸缩板弹入开关柜立柱上的闭锁孔内。

（8）用手将转运车的闭锁钩手柄往左侧扳，移开转运车，进行下一台柜的操作。

2. 中置式手车经独立式转运车从柜内试验位置移出柜外的操作

（1）将转运车推到开关柜前，对准开关柜。

（2）转动转运车高度调节机构的尼龙转盘，使转运车的手车行走面与导轨的手车行走面在同一高度。

（3）将转运车插入，使定位销及闭锁钩插入柜体上的定位孔和闭锁孔内。

（4）将手车底盘上的两个手把同时向内侧拉，使底盘的伸缩板退出开关柜立柱上的闭锁孔。

（5）用力将手车往外拉，使手车移到转运车上，当手车退到位后，松开手把，使底盘的伸缩板弹入转运车的闭锁孔内。

（6）用手将转运车的闭锁钩手柄往左侧扳，同时用力拉转运车，使转运车离开开关柜后，松开闭锁钩手柄。

（7）将手车转运到指定的位置。

3. 联体式一体化手车经过渡板从柜外进入柜内试验位置的操作

（1）将过渡板插入开关柜的定位孔。

（2）将手车用力推到过渡板的平台上。

（3）稍微移动手车的位置，使手车的行走轮对准开关柜内的导轨。

（4）将手车底盘上的两个手把同时向内侧拉，与此同时小心将手车往柜内推。

（5）手车到达试验位置后，松开手把，使底盘的伸缩板弹入开关柜立柱的闭锁孔内。

（6）将过渡板移开进行下一台柜的操作。

4. 联体式一体化手车从柜内试验位置经过渡板移出柜外的操作

（1）将过渡板插入开关柜的定位孔。

（2）将手车底盘上的两个手把同时向内侧拉，且用力将手车拉出，停放在过渡板的平台上。

（3）确定周围无障碍物后，将手车拉到地面上。

（4）将手车推到指定的位置。

（5）将过渡板移开进行下一台柜的操作。

2.2.2　馈线柜的送电及停电操作

1. 送电操作

对已安装、检修、调试完毕的馈线开关柜要进行送电，应按照如下操作程序和方法进行。

（1）关好开关柜的后上门，再关开关柜的后下门。关后下门时用力稍稍将门压住，逆时针转动程序锁钥匙，后门锁好后取下柜门钥匙和程序锁钥匙。

（2）将从后下门取出的程序锁钥匙放入开关柜前下门背后的程序锁槽中，并顺时针转动到位（此时程序锁钥匙不能拔出）。

（3）关好开关柜前下门，取下柜门钥匙。

（4）将接地开关操作手柄从合适的方位插入接地开关操作孔。

注意：当开关柜前下门处于关闭状态，接地开关为合闸状态时，接地开关操作孔一定为开启状态。

（5）用力逆时针转动接地开关操作手柄，将接地开关分闸。由于接地开关装有快速弹簧，分闸时会发出较大响声。

（6）拔出接地开关操作手柄，操作孔处外层小活门自动复位。

（7）关好手车室柜门，检查断路器是否处于分闸状态，在断路器处于分闸状态下将手车操作孔小活门向右打开，同时插入手车操作手柄。

（8）顺时针转动手车操作手柄，手车从试验位置向工作位置移动，直到手车底盘车内的离合器发出打滑声，表示手车到达工作位置。

（9）取出手车操作手柄，用手将小活门关闭。

（10）通知远方对断路器进行电动合闸操作。

2. 停电操作

对已带电运行的馈线柜要进行停电检修，应按照如下操作程序和方法进行。

（1）将断路器分闸。只有分闸后才能进行下一步操作，否则底盘车小活门无法打开。

（2）将断路器手车底盘小活门往右打开。

（3）将断路器手车底盘操作手柄插入操作孔内。

（4）将插入操作孔的手柄逆时针转动，手车会慢慢离开工作位置向试验位置移动。当听到手车底盘内的离合器发出打滑声时，说明手车已到试验位置。

（5）用手向下压，打开接地开关操作孔小活门，同时将接地开关操作手柄插入接地开关操作孔。

注意：插入接地开关操作手柄时，应将手柄的方向朝向便于操作的位置。

（6）用力顺时针转动操作手柄，将接地开关合闸。由于接地开关装有快速弹簧，接地开关合闸时会发出较大的响声。

（7）用钥匙将开关柜的前下门打开。

（8）将开关柜前下门背后的程序锁钥匙向逆时针方向转动到位，取出程序锁钥匙。

（9）把从前下门取出的程序锁钥匙插入开关柜后下门的程序锁锁孔内，将钥匙顺时针转动到位。

（10）用柜门钥匙将开关柜后门打开。至此，完成停电操作的全过程。

2.2.3　分段断路器柜与分段隔离柜的送电和停电操作

分段断路器柜与分段隔离柜之间设有机械"五防"联锁功能，操作时比馈线开关柜的送电和停电操作稍复杂。

1. 送电操作

（1）关断路器柜后门、关隔离柜后门。

（2）分别将后门程序锁钥匙逆时针转动到位，并拔出钥匙。

（3）分别将该柜程序锁钥匙放入各自前下门背后的程序锁槽中，顺时针转动到位。

（4）关好隔离柜前下门，其右侧立柱的闭锁小活门自动复位关闭。

（5）关好断路器柜前下门，顺时针转动该门上程序锁钥匙到位，并取出该程序锁钥匙（记为"主程序锁钥匙"）。其右侧立柱的闭锁小活门自动复位关闭。

（6）把从断路器柜前下门取出的主程序锁钥匙插入隔离柜的隔离车程序锁槽中，插入钥匙时应将钥匙上的刻线对准锁座上的"分"位。

（7）逆时针转动主程序锁钥匙，当钥匙上的刻线与锁座上的刻线对齐时，拔出锁销，同时打开底盘车小活门，插入手车操作手柄。

（8）顺时针转动手车操作手柄，使隔离车从试验位置进到工作位置（当手车到达工作位置时，底盘内的离合器会发出打滑声）。

（9）手车到达工作位置后，取出操作手柄，将小活门关闭，逆时针转动主程序锁钥匙，当钥匙上的刻线对准锁体上的"合"字时，将钥匙从锁体取出。

（10）把从隔离手车上取出的主程序锁钥匙拿到分段断路器柜，并将钥匙上的刻线对准锁体上的"分"字插入钥匙孔。

（11）逆时针转动钥匙，使钥匙上的刻线与锁体上的刻线对齐，拔出锁销，同时打开底盘车小活门，插入操作手柄。

（12）顺时针转动操作手柄，使断路器手车从试验位置进入到工作位置（手车到达工作位置时，底盘内的离合器会发出打滑声）。

（13）当断路器手车到达工作位置后，取出操作手柄，将小活门关闭。

（14）将主程序锁钥匙逆时针转动，当钥匙上的刻线与锁体上的"合"字对准时，取出钥匙，并交专人管理。

（15）通知远方对断路器进行电动合闸。

2. 停电操作

（1）将分段断路器柜的断路器分闸。

（2）打开分段断路器柜的手车室门，将主程序锁钥匙从锁体上"合"字位置插入。

（3）将钥匙顺时针转动，当钥匙上的刻线与锁体上的刻线对齐时，拔出锁销，打开小活门，同时将断路器手车操作手柄插入操作孔。

（4）逆时针转动操作手柄，将断路器手车从工作位置退到试验位置。

（5）当断路器手车到达试验位置后，顺时针转动主程序锁钥匙，并从锁体上的"分"

位置取下钥匙。

（6）打开分段隔离柜的手车室门，将断路器手车上取下的主程序锁钥匙从隔离手车的程序锁体上"合"位插入。

（7）顺时针转动钥匙，使钥匙上的刻线与锁体上刻线对齐，拔出锁销，同时打开小活门，插入手车操作手柄。

（8）逆时针转动操作手柄，将隔离手车从工作位置退到试验位置。

（9）当隔离手车退到试验位置时，顺时针转动主程序锁钥匙，并从锁体上的"分"位置取下钥匙。

（10）把从隔离手车上取下的主程序锁钥匙插入分段断路器柜的前下门程序锁孔中，将钥匙逆时针转动到位。

（11）压下分段断路器柜右侧立柱上的闭锁小活门，打开前下门。

（12）压下分段隔离柜右侧立柱上的闭锁小活门，打开前下门。

（13）分别从分段断路器柜和分段隔离柜的前下门背后取出开各自柜后门的程序锁钥匙。

（14）打开分段断路器柜、分段隔离柜的后门，进行检修或测试。

2.2.4　TV 柜的送电和停电操作

由于 TV 回路的工作电流很小，所以 TV 柜内隔离手车可以直接从带电情况下退出工作位置或进入工作位置，但是作为"五防"闭锁要求，手车与柜门之间配有联锁关系。

1. 送电操作

（1）关好 TV 柜的后门。

（2）用手稍稍压住柜后下门，逆时针转动程序锁钥匙，到位后取出钥匙。

（3）将钥匙放入 TV 柜前下门背后的程序锁槽内，并顺时针转动到位。

（4）关闭好 TV 柜的前下门，柜右侧立柱上的闭锁小活门会自动复位。

（5）关好 TV 柜的手车室门，打开底盘车小活门，同时插入操作手柄。

（6）顺时针转动操作手柄，将隔离手车从试验位置推进到工作位置。在隔离手车推进过程中，当听到手车底盘内的离合器发出打滑声时，表示隔离手车已到达工作位置。

（7）取出操作手柄，将小活门关闭。

2. 停电操作

（1）打开隔离手车底盘小活门，同时插入手车操作手柄。

（2）逆时针转动操作手柄，将隔离手车从工作位置退到试验位置。

（3）压下开关柜右侧立柱上的小活门，小活门会自然停留在"下开门"位置。

（4）打开开关柜的前下门。

（5）把前下门背后的程序锁钥匙逆时针转动到位，并取出程序锁钥匙。

（6）把前下门背后取出的程序锁钥匙插入柜后下门的程序锁孔中，将钥匙顺时针转动到位。

（7）打开开关柜后门，进行检修或测试。

注意：当隔离手车处于工作位置时，开关柜右侧立柱上的闭锁小活门处于关闭状态，且无法打开，此时不要强制打开小活门，否则将使小活门遭到破坏。

2.2.5 高压电缆室停电检修操作流程

（1）完成停电操作程序的所有步骤。

（2）再次确认进线柜和分段开关柜断路器手车已处于试验位置或柜外隔离位置，并确认进线电缆或母线已处于完全停电状态。

（3）打开高压母线室的后盖板或顶板，用高压验电装置检测并确认母线室内的所有导电部分完全处于无电压状态后，检修人员才可进入高压母线室进行工作。

2.2.6 操作注意事项

1. 通用操作注意事项

（1）操作流程的每一项步骤完成后，必须确认开关柜及手车部件处于正常状态后，才能进行下一步骤的流程操作。前述操作流程的操作过程中，如遇到任何阻碍，不可强行操作，应首先检查操作流程是否正确，并检查和排除其他故障后，才可继续进行操作。

（2）如用户或设计对控制和操作方式有特殊要求时，应按设计要求进行控制和操作。

（3）开关柜送电顺序：计量或母线 TV 柜 → 进线柜 → 出线柜。

（4）开关柜停电顺序：出线柜 → 进线柜 → 计量或母线 TV 柜。

（5）TV 手车、隔离手车、熔断器手车进行进柜或出柜操作时可省略有关接地刀闸的操作步骤。

（6）断路器手车上的手动合闸、分闸按钮以及手动储能装置只在调试或检修时使用。

（7）用户在通电运行过程中，应随时巡查和记录设备运行状况，如发现设备异常现象（如元器件非正常发热或有异常响声等），应及时停电检修。

（8）在执行上述操作时，操作者还应严格按照所属供电管理部门"安全操作规程"的有关规定进行相关程序的操作。

2. 断路器手车操作注意事项

（1）无论断路器手车在试验位置还是在工作位置，要合断路器前必须检查断路器手车的小活门是否关闭好，即只有在小活门关好后，断路器才能合闸，否则断路器无法合闸。

（2）打开底盘车上的小活门，必须检查断路器是否分闸，即只有断路器处于分闸状态，底盘车上的小活门才能打开。

3. 接地开关操作注意事项

（1）要打开接地开关操作孔的小活门，必须确认断路器手车已处在试验位置。

（2）操作接地开关时，须注意其正确的操作方向，防止反向操作。

（3）要打开接地开关操作孔的小活门时，须确认电缆头无反送电，否则无法打开小活门，且不要强制打开小活门。

4. 打开电缆室门和母线室盖板的操作注意事项

（1）要打开电缆室门，必须反复确认电缆终端已不带电。操作时，操作者必须遵守带电作业的有关安全操作规程，事先做好意外事故的防范措施，确保人身安全和设备安全。

（2）只有在完全确认主母线不带电的情况下，才能用工具打开母线室盖板。

5. 关闭电缆室门和母线室盖板的操作注意事项

（1）关闭电缆室门前，检查接地开关是否处于合闸状态，电缆室内的杂物是否清理干净。

（2）关闭母线室盖板前，需要特别注意检查主母线室内的杂物是否清理干净。

2.3　一键顺控操作

如上所述，传统 KYN 开关柜的操作需要在满足一定条件下、依次执行规定的操作，以便确保开关柜的安全运行及操作人员的人身安全。比如，传统的 KYN 开关柜停电检修时，断路器可由远方控制中心遥控操作，完成断路器的分闸操作，但断路器手车则需要在断路器分闸后由变电站运行人员到高压室现场使用摇柄人工将其由工作位置退出到试验位置；之后，再人工合上线路侧接地开关，从而完成开关柜停电检修的准备工作。线路恢复送电时，则需将上述操作程序逆向重复一遍。上述操作是通过操作人员依据操作规程来执行的，难免会出现操作不规范，甚至误操作的情况。尽管 KYN 开关柜配置了防误操作的机构，通常不会导致严重的后果，但这些不当操作，一定程度上会降低工作效率。由此可见，传统 KYN 开关柜操作方式不但费时费力，更无法适应智能化变电站对高压开关柜实现状态监测和程序化操作的要求。

一键顺序控制操作（简称一键顺控）属于一种程序化操作模式，是一种操作项目软件预测、操作任务模块式搭建、设备状态自动判别、防误联锁智能校核、操作步骤一键启动、操作过程自动顺序执行的操作模式。事实上，一键顺控是应用自动控制技术将大量重复、烦琐的人工倒闸操作逻辑嵌入到高压开关设备内部，形成统一的操作模块，就地判别开关设备的运行状态，按顺序执行一系列开关设备的就地或遥控操作，同时校验开关设备的位置，避免误操作。将重复和易误操作的步骤转变为智能化自动化的操作模式，可以缩短停电时间，提高供电可靠性。

2.3.1　一键顺控应用条件

为了实现一键顺控，KYN 开关柜的需要满足一定的应用条件，需要具备一定的功能配置。只有满足下述应用条件，一键顺控方可顺利实施。

1. 开关柜内的开关能够电动操作

一键顺控属于一种程序化操作模式，因此各操作模块应能够实现程序控制，通常情况下需要能够电动化控制。比如，断路器手车的摇进/摇出，接地开关的合闸/分闸，这些操作需要能够电动控制。因此，为了实现一键顺控，KYN 开关柜应配备电动控制的断路器手车以及接地开关。

2. 可靠的电动手车及接地开关状态确认

如上所述，依据开关柜的"五防"联锁操作规定，断路器、接地开关等的合闸与分闸操作需要在满足规定前提条件下方可执行。比如，"防止接地开关处于闭合位置时关合断路器、负荷开关"，即要求在接地开关处于合闸位置时，不允许执行断路器或隔离开关的合闸操作。因此，接地开关状态（合闸/分闸）的确定将直接影响后续的操作。只有确认了接地开关处于分闸状态（或称为分闸位置）时，才允许执行后续的操作。由此可见，开关位置（开关状态）的可靠确认是正确执行一键顺控的一项关键任务。同理，KYN 开关柜中的手车（如断路器手车等）的位置确认也是实现一键顺控的关键技术条件，通常需要在确认断路器手车是否处于"试验位置"或"工作位置"。

综上所述，实现一键顺控的关键是实现各类开关（包括手车）位置信号的准确判别。根据《国家电网公司电力安全工作规程　变电部分》（Q/GDW1799.1—2013）第 5.3.6.6 条规定，设备操作后位置检查应以设备各项实际位置为准，无法看到实际位置时，应通过间接方法，且至少有两个非同样原理或非同源的指示同时发生对应变化、所有已确定指示均同时发生对应变化才能判定分合闸状态，即需要实现开关位置的"双确认"。

开关位置的"双确认"的实质是通过两种以上，而且为非同样原理或非同源的位置确认。开关位置的"双确认"判据可采用以下两种形式：①一主一辅助双确认，即本体开关作为一个主要判据再加上一个辅助判据；②一主两辅助双确认，即本体开关为主要判据再加上两个辅助判据。其中，由于采用更多的确认信息源，所以，一主两辅助双确认具有更高的判断可靠性。

实际应用中，根据应用场景条件，辅助判据可采用多种位置检测技术，其中包括有接触和无接触两种位置检测类型。比如，行程开关可作为一种有接触形式的位置检测方法；而应用电磁感应、光电效应的接近开关等则属于无接触式位置检测方法。此外，基于图像识别技术的开关位置检测也属于无接触式位置检测方法。

以下仅以采用漫反射、霍尔效应两种无接触方式为例，介绍一种断路器手车以及接地开关位置的双确认。

（1）漫反射光电传感器。漫反射光电传感器（简称漫反射传感器），也叫漫反射光电开关，是一种集发射器和接收器于一体的光电传感器。当有被检测物体经过时，物体会将光电传感器发射的足够量的光线反射到接收器上，从而使得漫反射传感器产生位置变化信号。

（2）霍尔传感器。霍尔传感器是基于霍尔效应的一种磁场传感器。霍尔效应是导电材料中的电流与磁场的相互作用，而产生电动势的一种效应。基于霍尔效应制成的电子式霍尔器件属于一种磁敏器件，由此可以设计成可检测外部磁场的霍尔式传感器。如果这个外部磁场是由一个安装在被测部件固定位置永磁磁铁而产生的，则当被测部件上永磁磁铁接近霍尔传感器时，霍尔传感器将感应到外部磁铁，从而产生位置变化信号。

（3）断路器手车位置双确认。依据双确认机理要求，断路器手车位置的确认需要至少两种基于非同原理的检测原理来实现。因此，可以分别采用基于漫反射、霍尔效应两种无接触方式位置检测原理，实现断路器手车位置的双确认。在断路器室左侧板上安装两个漫反射传感器，分别对应着断路器手车的"试验位"和"运行位"。同时在断路器室右侧板上安装两个霍尔传感器，并在断路器相应位置安装两个永磁铁，分别对应着断路器手车的"试验位"和"运行位"。当断路器手车行至试验位时，将同时"试验位"触发漫反射传感器和"试验位"霍尔传感器发出"试验位"信号。当断路器手车行至运行位时，将同时触发"运行位"漫反射传感器和"运行位"霍尔传感器发出"运行位"信号。由此可以实现断路器手车位置的双确认。

（4）接地开关位置双确认。在接地开关的分合标识侧面安装两个漫反射传感器，分别对应着接地开关的"分位"和"合位"。另外，在接地开关的接地刀闸固定轴上安装两个霍尔传感器，在接地开关的分合标识侧面安装一个永磁铁，分别对应着接地开关的"分位"和"合位"。当接地开关处于分闸位置时，将触发"分位"漫反射传感器和"分位"霍尔传感器分别发出分闸信号；当接地开处于关合位置时，将触发"合位"漫反射传感器和"合位"霍尔传感器分别发出合闸信号。由此可以实现对接地开关位置的双确认。

3. 其他应用条件

除了上述一键顺控应用条件之外，一键顺控的成功执行还需要满足其他的技术条件。比如，需要判定开关柜的出线侧有无电压、开关柜柜门是否关闭等。实际应用中，开关柜的出线侧的电压状态可基于带电显示器予以判定。而开关柜柜门状态的判断可基于行程开关或其他位置检测等技术加以判断。

2.3.2　一键顺控操作流程

如上所述，在检修高压开关设备、进行倒闸操作时，开关设备的动作需要满足"五防"联锁规定要求。因此，作为开关顺序控制的"一键顺控操作"同样也必须遵循"五防"联锁规定要求。事实上，一键顺控操作包括对各开关装置的操作控制，其中重点包括实现电机驱动接地开关合分闸、电机驱动手车摇进摇出、断路器合分闸等步骤的操作。一键顺控操作正是基于各开关装置在满足操作条件基础上所实现的顺序操作。

1. 接地开关合闸/分闸操作流程

（1）接地开关合闸操作流程。接地开关的合闸操作需要满足下列条件：①断路器电动手车处于试验位；②开关柜前下柜门和后下柜门关闭；③出线侧有电压；④接地开关处于分闸位置。在执行接地开关分闸操作时，需要依次检测接地开关的合闸操作条件，只有当前操作条件被满足时，方可进入下一步骤的操作；反之，则将导致操作失败的原因标识置位，并退出操作进程。根据上述接地开关的合闸操作条件，可以制定出电机驱动接地开关合闸操作流程，如图 2 - 1 所示。

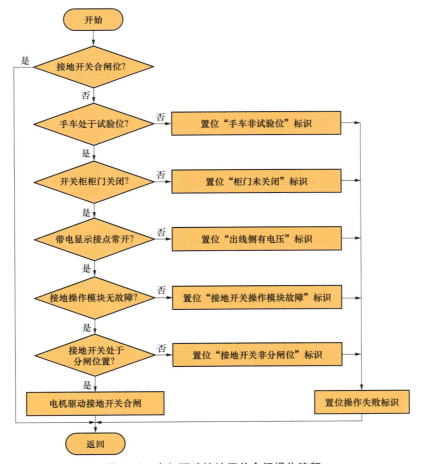

图 2 - 1　电机驱动接地开关合闸操作流程

1）检查断路器电动手车是否处于试验位。如果断路器电动手车处于试验位，则进入下一步操作；否则，将"手车非试验位"标识置位，发出操作失败报警信号，退出操作进程。

2）检查开关柜前下柜门和后下柜门是否关闭。如果柜门已关闭，则进入下一步操作；否则，将开关柜的"前下柜门未关闭"和/或"后下柜门未关闭"标识置位，发出操作失败报警信号，退出操作进程。

3）检查带电显示接点是否为常开（动合），以判断出线侧有无电压。若检测出出线侧无电压，则进入下一步操作；否则，将"出线侧有电压"标识置位，发出操作失败报警信号，退出操作进程。

4）检查接地开关操作模块工作是否正常。通过通信模块进行接地开关操作模块状态采集，并确定操作模块工作是否正常。若操作模块工作正常，则进入下一步操作；否则，将"接地开关操作模块故障"标识置位，发出操作失败报警信号，退出操作进程。

5）检查接地开关是否处于分闸位置。若接地开关处于分闸位置，则进入下一步操作；否则，将"接地开关非分闸位"置标识置位，发出操作失败报警信号，退出操作进程。

6）执行电机驱动接地开关合闸操作。

（2）接地开关分闸操作流程。接地开关的分闸操作需要满足下列条件：①断路器电动手车处于试验位；②开关柜前下柜门和后下柜门关闭；③接地开关处于合闸位置；④出线侧无电压。在执行接地开关分闸操作时，需要依次检测接地开关的分闸操作条件，只有当前操作条件被满足时，方可进入下一步骤的操作；反之，则将导致操作失败的原因标识置位，并退出操作进程。根据上述接地开关的合闸操作条件，可以制定出电机驱动接地开关分闸操作流程，如图2-2所示。

1）检查断路器电动手车是否处于试验位。如果断路器电动手车处于试验位，则进入下一步操作；否则，将"断路器手车非试验位"标识置位，发出操作失败报警信号，退出操作进程。

2）检查开关柜的前下柜门和后下柜门是否关闭。若柜门已关闭，则进入下一步操作；否则，将开关柜的"前下柜门未关闭"和/或"后下柜门未关闭"标识置位，发出操作失败报警信号，退出操作进程。

3）检查接地开关是否处于合闸位置。若接地开关处于合闸位置，则进入下一步操作；否则，将"接地开关非合闸位"标识置位，发出操作失败报警信号，退出操作进程。

4）检查带电显示接点状态，判断出线侧有无电压。如果判断出线侧无电压，则进入下一步操作；否则，将"出线侧有电压"标识置位，发出操作失败报警信号，退出操作进程。

注意：如果接地回路工作正常，则当接地开关处于合闸状态时，三相回路应被接地，出线侧应无电压。

5）检查接地开关操作模块工作是否正常。若操作模块工作正常，则进入下一步操作；否则，将"接地开关操作模块故障"标识置位，发出操作失败报警信号，退出操作进程。

6）执行电机驱动接地开关分闸操作。

2. 电机驱动手车摇进/摇出操作流程

（1）手车摇进操作流程。手车摇进操作需要满足下列条件：①接地开关处于分闸位置；②断路器在分闸位置；③开关柜的中柜门关闭；④手车处于试验位。在执行手车摇进操作

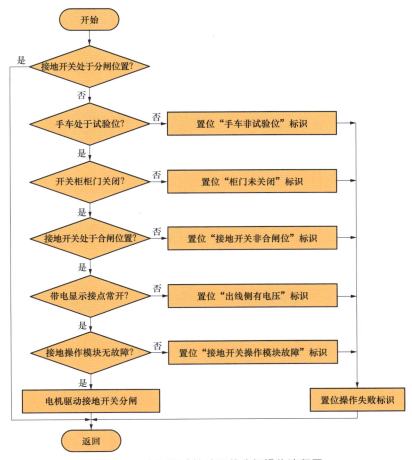

图 2 - 2　电机驱动接地开关分闸操作流程图

时，需要依次检测手车摇进操作条件，只有当前操作条件被满足时，方可进入下一步骤的操作；反之，则将导致操作失败的原因标识置位，并退出操作进程。根据上述手车摇进操作条件，可以制定出电机驱动手车摇进操作流程，如图 2 - 3 所示。

1）检查接地开关是否处于分闸位置。如果接地开关处于分闸位置，则进入下一步操作；否则，将"接地开关非分闸位"标识置位，发出操作失败报警信号，退出操作进程。

2）检查断路器是否在分闸位置。如果确定断路器位于分闸位置，则进入下一步操作；否则，将"断路器非分闸位"标识置位，发出操作失败报警信号，退出操作进程。

3）检查开关柜的中柜门是否关闭。如果确定柜门已关闭，则进入下一步操作；否则，将"中柜门未关闭"标识置位，发出操作失败报警信号，退出操作进程。

4）检查断路器电动手车操作模块是否无故障。如果确定无故障，则进入下一步操作；否则，将"断路器手车操作模块故障"标识置位，发出操作失败报警信号，退出操作进程。

5）检查断路器电动手车是否处于试验位。如果检测到断路器电动手车处于试验位，则进入下一步操作；否则，将"断路器手车非试验位"标识置位，发出操作失败报警信号，退出操作进程。

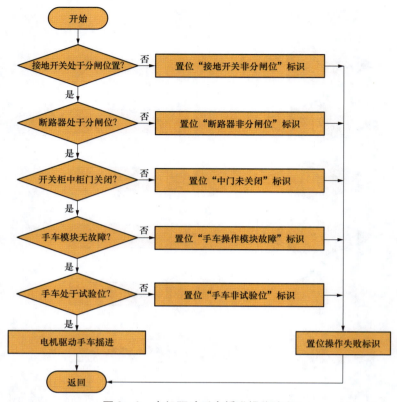

图 2 - 3 电机驱动手车摇进操作流程

6）执行电机驱动手车摇进操作。

（2）手车摇出操作流程。手车摇出操作需要满足下列条件：①断路器在分闸位置；②断路器手车处于运行位；③断路器电动手车操作模块无故障；④接地开关处于分闸位；⑤开关柜的柜门关闭。在执行手车摇进操作时，需要依次检测手车摇出操作条件，只有当前操作条件被满足时，方可进入下一步骤的操作；反之，则将导致操作失败的原因标识置位，并退出操作进程。根据上述手车摇出操作条件，可以制定出电机驱动手车摇出操作流程，如图 2 - 4 所示。

1）检查断路器是否在分闸位置。如果检测到断路器处于分闸位置，则进入下一步操作；否则，将"断路器非合闸位"标识置位，发出操作失败报警信号，退出操作进程。

2）检查断路器电动手车是否处于运行位。如果检测到断路器电动手车处于运行位，则进入下一步操作；否则，将"手车非运行位"标识置位，发出操作失败报警信号，退出操作进程。

3）检查断路器手车操作模块是否无故障。如果无故障，则进入下一步操作；否则，将"断路器手车操作模块故障"标识置位，发出操作失败报警信号，退出操作进程。

4）检查接地开关是否处于分闸位置。如果检测到接地开关是处于分闸位置，则进入下一步操作；否则，将"接地开关非分闸位"标识置位，发出操作失败报警信号，退出操作进程。

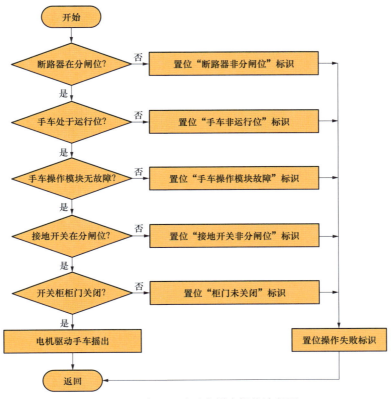

图 2-4　电机驱动手车摇出操作流程图

5）检查开关柜的柜门是否关闭。如果检测到柜门已关闭，则进入下一步操作；否则，将"柜门未关闭位"标识置位，发出操作失败报警信号，退出操作进程。

6）执行电机驱动手车摇出操作。

3. 断路器合闸/分闸操作流程

（1）断路器合闸操作流程。断路器合闸操作需要满足下列条件：①断路器弹簧操动机构已储能；②断路器电动手车处于运行位或试验位；③接地开关处于分闸位；④断路器联锁信号已输入；⑤断路器处于分闸状态。在执行断路器合闸操作时，需要依次检测断路器合闸操作条件，只有当前操作条件被满足时，方可进入下一步骤的操作；反之，则将导致操作失败的原因标识置位，并退出操作进程。根据上述断路器合闸操作条件，可以制定出断路器合闸操作流程，如图 2-5 所示。

1）检查断路器中的弹簧操动机构是否已储能。如果检测到弹簧操动机构已储能，则进入下一步操作；否则，将"弹簧操动机构未储能"标识置位，发出操作失败报警信号，退出操作进程。

2）检查断路器电动手车所处位置。如果断路器电动手车位于运行位，则进入步骤 3；如果断路器电动手车位于试验位，则进入步骤 5；其他情况下，将"手车工位异常"标识置位，发出操作失败报警信号，退出操作进程。

3）检查接地开关是否处于分闸位置。如果检测到接地开关处于分闸位置，则进入下一

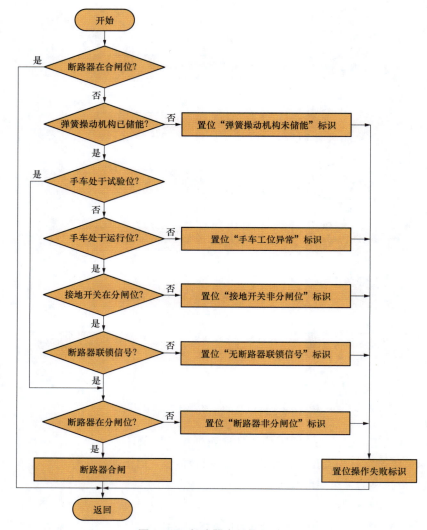

图 2-5 断路器合闸操作流程

步操作；否则，将"接地开关非分闸位"标识置位，发出操作失败报警信号，退出操作
进程。

4）检查断路器联锁信号是否已输入。如果检查到断路器联锁信号已输入，则进入下一
步操作；否则，将"无断路器联锁信号"标识置位，发出操作失败报警信号，退出操作
进程。

5）检查断路器是否在分闸状态。如果检测到检查断路器处于分闸状态，则进入下一步
操作；否则，将"断路器非分闸位"标识置位，发出操作失败报警信号，退出操作进程。

6）执行断路器合闸操作。

（2）断路器分闸操作流程。断路器分闸操作需要满足下列条件：①断路器电动手车处
于运行位或试验位；②断路器处于合闸状态。在执行断路器分闸操作时，需要依次检测断路
器分闸操作条件，只有当前操作条件被满足时，方可进入下一步骤的操作；反之，则将导致

操作失败的原因标识置位，并退出操作进程。根据上述断路器分闸操作条件，可以制定出断路器分闸操作流程，如图 2 - 6 所示。

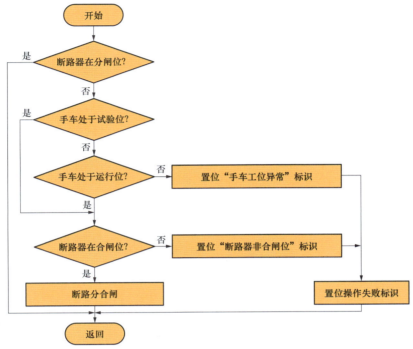

图 2 - 6　断路器分闸操作流程图

1）检查断路器电动手车所处位置。如果断路器电动手车位于试验位或运行位，则进入下一步操作；否则，将"手车工位异常"标识置位，发出操作失败报警信号，退出操作进程。

2）检查断路器是否在合闸状态。如果检测到断路器在合闸状态，则进入下一步操作；否则，将"断路器非合闸位"标识置位，发出操作失败报警信号，退出操作进程。

3）执行断路器分闸操作。

第3章 开关设备智能终端通信技术

KYN 开关设备智能终端担负着开关设备的状态监测与控制，以及对开关设备所控制的配电线路运行状态的监测，隶属于变电站自动化系统的重要组成单元。因此，KYN 开关设备智能终端应具备变电站自动化系统所规定的相关通信技术。

根据 IEC TC 57 技术委员会定义的变电站自动化系统分层结构以及国家电网公司发布的《智能变电站技术导则》和南方电网公司发布的《数字化变电站技术规范》，变电站自动化系统可分为变电站层（Station Level），间隔层（Bay Level）和过程层（Process Level）。其中变电站层也称站控层，包括变电站自动化系统站级的监视控制系统、站域控制、通信系统和对时系统等，能够实现对全站设备的监视、控制、告警及信息交互功能，完成数据采集和监视控制（SCADA）、操作闭锁以及同步相量采集、电能量采集、保护信息管理等相关功能。间隔层也称单元层，包括各种微机保护装置、自动控制装置、测控装置和远动装置（Remote Terminal Unit，RTU）等，主要实现使用一个间隔的数据并且作用于该间隔一次设备的功能，即与各种远方输入/输出、传感器和控制器接口。过程层也称设备层，完成所有与过程接口的功能，即完成开关量的输入/输出、模拟量采样和控制命令的发送等。过程层（设备层）涉及变电站的一次设备，可以实现与变电站一次设备（如断路器、隔离开关、电流互感器、电压互感器）的接口功能。因此，变电站自动化系统实质上是分层分布式的控制系统，各分层可以由多个子系统所组成，而各个子系统往往又由多个智能电子设备（Intelligent Electronic Device，IED）组成。为了实现变电站自动化功能，在变电站自动化系统内部，必须通过内部数据通信实现各子系统内部和各子系统之间的信息交换和信息共享。变电站自动化系统还需要与变电站控制中心实现信息通信。

3.1 变电站自动化系统通信内容

变电站自动化系统的数据通信包括两方面的内容：①自动化系统内部各子系统或各种功能模块间的信息交换；②变电站与控制中心间的通信。

3.1.1 变电站自动化系统内部的信息传输

变电站自动化系统内部通信属于现场级通信，主要解决自动化系统内部各子系统与上位机（监控主机）和各子系统之间的数据通信和信息交换问题，它们的通信范围是变电站内部。对于集中组屏的变电站自动化系统而言，实际是在主控室内部；对于分散安装的变电站自动化系统而言，其通信范围扩大至主控室与子系统的安装地，最大的可能是开关柜间。

变电站自动化系统内部的通信方式主要有并行通信、串行通信、现场心线和局域网络等多种方式。

1. 过程层与间隔层间的信息交换

在变电站自动化系统中，过程层的设备可能配置了智能传感器和执行器，可以方便地与间隔层的装置实现交换信息；此外，间隔层的设备大多数需要从过程层的电压和电流互感器采集正常和事故情况下的电压值和电流值，采集设备的状态信息和故障诊断信息。这些信息包括断路器和隔离开关位置，主变压器分接头位置，变压器、互感器、避雷器的诊断信息以及断路器操作信息等。

2. 间隔层内部的信息交换

变电站间隔层由各种独立功能的 IED 组成。这些 IED 包括多种或多台继电保护装置、测量装置、自动控制装置等，它们之间需要进行数据交换，交换的数据有测量数据、断路器状态、设备的运行状态、同步采样信息等。有时这些 IED 需要彼此交换工作状态，如主、后备继电保护装置动作信息、互锁、相关保护动作闭锁电压无功综合控制装置等。

3. 间隔层和变电站层的通信

间隔层和变电站层的通信内容相对较多，主要包括测量及状态信息、操作信息、参数信息、变电站层的内部通信等。

（1）测量及状态信息。包括正常和事故情况下的全部电气参数的测量值和计算值，断路器、隔离开关、主变压器分接开关位置、间隔层各 IED 的运行状态、保护动作和各种事件顺序记录信息等。

（2）操作信息。包括断路器和隔离开关的分、合命令，主变压器分接头位置的调节，保护装置和自动装置的投入与退出等。

（3）参数信息。包括微机保护和自动装置的整定值、互感器的变比等。

（4）变电站层的内部通信。变电站层的不同设备之间的通信，要根据各设备的任务和功能的特点，传输所需的测量信息、状态信息和操作命令等。

3.1.2　变电站自动化系统与控制中心的通信

变电站自动化系统应具有与系统控制中心通信的功能，实现将变电站所需测量的模拟量、电能量、状态信息和事件顺序记录（SOE）等信息传送至控制中心。变电站不仅要向控制中心发送测量和监视信息，而且要从控制中心接收数据和控制命令，如接收调度下达的开关设备操作命令，在线修改保护定值、召唤实时运行参数，从全系统范围考虑电能质量、潮流和稳定的控制等。

3.2　变电站自动化通信系统的技术要求

变电站自动化通信系统是变电站自动化系统的重要组成部分，其性能与可靠性的好坏，对整个系统功能的实现及运行可靠性有着决定性的影响。因此，建立性能完善、安全可靠、经济性好的变电站自动化通信系统是实现变电站自动化的基础，该通信系统应满足以下技术要求。

1. 安全性

变电站自动化通信系统覆盖面广，有众多的通信节点，易受到外力破坏，系统要有可靠的安全防范与故障自愈措施，防止局部故障引起大面积通信中断。通信系统的设计应严格执行国家、电力监管机构制定的网络安全规定，采取"横向隔离、纵向认证"的安全技术措施，防止通信系统受到外部攻击时出现瘫痪甚至使开关自动跳闸的事故。

2. 可靠性

电力系统是连续运行的，数据通信网络也必须连续运行。通信网络的故障和非正常工作会影响整个变电站自动化系统的运行，严重时甚至会造成设备和人身事故、造成很大的损失。因此，变电站自动化系统的通信系统必须保证很高的可靠性。

变电站是一个具有强电磁干扰的环境，存在电源、雷击、跳合闸等强电磁干扰和地电位差干扰，通信环境恶劣。因此，变电站自动化系统的通信系统与具备优良的电磁兼容性能。

3. 实时性

变电站自动化系统的数据通信系统应能及时地传输现场的实时运行信息和操作控制信息，特别是当电力系统出现故障时，需要传输的信息量比正常运行时要大得多，要求信息能在通信网络上快速传递。因此，在电力工业标准中对系统的数据传送有严格的实时性指标，通信网络必须很好地保证数据通信的实时性。

根据 1997 年国际大电网 WG34.03 工作组提出的对变电站内通信网络传输时间的要求，变电站自动化系统各层次之间和每层内部传输信息时间应符合下列要求。

（1）过程层和间隔层传输信息要求时间为 1～100ms。

（2）间隔层内各设备之间的传输时间要求为 1～100ms。

（3）间隔层的各间隔单元之间的传输时间要求为 1～100ms。

（4）间隔层和变电站层之间的信息传输时间要求为 10～1000ms。

（5）变电站层的各个设备之间的传输信息时间要求为 1000ms。

（6）变电站和控制中心之间信息传输时间的要求为 1000ms。

4. 经济性

配电网的网络复杂，使用的智能设备众多，通信网络规模巨大，网络的建设投资、运行、维护和使用成本都十分可观。在选择通信方式时，需要充分考虑投资的多少。

5. 开放性

变电站内的通信网络，除了保证站内各种 IED 的互连、便于扩展外，还应服从各级调度自动化系统的总体设计要求，硬件接口应满足国际标准，采用国际标准通信协议，方便系统集成。

6. 通信接口与通信协议的标准化

随着现代电网结构日趋复杂，电网容量不断扩大，实时信息传送量成倍增多，对调度自动化系统和厂、站自动化系统的数据通信提出了更高的要求。

为了保障上述信息数据的可靠传输，通信方需要对数据格式、同步格式、传送速度、传输步骤、纠错检错方式、控制字符定义等问题作出统一的规定，共同遵守，这些约定称之为通信协议，工程上又称作通信规约（Protocol）。按照通信传输模式的不同，通信协议可以分为循环式传输协议和问答式传输协议。循环式传输协议（Cyclic Digital Transmit，CDT）以厂站远方终端（RTU）为主动方，以固定的传送速率循环不断的向控制中心发送实时数据。问答式传输协议也称作查询式（Polling）规约，在这种传输协议中，控制中心需要主动向RTU 发送查询命令，召唤某一类数据，RTU 只有在接收到查询命令后才会上传实时信息。目前广泛应用的 IEC 60870-5-101/104、DNP3.0 等都属于问答式通信协议。

上述几种通信协议将配电网监控的实时数据分为模拟量（遥测）、状态量（遥信）、控制（遥控）等几种类型进行传输，没有对变电站自动化的应用数据模型做出统一的规定，导致通信的双方需要进行人工核对数据点表，通信系统配置调试工作量非常大。把 IEC 61850 的应用推广到变电站自动化系统中，可将变电站自动化信息模型与信息交换方法标准化。

变电站自动化系统的智能电子设备 IED，在实现基本功能之外，还应具备互操作性、可扩展性和高可靠性等性能。所谓的互操作性，是指同一厂家或不同厂家的多个 IED 应具有交换信息并使用这些信息进行协同操作的能力。设备的互操作性可以最大限度地保护用户原来的系统扩展，同时要求通信接口标准化，系统具有开放性、高可靠性。系统应具有冗余结构，特别是作为系统数据通道的通信系统和人机界面的监控主站，应具有互相独立的冗余配置。在故障情况下，冗余的通信系统和监控主站应该可以在系统不停止工作的情况下进行热切换，以保证系统执行相应的保护和自动控制任务。

3.3　变电站自动化通信方式

通常情况下，控制中心至变电站的骨干通信网一般采用光纤传输网方式，变电站与智能终端之间接入层通信网采用多种通信方式互补，主要包括光纤专网（以太网无源光网络、光纤工业以太网）、无线通信（无线专网、无线公网）及配电线载波等。

3.3.1　光纤通信

光纤通信是利用光波作为信息传播载体，将调制后的信息在光导纤维中传送的一种新兴通信方式。该通信方式具有传输容量大、通信距离长、传播损耗小、可靠性高、抗强电磁干扰能力强等诸多优点。特别是抗电磁干扰能力强和绝缘能力好两大特性，使其能够应用于变电站、开闭所等高电压强电磁电气运行环境，且能保证良好传输可靠性和较高稳定性。光纤通信的组网方式也非常灵活，可以构架成星型、链型、树型、环状等各种拓扑结构网络，完全适应配电自动化系统中智能终端数量庞大、地理位置分散的特点。因此，光纤通信成为配电网通信系统中应用最为广泛的有线通信方式。

目前，变电站自动化通信系统中光纤通信技术应用较为成熟方案有光纤收发器方式、多业务传送平台（Multi - Service Transfer Platform，MSTP）、工业以太环网以及以太网无源光网络（Ethernet Passive Optical Network，EPON）。

1. 光纤工业以太网

光纤以太网是以光纤为通信介质的以太网。变电站自动化通信系统采用以太网通信，可以充分地利用光纤带宽，提高数据传输速率与容量，更重要的是能够更好地适应变电站自动化应用特点，主动上报数据。此外，接入以太网上的智能终端之间能够对等交换数据，支持快速故障自愈等分布式控制应用。

光纤工业以太网是面向工业现场应用的光纤以太网。工业以太网技术上与以太网（IEEE802.3 标准）兼容，并在产品设计、材质选用等方面考虑了实时性、互操作性、可靠性、抗干扰等工程应用的需要。

工业以太网有以下技术特点。

（1）交换机通过快速生成树冗余（Rapid Spanning Tree Protocol，RSTP）、环网冗余（Rapid Ring）及主干冗余（Trunking）等技术，可以实现光纤环网及多环耦合功能，其中环网冗余技术可以在300ms内完成自愈。

（2）交换机采用了工业级元器件，无风扇设计，可以在高温、强电磁辐射的环境下使用，适用能力较强。

（3）交换机的功耗较小，双光口配置的设备功率约为6W。

（4）网管系统可在线监测网络运行状态。

（5）工业以太网各个厂家都有一部分私有协议，无法在环网冗余等层面上实现互联；如果要实现不同厂家之间的互联，网络只能支持快速生成树冗余，网络自愈能力将从300ms增加到1～2min。

（6）用工业以太网组建网络需要严格的整体规划。环网冗余等技术应用的是数据链路层协议。根据以太网组网规定，一个2层网络，网内节点需限制在200个左右，才能较好地控制网络风暴。

2. 以太网无源光网络

以太网无源光网络（Ethernet Passive Optical Network，EPON）是无源光网络技术的一种，EPON采用点到多点网络结构、无源光纤传输方式，是一种能够提供多种综合业务的新型的宽带接入技术，目前已经广泛应用于宽带接入市场。作为一种拓扑灵活、支持多种业务接口的纯光介质的接入技术，EPON已在变电站自动化系统中获得应用并呈现了广阔的前景。

EPON是一种无源网络技术，比光纤工业以太网更加适合变电站自动化通信。因为光纤工业以太网在一个站点失去电源时，站点上的工业以太网交换机不能正常工作、可能导致整个光纤环路的通信中断；而对EPON来说，仅仅是该失去电源的站点无法正常通信，并不影响整个光纤环路的正常工作。电源是目前智能终端应用的薄弱点，故障率比较高，EPON可以在失去电源时正常工作，这对于提高变电站自动化系统的可用性十分重要。

EPON系统由网络侧的光线路终端（Optical Line Terminal，OLT）、用户侧的光网络单元（Optical Network Unit，ONU）及光分配网络（Optical Distribution Network，ODN）组成，可以灵活地组成树型、星型、总线型等拓扑结构。所谓"无源"指ODN中不含有任何有源电子器件。在下行方向（OLT→ONU），OLT发送的信号以广播方式通过ODN到达各个ONU。在上行方向（ONU→OLT），ONU发送的信号只到达OLT，ONU之间的数据交换由OLT转发。为了避免数据冲突并提高网络利用效率，上行方向采用时分多址（Time Division Multiple Access，TDMA）接入方式并对各ONU的数据发送进行仲裁。ODN由光纤和一个或多个无源光分路器（Passive Optical Splitter，POS）和相关无源光器件等组成，在OLT和ONU间提供光传输通道。

（1）EPON技术的优点。

1）长距离，高宽带（20km，1.25G）。

2）带宽分配灵活，服务有保证。可以根据需要对每个用户甚至每个端口实现基于连接的带宽分配（区别于普通交换机的基于端口的速率限制），并可根据业务合约保证每个用户连接的通信质量（QoS）。

3）节省光纤资源，对网络协议透明传输。

（2）EPON技术的不足。

1）组网结构相对单一，组成树形和链式网，无法实现ONU级别的通道保护。

2）对以太网之外的业务支持能力较差。对于话音业务，其 QoS 无法得到保障。

3）虽然理论上链路上可以实现无限次分光，但设备厂家的建议是二级分光，链路的延伸受到一定的限制。

（3）变电站自动化系统中应用的 EPON。变电站自动化系统 EPON 的层次结构如图 3 - 1 所示。

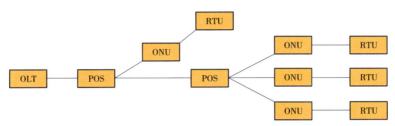

图 3 - 1　变电站自动化系统 EPON 的层次结构

1）光线路终端（OLT）。EPON 网络的头端设备，负责 ONU 的接入汇聚功能。

2）无源光分路器（POS）。也称分光器，用于打通 OLT 同 ONU 的通信光路。

3）光网络单元（ONU）。EPON 网络的终端设备，与智能终端连接，完成配电网监控数据的采集和主站命令的下发。

3.3.2　载波通信

1. 载波通信的优点

载波通信以输电线路作为传输媒介，信息传递无需额外架设其他通信线路，降低了通信网络建设成本。在载波通信系统中，信息随输电线路自由拓扑传递，具有极大灵活性，可以利用现有配电线路延伸至变电站的任何监测点。此外，输电线路上信号传输载波频段不必经过无线电管理委员会（FCC）许可，形成电力部门通信专网，安全性方面得到足够保障，同时后期管理维护方便。因此，载波通信具有投资少、覆盖面广、便于管理维护等优点，而且成本低、安全可靠。

2. 载波通信的缺点

（1）出于成本等方面的考虑，输路线路载波不像在输电线路中那样使用阻波器将信号的传播限制在线路两端之间，载波信号受电源、分支线路与负荷的影响，衰减比较大。

（2）线路结构多变，对信号耦合与传播有影响。开关打开后造成信号通路断开，需在开关两侧安装信号耦合中继设备。

（3）信号经过变压器时的衰减大。

（4）信号在线路端点或阻抗不匹配点产生反射，反射信号与入射信号相互叠加可能造成"陷波"现象，使得一些点处于信号的波谷位置，信号幅值很小，影响检测灵敏度。

（5）线路故障影响通信可靠性。

3. 载波通信的应用

载波通信主要应用于某些对实时性、可靠性要求不高的场合，由于利用输电线路载波难以满足变电站监控对通信可靠性与实时性的要求，故在变电站自动化系统中应用的较少。目前，主要用于自动读表系统中，解决用户电能表到安装公共配电变压器处的数据集中器之间的通信问题。

目前，电力线载波通信并未在变电站中大规模应用，通常仅作为光纤通信的一个补充手段。在敷设光缆不便或光缆未能覆盖区域，同时能够满足变电站自动化业务需求的前提下，可优先采用载波通信。

3.3.3 总线通信

目前主流的总线通信技术有串行总线通信技术和现场总线通信技术。

1. 串行总线通信网络

串行数据通信主要是指数据终端设备（Data Terminal Equipment，DTE）和数据电路端接设备（Data Circuit – terminating Equipment，DCE）之间的通信。在变电站自动化系统内部，各种 IED 内部各智能模块间，或各种 IED 间的数据交换常用串行数据通信。对于规模较小的变电站自动化系统，各种 IED 与监控主机的数据通信也可采用串行通信。因此，变电站自动化系统中所涉及的 DTE 一般可认为是 RTU、计量表、微机保护装置及自动装置等。DCE 一般指可直接发送和接收数据的通信设备，调制解调器也是 DCE 的一种。

在 DTE 和 DCE 之间传输信息时，必须有协调的接口。国际组织对 DTE 和 DCE 之间的物理连接的机械、电气、功能和控制特性等制定了多个标准。常用的有 RS – 232C 接口标准和 RS – 422/485 接口标准。

由于 RS – 232/RS – 485 串行通信接口技术和接线简单，投资较少，因此以前在变电站综合自动化系统中，间隔层的各种 IED 间，尤其 IDE 内部的数据交换，有不少都是通过 RS – 232/RS – 485 串行通信接口实现相互通信。尤其在中、低压系统规模较小的变电站，应用更多。

（1）RS – 232C 接口。RS – 232C 是美国电子工业协会（Electronic Industries Association，EIA）1973 年制定的一种在 DTE 和 DCE 之间传输数据信号的接口标准。目前此接口标准也广泛地应用于计算机与终端、计算机与计算机之间的就近连接。变电站综合自动化系统中，各 IED 间，或监控主机与调制解调器间，也有不少采用 RS – 232C 作为接口。现在用于配电自动化的终端产品也常采用 RS – 232C 通信接口。RS – 232C 所定义的内容，属于国际标准化组织（ISO）所制定的开放式结构互连（OSI）所建议的七层结构中的最底层，即物理层所定义的内容，主要包括机械特性、电气特性及功能特性 3 方面的规范。RS – 232C 采用的是单端驱动和单端接收电路，其特点是传送每种信号只用一根信号线，而它们的地线是使用一根公用的信号地线。这种电路是传送数据的最简单方法，因此得到广泛应用。但是 RS – 232C 也存在一些不足，表现在以下方面。

1）数据传输速率局限于 20kbit/s。

2）理论传输距离局限于 15m（如果合理地选用电缆和驱动电路，这个距离可能会有所增加）。

3）每个信号只有一根信号线，接收和发送仅有一根公共地线，易受噪声干扰。

4）接口使用不平衡的发送器和接收器，可能在各信号成分间产生干扰。

（2）RS – 422A/423A 接口。为了解决 RS – 232C 发送和接收共用一根地线，共模信号不可避免地要进入信号传送系统的问题，RS – 423A 对 RS – 232C 的电路进行改进，采用差分接收器。接收器的一端与发送器的信号线相连，另一端接发送器的信号地，使其在速率为 300kbit/s 时，距离可达 12m；在速率为 3kbit/s 时，距离可达 1200m。但 RS – 423A 与 RS –

232C 一样，也是一个单端的、双极性电源的电路标准，使用不够方便。RS－422A 接口标准规定了差分平衡的电气接口，即采用平衡驱动和差分的接收方法，从根本上消除了信号地线。RS－422A 用两对平衡差分信号线，实现双向通信，因而抗干扰能力大大加强，传输速度和性能也比 RS－232C 提高很多。如距离为 12m 时，速率可达 10Mbit/s；传输距离为1200m 时，速率可达 100kbit/s。

（3）RS－485 接口。RS－422A 在全双工通信时需要 4 根传输线，为了减少通信线，也为保留平衡传输特点，因此又由 RS－422 接口衍生出 RS－485 接口。RS－485 的电气特性与 RS－422 相同，它与 RS－422 不同之处在于，RS－422 为全双工，RS－485 为半双工；RS－422A 采用两对平衡差分信号线，RS－485 只需一对。RS－485 非常适用于多站互连通信应用，可节约昂贵的信号线，同时可高速远距离传送。因此目前在变电站自动化系统中，各测量单元、自动装置和保护单元中，常配有 RS－485 总线接口，以便连网构成分布式系统。

然而，在变电站自动化系统中采用 RS－485 通信接口存在一定的局限性，如下。

1）采用 RS－485 通信接口虽然可实现多个节点（设备）间的互连，但连接的节点数有限，一般不超过 32 个。如果变电站规模较大，则可能无法满足要求。

2）采用 RS－485 通信接口，其通信方式多为查询方式，通信效率低，难以满足较高的实时性要求。

3）采用 RS－485 通信接口，整个通信网上只能有一个主节点对通信进行管理和控制，其余皆为从节点，这样主节点便成为系统的"瓶颈"，一旦主节点出现故障，整个系统的通信便没法进行。

4）对 RS－485 接口的通信规约缺乏统一标准，不同厂家生产的设备很难互连，给用户带来不便。

2. 现场总线通信网络

为了克服串行总线通信网络的局限性，国际上在 20 世纪 80 年代中期就提出了现场总线（Fieldbus）通信技术，并制定了相应的标准。实际应用中，有很多种类现场总线技术，比较著名的有过程现场总线 PROFIBUS（Process Fieldbus）、LonWorks（Local Operating Network）局部网络的现场总线、CAN（Controller Area Network）总线等。

根据国际现场总线基金会 FF 的定义，现场总线是一种全数字的双向多站点通信系统。现场总线是基于微机化的智能现场仪表，实现现场仪表与控制系统和控制室之间的一种全分散、全数字化的、智能、双向、多变量、多点、多站的通信网络。它按 ISO 和 OSI 提供了网络服务，可靠性高、稳定性好，抗干扰能力强，通信速率快，造价低，维护成本低。

现场总线具有以下技术特点：①现场总线是一个全数字化的现场通信网络；②现场总线网络是开放式互连网络；③所有现场设备直接通过一对传输线（现场总线）互连。

在变电站自动化系统中，最常采用的现场总线有 LonWorks 和 CAMN 总线两种。

（1）LonWorks 现场总线。LonWorks 是美国 Echelon 公司于 1991 年推出的一种现场总线。LonWorks 的核心是 Neuron 神经元处理芯片、收发器模块和 LonTalk 通信协议。

1）Neuron 神经元处理芯片。LonWorks 的核心芯片 Neuron 既能管理通信，又具有 I/O 和控制功能。芯片内部通常配置有 3 个 8 位微处理器，包括媒体访问控制处理器（Mac Processor）、网络处理器（Network Processor）及应用处理器（Application Processor）。其中，前两个处理器管理通信，后一个留给用户开发程序。此外，Neuron 芯片内有系统软件，应用该系统软件可以实现 LonTalk（局部通信操作协议）和所有任务调度（完成网络数据通信、数据存取对象控制），芯片内还含有 ROM、RAM 和 EEPROM，可供用户编程。

2）收发器模块。LonWorks 收发器模块提供了神经元芯片与网络之间的通信接口，且可以选择多种网络传输介质。如双绞线、电力线、同轴电缆及光纤等。

3）LonWorks 通信协议。LonWorks 通信协议遵循 ISO 定义的开放系统互连（OSI）模型，可提供 OSI 模型所定义的全部七层服务。这些通信和控制功能通常被固化在 Neuron 芯片中。因此，LonWorks 现场总线是一个完整的平台，可以利用 Neuron 神经元通信处理芯片与智能仪表组合一起，形成智能节点，完成各种测控功能。

（2）CAN 现场总线。CAN 现场总线是一种具有很高可靠性，支持分布式控制、实时控制的串行通信局域网络。CAN 总线最初用于汽车控制系统，其国际标准为 ISO 11898。由于其高性能、高可靠性、实时性好及其独特的设计，现在已广泛应用于其他许多领域，如工业自动化、机械制造、自动化仪表、环境控制等各种领域。CAN 总线也已被广泛应用于变电站的各种微机保护装置、自动装置等产品中，尤其在中、低压变电站中应用更为普遍。

1）CAN 总线的通信协议。

CAN 总线是以多主方式工作的通信网络，CAN 总线的通信协议分为物理层、传送层和目标层。传送层和目标层包括了 ISO/OSI 定义的数据链路层的所有功能，没有定义应用层。

a. 物理层。CAN 总线的物理层所涉及的传输介质可用差分驱动平衡双绞线、单线（加地线）、光纤等。实际应用中，最常用的是采用差分驱动平衡双绞线。

b. 传送层。传送层的功能包括帧组织、总线仲裁、检错和错误处理等。CAN 协议支持 4 种报文帧，分别为：①数据帧，用于在各个节点之间传送数据或命令，由帧起始、仲裁场、控制场、数据场、CRC 场、应答场及帧结束 7 个不同的位场组成；②远程帧，接收数据的站可发送远程帧来要求源节点发送数据；③出错帧，由错误标志表和错误分隔符组成，接收站在发现总线上的报文出锦时，将自动发出"活动错误标志"；④过载帧，用于后续帧的延时。

c. 目标层。目标层的功能包括：①确认哪个信息是要发送的；②确认传送层接收到的信息；③为应用提供接口。

2）CAN 总线的特点。

a. 总线式结构。一对传输线（总线）可挂接多台现场设备（网络节点），可双向传输多路数字信号，结构布线简单，安装费用低，维护简便。

b. 可以多主方式工作。网络上任意一个节点均可以在任意时刻主动地向网络上的其他节点发送信息，而不分主从，通信方式灵活。

c. 多种通信方式。CAN 总线可以点对点、一点对多点（成组）及全局广播等方式传送收发数据。

d. 互操作性。CAN 总线采用统一的协议标准，是开放式的互联网络，对用户是透明的。不同厂家的网络产品可以方便地接入同一网络，集成在同一控制系统中进行互操作，可以简化系统集成难度。

e. 网络上的节点可分成不同优先级。CAN 总线采用非破坏性总线仲裁技术，当两个节点同时向网络上传送数据信息时，优先级低的节点主动停止数据发送，而优先级高的节点可不受影响地继续传输数据，大大节省了总线冲突裁决时间，可以满足不同的实时要求。

　　f. 可靠性高，抗干扰能力强。CAN 总线每帧信息都有 CRC 校验及其他检错措施，保证了数据出错率极低。CAN 节点在错误严重的情况下，具有自动关闭总线的功能，能切断它与总线的联系，以使总线上的其他操作不受影响。

　　g. 较高的通信速率与较远通信距离。CAN 总线最高通信速率可达 1Mbit/s，最大通信距离可达 5000m。

3.4　变电站自动化通信协议

　　变电站自动化通信系统可采用多种形式的通信接入通道，特别是通信系统中所使用的通信终端生产于不同的厂家，而且产品类型也可能存在差异，因此，为了保障信息的可靠传输，要求通信相关方必须遵循统一的约定（通信协议或通信规约）。

　　早期的电力系统远动通信协议是自发形成的，各个电力自动化设备制造商以及电力企业根据自身的设备及应用情况，开发出了许多不同的通信协议，这些通信协议大多互相之间不兼容，各种自动化设备之间难以直接互联，给自动化系统集成带来了极大的不便。为改变这一局面，国际电工委员会（IEC）在 20 世纪 80 年代初期成立了 TC57 技术委员会，开始制定电力远动通信协议，并 1990 年开始制定的 IEC 60870 - 5 系列通信协议体系，即《远动设备和系统第 5 部分：传输规约》，主要应用于变电站和调度中心之间远动通信。IEC 60870 - 5 通信协议借鉴了网络通信协议的分层技术，运用了三层参考模型，即物理层、数据链路层及应用层，其应用层直接映射到数据链路层。

　　IEC 60870 - 5 传输规约共分为 5 篇，分别如下。

　　（1）IEC 60870 - 5 - 1，数据链路层描述：传输帧格式。

　　（2）IEC 60870 - 5 - 2，数据链路层描述：链路传输规程。

　　（3）IEC 60870 - 5 - 3，应用层的基础部分：应用数据的一般结构。

　　（4）IEC 60870 - 5 - 4，应用层的基础部分：应用信息元素的定义和编码。

　　（5）IEC 60870 - 5 - 5，应用层的基础部分：基本应用功能。

　　此外，IEC 60870 - 5 系列根据应用领域定义了一系列配套标准，其中包括 IEC 60870 - 5 - 101、IEC 60870 - 5 - 102、IEC 60870 - 5 - 103、IEC 60870 - 5 - 104 等。IEC 60870 - 5 系列规约的配套标准及我国对应的电力行业标准见表 3 - 1。

表 3 - 1　　　IEC 60870 - 5 系列规约的配套标准及我国对应的电力行业标准

IEC 60870 - 5 配套标准	我国对应的 电力行业标准	名称和作用	应用场合
IEC 60870 - 5 - 101	DL/T 634.5101— 2022	《远动设备及系统 第 5 - 101 部分：传输规约　基本远动任务配套标准》规定了传输帧格式	变电站和调度中心间
IEC 60870 - 5 - 102	DL/T 719—2000	《远动设备及系统 第 5 部分：传输规约　第 102 篇　电力系统电能累计量传输配套标准》	变电站和调度中心间

IEC 60870 - 5 配套标准	我国对应的 电力行业标准	名称和作用	应用场合
IEC 60870 - 5 - 103	DL/T 667—1999	《远动设备及系统 第 5 部分：传输规约 第 103 篇：继电保护设备信息接口配套标准》	变电站内 IED 与监控主机间
IEC 60870 - 5 - 104	DL/T 634. 5104—2009	《远动设备及系统 第 5 - 104 部分：传输规约 采用标准传输协议集的 IEC 60870 - 5 - 101 网络访问》，网络传输协议，将 IEC 60870 - 5 - 101 的应用层与 TCP/IP 的传输功能相结合	变电站和调度中心间

IEC 60870 - 5 系列规约及其配套标准对变电站内外数据通信协议作了定义，其中 IEC 160870 - 5 - 103 协议是针对变电站的特定信息的伴随标准，主要针对继电保护设备（或间隔单元）应传输的信息定义的接口规范。IEC 60870 - 5 - 104 是唯一可选用的网络通信协议，采用 IEC 60870 - 5 - 104 通信协议实现的远动信息传输，具有实时性好、可靠性高、数据流量大等优点。本章将重点介绍基于串口通信的 IEC 60870 - 5 - 101 协议（简称 101 规约）和基于网络通信的 IEC 60870 - 5 - 104 协议（简称 104 规约）。中国作为 IEC 成员国，原则上也采用的是 IEC 等同标准，并制定了与 IEC 60870 - 5 - 101/104 标准（规约）等同的 DL/T 634. 5101—2022、DL/T 634. 5104—2009 标准，现已在变电站自动化通信系统中得到了广泛的应用。

IEC 60870 - 5 系列配套标准与传统的通信协议相比有很多优点，比如在信息体的语意方面增加了品质描述，可以实现重要信息的优先传送和简单的在线自诊断功能：支持非平衡式和平衡式两种传输模式，适用于多种网络拓扑结构等。但是，在推广 IEC 60870 - 5 系列标准的过程中也遇到一些问题，比如目前工程中所使用的基于 TCP/IP 的 IEC 60870 - 5 - 104 是面向字符的远动协议，仅仅考虑具体设备的数据格式的统一，并没有对变电站自动化系统内部各种实际对象进行统一的建模和描述，各个厂商按照各自不同的理解进行设计与实现，使得不同系统之间互操作性比较差。并且，IEC 60870 - 5 - 101/104 采用面向过程的抽象数据模型，即把监控信息抽象为模拟量、状态量、遥控量等几种类型的数据打包传输，没有对数据模型做出统一的规定，通信配置调试工作量大，不能实现变电站自动化设备的"即插即用"。

为适应变电站自动化技术的迅速发展，需要制定一个更通用、全面的标准，能够覆盖整个变电站的通信网络和系统。1995 年，国际电工委员会成立了 3 个工作组（WG10，WG11，WG12）负责制定 IEC 61850 标准。IEC 61850 标准由 10 个部分组成，是一个庞大的协议体系，它的制定意义十分重大，它对变电站自动化技术，乃至整个电力系统自动化技术的发展方向都将产生重大影响。

IEC 61850 是国际上关于变电站自动化系统的第一个完整的通信标准体系。IEC 在 2001 年的 SPAG 会议上，正式确定了以 IEC 61850 为基础构建无缝远动通信体系结构。无缝远动通信协议标准的名称为"变电站和控制中心通过 IEC 61850 通信（Communication Substation – Control Center via 61850）"，即将来在变电站以内及变电站和控制中心之间都是基于 IEC 61850 来进行通信。最终实现"一个世界，一种技术，一个标准（One World，One Technology，One Standard）"这一目标。因此，变电站自动化系统通信协议研究与应用的发展趋势是 IEC 61850 标准。

3.4.1　101 规约及其应用

国际电工委员会第 57 技术委员会（IEC – TC 57）为适应电力系统和其通信方面的工作，在 IEC 60870 – 5 系列通信标准的基础上，制定出基于 EPA（增强型）的基本远动任务的 101 规约。

1. 规约应用场景

101 规约被用于变电站与控制中心之间或具有电网数据采集和监控系统（SCADA）的主站和远动终端（智能终端 IDE）之间的串行数据通信，并采用全双工或半双工工作模式。

（1）通信参数。串行、异步、一位起始位、一位停止位、一位偶校验位，8 位数据位。

（2）窗口尺寸。101 规约中采用的窗口尺寸为 1，即在同一时间和同一方向上仅接收和处理一次链路传输服务，每一次传输服务必须在下一次传输服务开始前终止。

（3）信息种类。采用 101 规约的通信系统可以传送的信息种类包括：①遥测；②遥信；③变压器分接头位置；④远动终端单元设备状态；⑤遥控；⑥遥调；⑦时钟同步；⑧参数下载；⑨文件（一般不采用）。

（4）信息传输方式。101 规约在链路层上的传输分为平衡与非平衡两种。在配电自动化系统中，电力载波通信方式采用非平衡方式，无线公网通信方式采用平衡方式。

1）平衡方式通信。通信双方都可以发起信息传输，一旦链路建立成功，变化信息除了响应召唤应答还可以主动发送而无需等待查询。但是两个方向上都需要按照一定的规则来确认信息的正确接收。

2）非平衡方式通信。通信双方总是规定一方为启动站，另一方为从动站。只允许启动站发起召唤，从动站被动回答。在实际应用中一般规定主站或接收数据方为启动站，厂站或提供数据方为从动站。

（5）链路数据帧格式。链路数据帧格式规定了数据格式，101 规约采用单字节、固定帧长、可变帧长等 3 种报文格式。

（6）数据校验方式。101 规约采用 2 种数据校验处理方式，以保证通信数据的正确性，其中字节内采用偶校验，而报文中采用和校验（纵向和校验）。

2. 规约模型结构

101 规约采用三层参考模型"增强性能体系结构（EPA）"。由于远动系统在有限带宽下要求特别短的反应时间，因此，相对开放式系统互联的 ISO – OSI 参考模型而言，101 规约仅采用了物理层、数据链路层及应用层。101 规约参考模型如图 3 – 2 所示。

其中，物理层采用了 ITU – T 建议，在所要求的介质上提供了二进制对称无记忆传输，以保证链路层所定义的组编码方法较高的数据完整性；链路层由采用明确的链路规约控制信息（Link Protocol Control Information，LPCI）的许多链路传输过程所组成，此链路控制信息可将一些应用服务数据单元（Application Service Data Unit，ASDU）当作应用服务数据，

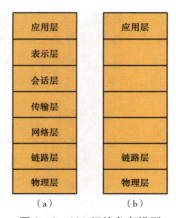

图 3-2　101 规约参考模型

(a) ISO 参考模型；(b) 增强性能模型

链路层采用帧格式的选集能保证所需的数据完整性、有效性以及传输方便性；应用层包含一系列"应用功能"，它包含在源和目的之间传送的应用服务数据单元中。

需要指出的是，配套标准的应用层未采用明确的应用规约控制信息（Application Protocol Control Information，APCI），它隐含在应用服务数据单元 ASDU 的数据单元标识符域以及所采用的链路服务类型中。增强性能体系结构（EPA）模型所选用的标准见表 3-2。

表 3-2　　　　　　　　　　　　EPA 模型所选用的标准

通信层次	引用标准
应用层（第7层）	IEC 60870-5-4 应用数据元素
	IEC 60870-5-3 应用服务数据单元
链路层（第2层）	IEC 60870-5-2 链路传输规则
	传输帧格式 FT1.2
物理层（第1层）	ITU-T 建议

此外，通信服务的用户进程引用了 IEC 60870-5-1 的应用功能。

（1）物理层。配套标准采用 ITU-T 建议，它定义了控制站和被控站的数据电路终接设备（Data Circuit End，DCE）和数据终端设备（Data Terminal End，DTE）之间的接口。控制站和被控站的接口连接如图 3-3 所示。

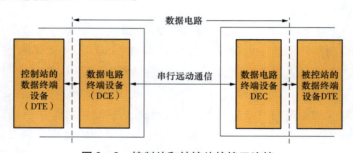

图 3-3　控制站和被控站的接口连接

数据电路终端设备（DCE）和数据终端设备（DTE）之间的接口为异步 ITU – TV. 24/ITU – TV. 28 接口。传输通道的运行模式不同，所要求的接口信号也不相同。

（2）链路层。IEC 60870 – 5 – 2 提供了采用一个控制域和一个任选的地址域的链路传输规则的选集，在站之间的链路可以按非平衡传输模式工作。若从一个中心控制站（控制站）到几个外站（被控站）之间链路共用一条公共的物理通道，那么这些链路必须工作在非平衡式，以避免多个被控站试图在同一时刻在通道上传输。不同的被控站在通道上传输的顺序取决于控制站的应用层的规则。配套标准指明了从 IEC 60870 – 5 – 1 的众多帧格式中选择一种 FT1. 2，所选用的帧格式既要达到所需要的数据的完整性，又要满足实现的方便性具有的最大效率。

（3）应用层。应用服务数据单元的定义采用 IEC 60870 – 5 – 3 的一般结构，而应用服务数据单元的构建则依据 IEC 60870 – 5 – 4 中应用信息元素的定义和编码规范则。101 规约应用数据单元之间的关系如图 3 – 4 所示。因为规约中没有采用应用规约控制信息（APCI），所以实际的应用规约数据单元（Application Protocole Data Unit，APDU）与应用服务数据单元（ASDU）、链路规约数据单元（LPDU）相同。特别需要指出的是，101 规约规定每个链路规约数据单元（LPDU）只有一个应用服务数据单元（ASDU）。由此可见，实现满足 101 规约的通信服务的关键技术之一就是构建应用服务数据单元（ASDU）。

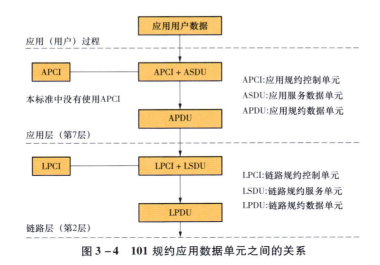

图 3 – 4　101 规约应用数据单元之间的关系

101 规约在子站终端上的信息传输过程如图 3 – 5 所示。该过程采用 RS – 485 串口通信，其中的子站接收信息流方向对应着 101 规约中的下行信息方向，即控制信息方向，是指主站向子站发送信息的方向；而子站发送信息流方向对应着 101 规约中的上行信息方向，即监视信息方向，是指子站向主站发送信息的方向。

3. 应用服务数据单元

101 规约的应用服务数据单元（ASDU）构成通信报文的数据区，该数据包含通信服务的核心内容，因此，ASDU 是通信服务的关键信息。具有 1 个信息体的 ASDU 结构由数据单元标识和 1 个信息体所组成，见表 3 – 3。其中"类型标识"和"可变结构限定词"描述了 ASDU 数据单元类型。如果 ASDU 含有多于 1 个的信息体，则后续信息体将依次排列。

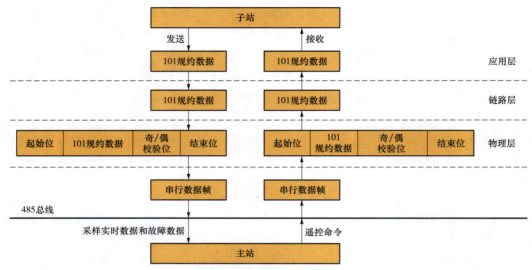

图 3-5　101 规约在子站终端上的信息传输过程

表 3-3　　　　　　　　应用服务数据单元（ASDU）的结构

ASDU	ASDU 的域	八位位组字节数目
数据单元标识	类型标识	1
	可变结构限定词	1
	传送原因	1
	公共地址	1
信息体	信息体地址	2
	信息体元素	1
	信息体时标（如有必要）	7

由表 3-3 可知，ASDU 由数据单元标识符和一个或多个同类信息体所组成，其中数据单元标识符是对 ASDU 内所有信息体属性的描述，其中包括后续信息体的结构、类型和格式、信息体寻址方式、引起报文的原因以及信息体数据的来源（站地址）等信息。

ASDU 信息体包含信息体地址、信息体元素、信息体时标 3 个属性。其中信息体元素为报文传输的核心内容，其数据长度（字节数）将由所传输的信息体元素的数据格式决定。根据不同的报文类型标识，有的信息体可以不带时标或者带不同规格的时标。

（1）ASDU 编码。ASDU 类型可采用特定英文字母和数字组合构成特定编码加以描述，这种编码结构分为 4 个层次，其中每级之间用下短划线分隔。

1）第一级用一个字母代表信息的种类。M 表示监视信息（上行信息）；C 表示控制信息（下行信息）；P 表示参数信息；F 表示文件传输。

2）第二级用两个字母表示。M_SP 表示单点信息；M_DP 表示双点信息；M_ME 表示测量信息；C_SC 表示单点遥控；C_DC 表示双点遥控；C_SE 表示双点命令；C_IC 表示召唤命令；C_CS 表示时钟同步命令。

3）第三级用两个字母定义应用服务数据单元有无时标和具体类型。其中第一个字母表示信息体是否带时标，N 表示不带时标，T 表示带时标；第二个字母指明信息体 2 级分类类型，每种类型从英文字母 A 开始按顺序依次使用。

4）第四级用 1 个数字表示该标号是由哪一个配套标准定义的。1 表示 IEC 60870 – 101 标准定义的；2 表示 IEC 60870 – 102 标准定义的。

（2）类型标识。ASDU 数据域的第一个字节为类型标识，它定义了后续信息体的结构、类型和格式。标准规定一个报文中只允许出现一种报文类型，所以 IEC 60870 – 5 – 101 的一个报文只能传送一类基本信息。由于类型识别仅采用 1 个字节，所以最多可以定义 254 个 ASDU 类型，类型标识功能分段为：〈1…127〉，配套标准的标准定义；〈128…135〉，为路由报文保留（专用范围）；〈136…255〉，特殊应用（专用范围）。如果接收的报文中含有未定义的类型标识未被定义的应用服务数据单元，则该应用服务数据单元将被舍弃。

1）常规的应用报文类型。

a. 监视方向的过程信息见表 3 – 4，该信息为上行信息。

表 3 – 4　　　　　　　　　　　　监视方向的过程信息

报文类型（十进制）	报文语义	编码	说明
0			任何情况都不用
1	单位遥信	M_SP_NA_1	带品质描述、不带时标
3	双位遥信	M_DP_NA_1	带品质描述、不带时标
9	归一化遥测值	M_ME_NA_1	带品质描述、不带时标
11	标度化遥测值	M_ME_NB_1	带品质描述、不带时标
13	短浮点遥测值	M_ME_NC_1	带品质描述、不带时标
15	累计量	M_IT_NA_1	带品质描述、不带时标
20	成组单位遥信	M_PS_NA_1	带变位检出标志
21	归一化遥测值	M_ME_ND_1	不带品质描述、不带时标
30	单位遥信（SOE）	M_SP_TB_1	带品质描述、带绝对时标
31	双位遥信（SOE）	M_DP_TA_1	带品质描述、带绝对时标
34	归一化遥测值	M_ME_TD_1	带品质描述、带绝对时标
35	标度化遥测值	M_ME_TE_1	带品质描述、带绝对时标
36	短浮点遥测值	M_ME_TF_1	带品质描述、带绝对时标
37	累计量	M_IT_TB_1	带品质描述、带绝对时标

b. 控制方向的过程信息见表 3 – 5，该信息为上行、下行信息。

表 3-5   控制方向的过程信息

报文类型（十进制）	报文语义	编码	说明
45	单位遥控命令	C_SC_NA_1	每个报文仅含 1 个遥控信息体
46	单位遥控命令	C_SC_NA_1	每个报文仅含 1 个遥控信息体
47	档位调节命令	C_RC_NA_1	每个报文仅含 1 个档位信息体
48	归一化设定值	C_SE_NA_1	每个报文仅含 1 个设定值
49	标度化设定值	C_SE NB_1	每个报文仅含 1 个设定值
50	短浮点设定值	C_SE NC_1	每个报文仅含 1 个设定值
136	归一化多个设定值	C_SE ND_1	每个报文可含多个设定值

c. 监视方向的系统信息见表 3-6，该信息为上行信息。

表 3-6   监视方向的系统信息

报文类型（十进制）	报文语义	编码	说明
70	初始化结束	M_EI_NA_1	报告场站端初始化完成

d. 控制方向的系统命令见表 3-7，该信息为上行、下行信息。

表 3-7   控制方向的系统命令

报文类型（十进制）	报文语义	编码	说明
100	站召唤命令	C_IC_NA_1	带不同限定词可用于组召唤
101	累积量召唤命令	C_CI_NA_1	带不同限定词可用于组召唤
102	读命令	C_RD_NA_1	读单个信息对象值
103	时钟同步命令	C_CS_NA_1	需要通过测量通道延时加以校正
105	复位进程命令	C_RP_NA_1	应用前需要双方确认
106	延时获得命令	C_CD NA_1	配合时钟同步命令使用

e. 控制方向的参数命令见表 3-8。

表 3-8   控制方向的参数命令

报文类型（十进制）	报文语义	编码	说明
110	归一化遥测参数	P_ME_NA_1	每个报文只能对一个对象设定参数
111	归一化遥测参数	P_ME_NB_1	每个报文只能对一个对象设定参数
112	归一化遥测参数	P_ME_NC_1	每个报文只能对一个对象设定参数
113	参数激活	P_AC_NA_1	每个报文只能对一个对象激活参数

2）可变结构限定词。数据单元标识符的第二个八位位组定义为可变结构限定词，其格式见表 3-9。可受结构限定词由两部分组成。

表 3-9 可变结构限定词格式

D7	D6	D5	D4	D3	D2	D1	D0
SQ	2^6	2^5	2^4	2^3	2^2	2^1	2^0

a. 低 7 位表示本 ASDU 内包含的信息体数量 N。N 的最大取值为 127，因此，1 个 ASDU 最多可含有 127 个信息体。若 $N=0$，则表明 ASDU 不含信息体。

b. 最高位 SQ 表示信息对象的排列方式。SQ = 0，同一个 ASDU 中的同类信息是离散排列的，此时，每个信息体地址均需明确给定；SQ = 1，同一个 ASDU 中的同类信息是按顺序排列的，这种情况下，只需要给定第一个信息体地址，而后续信息体地址被隐去，其默认地址为前一个信息体地址加 1。若 SQ = 1，则习惯上称为压缩格式的 ASDU 数据。实际应用中，通常在回答站召唤或组召唤时，为了压缩信息传输时间，提高信息传输效率，规定必须使用 SQ = 1，而作为变化信息上送时，由于信息的变化顺序是随机的，一般使用 SQ = 0。

（3）传输原因。数据单元标识符的第三个八位位组定义为此报文 ASDU 的传输原因，其格式见表 3-10。其中，T 为试验标志，P/N 为确认标志，试验与确认标识取值所代表的含义见表 3-11。引起 ASDU 传输的传输原因语义见表 3-12。

表 3-10 ASDU 的传输原因格式

D7	D6	D5	D4	D3	D2	D1	D0
T	P/N	2^5	2^4	2^3	2^2	2^1	2^0

表 3-11 试验与确认标识取值所代表的含义

取值	T	P/N
0	非试验状态	肯定确认
1	试验状态	否定确认

表 3-12 传输原因语义

传输原因（十进制）	语义	应用方向	
0	任何情况下均不使用	上行	
1	周期、循环	上行	
2	背景扫描	上行	
3	突发	上行	
4	初始化	上行	
5	请求或被请求	上行、下行	
6	激活	下行	应用于重要功能过程的每个步骤中
7	激活确认	上行	
8	停止激活	下行	
9	停止激活确认	上行	
10	激活终止	上行	

传输原因（十进制）	语义	应用方向
11	远方命令引起的返送信息	上行
12	当地命令引起的返送信息	上行
20	响应站召唤	上行
21	响应第 1 组召唤	上行
22	响应第 2 组召唤	上行
…	…	…
35	响应第 15 组召唤	上行
36	响应第 16 组召唤	上行
37	响应累计量站召唤	上行
38	响应第 1 组累计量召唤	上行
39	响应第 2 组累计量召唤	上行
40	响应第 3 组累计量召唤	上行
41	响应第 4 组累计量召唤	上行
44	未知的类型标识	上行
45	未知的传输原因	上行
46	未知的应用服务数据单元公共地址	上行
47	未知的信息体地址	上行

注意： 任何一次信息传输必须给定明确的传送原因，而且必须给出肯定确认或者否定确认。此外，通信出现问题时，可以根据传送原因（44~47）的状态，来判断引起问题的原因。

（4）应用服务数据单元公共地址。规约中规定应用服务数据单元公共地址可以选用 1 个字节或 2 个字节，101 规约通常选用 1 个字节，其位于应用服务数据单元中数据单元标识符的第四个八位位置。ASDU 公共地址取值范围见表 3 - 13。

表 3 – 13   ASDU 公共地址取值范围

取值	语义
0	未使用
1…254	站地址
255	全局地址

ASDU 公共地址代表某一厂站地址或全局地址，该地址是和一个应用服务数据单元内的全部对象联系在一起。

全局地址是向特定系统全部站的广播地址，用于一个特定系统中在同一时刻向所有站同时启动同一个应用功能，如用时钟同步命令去同步当地时钟。在控制方向带广播地址的应用服务数据单元，必须在监视方向以包含特定定义的地址（站地址）的应用服务数据单元回答。

在公共地址为 255（广播地址，请求全体）的情况下，被控站以特定公共地址返回 ACTCON、ACTTERM 和被召唤的信息对象（如果有的话），这和向某个特定站发送命令后的响应一样。

广播地址严格限定用于在控制方向上的下述应用服务数据单元：

类型标识 < 100 >：召唤和令 C_IC_NA_1

类型标识 < 101 >：累计量召唤命令 C_CI_NA_1

类型标识 < 103 >：时钟同步命令 C_CS_AL_1

类型标识 < 105 >：复位进程命令 C_RP_NA_1

（5）信息体地址。应用服务数据单元中数据单元标识符的第五、第六个八位位组定义为信息体地址，其用于描述该信息体的地址（标号）。规约中规定信息体地址可以选用 1 个字节、2 个字节或者 3 个字节，101 规约通常选择 2 个字节的信息体地址，因此最多能够表达 65535 个信息体地址。

注意：对于含有多于 1 个以上信息体的 ASDU 而言，除了其第一个信息体必须明确给定信息体地址之外，如果可变限定词中的最高位 SQ = 1，即信息体在 ASDU 中是按连续排列的，则第二个及其后的信息体地址被隐去，其地址按式（3-1）确定，即

$$信息体地址 = 前 1 个信息体地址 + 1 \tag{3-1}$$

如果 SQ = 0，即同一个 ASDU 中的同类信息是离散排列的，因此，每个信息体地址必须明确给定。

实际应用中，信息对象地址通常按下列原则分配。

1）同类信息对象的地址必须连续。

2）所有信息对象地址都不允许重复，首个信息对象地址一般从 1 开始。

3）为了方便厂站信息量的扩充，在每两类不同信息量之间预留部分地址空间。

4）一旦某类信息数量超过原定预留的地址空间，必须将后续信息整体向后移动，但不能改变同类信息的先后顺序。

信息对象地址推荐方案见表 3-14。

表 3-14　　信息对象地址推荐方案

信息体名称	对应地址（十六进制）	信息体数量
无关信息	0	
遥信信息	1H ~ 1000H	4096
继电保护信息	1001H ~ 4000H	12288
遥测信息	4001H ~ 5000H	4096
遥测参数信息	5001H ~ 6000H	4096
遥控信息	6001H ~ 6200H	512
设定信息	6201H ~ 6400H	512
累积量信息	6401H ~ 6600H	512
分接头位置信息	6601H ~ 6700H	256

需要指出的是，101 规约本身并没有给出具体的信息体地址分配方案，因此，上述信息体地址分配方案仅为推荐方案，这就意味着每个系统或者每个厂站可以根据自身的需要选择合理的地址分配方案。重要的是，为了方便自动化人员的维护和管理工作，每个调度自动化系统会给所辖厂站规定统一的地址分配方案。而且主站和对应的厂站两侧的地址分配必须一致，否则不仅会造成信息错乱，还会造成错误控制。

（6）信息体元素。信息体元素是信息体的实际内容，其所占用的字节数与所传输的信息类型有关，而且一个 ASDU 只能包含同一类信息元素。

1）信息元素种类。采用 101 规约传输的信息元素种类包括遥信、遥测、累计量、遥控、设点、挡位调节、限定词等。其中遥信有单位遥信、双位遥信、带品质描述遥信、不带时标遥信、带时标遥信及成组遥信；遥测有归一化遥测、标度化遥测、短浮点遥测、带品质描述遥测及带时标遥测；累计量有带时标累计量和带品质描述累计量；遥控有单点遥控和双点遥控；设点有归一化设点、标度化设点及短浮点设点；限定词有召唤限定词、控制限定词及参数限定词。实际应用中，根据需要传输信息的重要性等原则，可以将上述信息划分为一级数据和二级数据两大类。其中，一级数据的优先级高于二级数据，这意味着如果终端同时有一级数据和二级数据需要传输，则首先传输一级数据，之后，才能传输二级数据。此外，在同一级别的信息数据中也需要规定传输优先级。由于 101 规约本身没有给出具体的分类方案，因此，在实际应用中需要规定自己的分类办法。用户数据分类方案示例见表 3 – 15。

表 3 – 15　　　　用户数据分类方案示例（优先级由高到低）

数据级别	数据类型	对应类型标识
一级数据	初始化结束	70
	控制命令的镜像报文 设定值命令的报文	45 ~ 69
	延时获得的镜像报文	106
	遥信变位	1，3
	回答站召唤数据 组召唤回答	100
	时钟同步镜像报文	103
	SOE	30，31
	遥测变化	9 ~ 11，34 ~ 36
二级数据	背景扫描	—
	循环传输	—
	文件传输	—

2）信息元素分组方案。为了方便主站的分类召唤和定时召唤，通常将信息元素分成 16 个组见表 3 – 16。由于每个厂站的信息量不尽相同，所以具体每个组包含多少个信息体通常不做统一要求，但各组的信息量最好应平均分配。

表 3 - 16　　　　　　　　　　　　　信息元素分组方案

组别	包含内容	说明
1 ~ 8	遥信信息	将一个站的全部遥信均匀分配成为 8 个组
9 ~ 14	遥测信息	将一个站的全部遥测均匀分配成为 6 个组
15	挡位信息	单独编组
16	终端状态	不常用

（7）信息体时标。信息体时标用于描述信息的数据特性。101 规约规定的信息体时标有 2 字节时标、3 字节时标及 7 字节时标 3 种。

1）2 字节时标。2 字节时标较少使用，表示时间范围是 0 ~ 59999ms。

2）3 字节时标。3 字节时标又称短时标，其格式见表 3 - 17。规约中规定的 3 字节时标包括 1 个字节的分钟值和 2 个字节的毫秒值。需要指出的是，毫秒字节的数值并不能直接作为实际时标中的毫秒值，还需要对其进行取模 1000 运算。

表 3 - 17　　　　　　　　　　　　　3 字节时标格式

字节	D7	D6	D5	D4	D3	D2	D1	D0
1	2^7		毫秒				2^0	
2	2^{15}		毫秒				2^8	
3	IV	RES	2^5		分钟（0 ~ 59）		2^0	

表 3 - 17 中，IV 为时标有效标志位，IV = 0，时标有效；IV = 1，时标无效。RES 为保留位。

注意：本书中所使用的标志位符号全书通用，在未特殊声明的情况下，已经说明的标志位在后续的应用中具有相同的语义，不再加以说明。

在实际应用中，带时标的信息往往可以在通道恢复后被补充传送，但是通道中断时间又是一个不确定的因素，所以仅有精确到分钟的时标是不安全的，一般不予采用。

3）7 字节时标。7 字节时标又称长时标，其格式见表 3 - 18 所示。其中前 3 个字节格式与 3 字节时标格式相同，后 4 个字节分别描述小时、星期、日、月、年等时间参数，因此，长时标属于一个绝对时标，它包含年、月、时、分、毫秒信息。

表 3 - 18　　　　　　　　　　　　　7 字节时标格式

字节	D7	D6	D5	D4	D3	D2	D1	D0
1	2^7		毫秒				2^0	
2	2^{15}		毫秒				2^8	
3	IV	RES	2^5		分钟（0 ~ 59）		2^0	
4	0	RES	RES	2^4	小时（0 ~ 59）		2^0	
5	2^2 星期（1 ~ 7）		2^0	2^4	日（1 ~ 31）		2^0	
6	RES	RES	RES		2^2	月（1 ~ 12）	2^0	
7	2^7 年（0 ~ 99）						2^0	

表 3 – 18 中，如果星期 = 0，表示不使用星期参数。

4. 链路传输规则

链路层信息数据帧（LPDU）由链路规约控制信息（LPCI）和应用规约数据（APDU）构成，应用规约数据（APDU）又由应用规约控制信息（APCI）和应用服务数据信息（AS-DU）构成。由于 101 规约中并没有使用 APCI，因此，101 规约中的 APDU 格式与 ASDU 格式相同。

由此可见，在 ASDU 信息基础上，还需要确定链路规约控制信息（LPCI），即确定链路层数据帧需要遵守的规则（链路传输规则），最终便可以构成链路层信息数据帧（LPDU）。

101 规约采用单字符报文、固定帧长报文及可变帧长报文 3 种链路数据帧报文格式。

（1）链路数据帧的最大帧长。通常情况下，链路数据帧的最大帧长为一个与网络有关的系统参数，原则上上/下行方向上的最大帧长可以不同，但是国内一般通道的上行、下行速率相同而且为了方便管理，根据不同报文格式，其最大帧长按照下列规定执行：①单字节报文固定采用编码 E5H；②固定帧长报文采用 5 个字节；③可变帧长报文的最大帧长受到通信速率的约束，因此，应是一个可设置的参数，在实际应用中是可以调整的。常用通信速率下可变帧长报文的最大帧长见表 3 – 19。

表 3 – 19　　　　　　　　可变帧长报文的最大帧长

通信速率（bit/s）	最大帧长（字节）
300	60
600	100
1200	200
≥1200	255

（2）链路服务类别。101 规约包括 S1、S2、S3 3 种链路服务类别，其功能说明见表 3 – 20。不同服务类别所对应的传输启动模式见表 3 – 21。

表 3 – 20　　　　　　　　链路服务类别功能说明

链路服务类别	功能	说明
S1	发送/无回答	在链路层内不要求认可和回答
S2	发送/确认	在链路层内要求认可
S3	请求/响应	在链路层内请求的响应，响应可以是数据或否定认可

表 3 – 21　　　　　　　　不同服务类别所对应的传输启动模式

传输启动模式	链路服务类别
循环传送	S1
突发传输	S2
按请求传输	S3

1）S1 类服务。用于由主站向子站发送广播报文，或子站循环给主站刷新数据，无需认可和回答，如果接收方检测报文差错即丢弃该报文。

2）S2 类服务。用于由启动站（主站）向从动站发送信息，包括参数设置、遥控命令、升降命令、设点命令等，接收方需要根据报文接收状态执行下列操作。

a. 接收站的链路层校验接收的报文。

b. 如果报文检测没有差错且接收缓存区可用就向启动站发送肯定认可。

c. 如果报文检测没有差错但接收缓存区不可用就向启动站发送否定认可。

d. 如果报文检测发现差错，则不予回答并丢弃该报文。

3）S3 类服务。用于由主站向从动站召唤信息（数据、事件、链路状态等），具体操作如下。

a. 从动站的链路层如果有被请求的数据就回答它；

b. 从动站的链路层如果没有被请求的数据就回答否定认可；

c. 如果报文检测发现差错则不作回答。

（3）传输帧格式。如上所述，101 规约的帧格式选用 FT1.2，允许采用固定帧长和可变帧长，也可采用单个字符。当传输 ASDU 时，必须采用可变帧长帧格式；当没有 ASDU 传输时，应采用固定帧长帧格式或者单个字符格式。

1）单字符报文。单字符报文是 101 规约中的一类特殊报文，其编码固定为 E5H，通常应用于链路层一般确认或简单认可，也可以用来回答没有变化数据的召唤。

2）固定帧长报文。固定帧长格式报文用于子站回答主站的确认报文或主站向子站的询问报文（如链路状态确认、链路复位、一级数据和二级数据等）通信服务。固定长报文帧格式见表 3 - 22。

表 3 - 22　　　　　　　　　固定帧长报文格式

报文结构	占用字节数目（Byte）	说明
10H	1	固定帧起始标志
链路控制域	1	链路控制信息
链路地址	1	站地址
校验码	1	和校验
16H	1	报文结束地址

链路控制域占用一个字节，但上行、下行所代表的意义不同。下行、上行报文链路控制域格式分别见表 3 - 23 和表 3 - 24。

表 3 - 23　　　　　　　　　下行报文链路控制域格式

D7	D6	D5	D4	D3	D2	D1	D0
RES	PRM	FCB	FCV	链路功能码			

表 3-24   上行报文链路控制域格式

D7	D6	D5	D4	D3	D2	D1	D0
RES	PRM	ACD	DFC	链路功能码			

a. 符号说明。①PRM 为报文启动方向标识，启动站发送报文时（下行报文）PRM = 1，从动站发送报文时（上行报文）PRM = 0；②FCB 为帧计数位，被控站通过判断 FCB 是否翻转来决定是否重发上一帧报文；③FCV 为帧计数有效位，FCV = 1 表示 FCB 有效，FCV = 0 表示 FCB 无效；④为 ACD 为请求访问一级数据标识位，若 ACD = 1，则表示被控站有一级数据；⑤DFC 为数据流控制位，DFC = 1 表示被控站不能接收后续报文。

b. 链路功能码。应用 101 规约传输数据通常是采用非平衡传输方式传输报文，并且认为控制站或主站作为启动站，被控站或子站为从动站。

非平衡传输报文控制域启动方向（下行报文）的链路功能码和从动方向（上行报文）分别见表 3-25 和表 3-26。非平衡链路上行、下行报文控制域功能码对照见表 3-27。

表 3-25   下行报文控制域功能码

链路功能码	帧类型	功能服务	帧计数有效（FCV）
0	发送/确认	远方链路复位	0
1	发送/确认	用户进程复位	0
2	发送/确认	保留	
3	发送/确认	用户数据	1
4	发送/无回答	用户数据	0
5		备用	
6~7		保留	
8	请求访问	按要求的访问位响应	0
9	请求/响应	请求链路状态	0
10	请求/响应	请求 1 级用户数据	1
11	请求/响应	请求 2 级用户数据	1
12~15		保留	

表 3-26   上行报文控制域功能码

功能码	帧类型	功能服务
0	确认	肯定确认
1	确认	否定确认
2~5		保留
6~7		保留
8	响应	用户数据

功能码	帧类型	功能服务
9	响应	无请求的数据
10		保留
11	响应	链路状态或要求的访问
12		保留
14		保留
14		链路服务未工作
15		链路服务未工作

表 3 - 27　　　　　　　　　　非平衡链路上行、下行报文控制域功能码对照表

肩动方向的功能码和服务	从动方向所允许的功能码及服务
（0）复位远方链路	（0）确认：肯定认可
	（1）确认：否定认可
（1）复位用户进程	（0）确认：肯定认可
	（1）确认：否定认可
（3）发送/确认用户数据	（0）确认：肯定认可
	（1）确认：否定认可请求
（4）发送/无回答用户数据	无回答
（8）请求访问	（11）响应：链路状态
（9）请求/响应，请求链路状态	（11）响应：链路状态
	（14）响应：链路服务未工作
	（15）响应：链路服务未完成
（10）请求/响应，请求 1 级用户数据	（8）响应：用户数据
	（9）响应：无所请求的用户数据
（11）请求/响应，请求 2 级用户数据	（8）响应：用户数据
	（9）响应：无所请求的用户数据

c. 校验码。通过将固定帧长报文中"链路控制域"和"链路地址"2 个字节做纵向和运算，进而获得校验码。其计算公式为

$$校验码 = （链路控制域 + 链路地址） MOD 256 \tag{3-2}$$

3）可变帧长报文。可变帧长格式报文用于主站向子站传输数据或由子站向主站传输数据（如总召唤、时间同步信息和遥控命令等）。可变帧长报文帧格式见表 3 - 28。其中"链路控制域"和"链路地址"的含义与固定帧长中的"链路控制域"和"链路地址"相同。

注意：可变帧长报文中出现 2 次报文起始标识，在此 2 次报文起始标识之间报文重复 2 次发送应用规约内容的长度（单位为 Byte），即从"链路控制域"到"应用服务数据单元"结束的总字节数目。

表 3 - 28 可变帧长报文帧格式

报文结构	占用字节数目/Byte	说明
68H	1	报文起始标识
长度	1	应用规约内容长度
长度	1	应用规约内容长度
68H	1	报文起始标识
链路控制域	1	链路控制信息
链路地址	1	对应不同链路地址
应用服务数据单元（ASDU）	≥ 1	服务数据单元
校验码	1	纵向和校验
16H	1	报文结束标识

可变帧长报文校验码计算公式为

校验码 =（链路控制域 + 链路地址 + 应用服务数据单元）MOD 256 （3 - 3）

3.4.2　104 规约及其应用

IEC 60870 - 5 - 104 协议（以下简称 104 规约）的名称是"采用标准传输协议子集的 IEC 60870 - 5 - 101 网络访问"（Network Access for IEC 60870 - 5 - 101 Using Standard Transport Profiles），由此名称可以看出，104 规约可以理解为是 101 规约的网络版形式。104 规约是在 l01 规约的基础上，采用专用 Internet 网络进行调度通信的协议标准，远动子系统采用 104 规约通过 Internet 网络访问进行数据传输，这种方式改变了变电站自动化系统中仅利用传统的串口通信机制进行实时数据传输的现状，充分利用了 Internet 技术进行数据传输，因此与采用 101 规约的通信相比，应用 104 规约的通信具有实时性好、可靠性高、数据流量大、便于信息量扩充、支持网络传输等优点，其内容和功能涵盖了保护方面的定义，它不仅可以应用在调度与变电站端，而且完全适用于变电站内的通信网。

此外，传统的串口低速传输是建立在固定电路连接的，如果同一个子站想要和多个调度端或是集中控制站连接，则必须建立多个实际的物理通道，而采用 104 规约运行于以太网和 TCP/IP 协议之上实现网络化传输之后，在子站端只需建立 1 个局域网通道就能够解决一发多收的问题，从而在一定程度上简化了通信网架结构，有利于配电网通信系统的建设。

1. 规约应用场景及网络结构

104 规约采用专用光纤或数据网实现网络通信，通常情况下需要配置必要的网络设备，其中包括网络接口、交换机、路由器、光纤收发器、协议转换器等。实现 104 规约传输的网络，采用能够传输 101 规约 ASDU 的远动设备的局域网，利用支持不同广域网类型的路由器通过 TCP/IP 局域网接口实现通信。主站与子站间的 104 规约网络实现模型如图 3 - 6 所示，其中包括有冗余和无冗余两种主站路由配置。

事实上，104 规约是将 101 规约与 TCP/IP 提供的网络传输功能相组合，使得 101 规约在 TCP/IP 内各种网络类型都可使用，包括 X. 25，帧中继（Frame Relay，FR），异步转移模式（Asynchronous Transfer Mode，ATM）和综合业务数据网（Integrated Service Data Network，

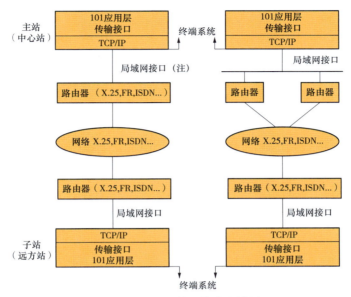

图 3 - 6　104 规约网络实现模型

ISDN）等。

104 规约采用平衡方式通信，即通信双方都可以发起信息传输，一旦链路建立成功，变化信息除了响应召唤应答还可以主动发送而无需等待查询。

网络通信协议采用的是 TCP/IP 协议集 RFC2200，通信参与对象分为服务器端和客户端。其中，在 TCP/IP 通信中提供服务的一方被称为服务器端。在 104 规约中厂站端（子站）是提供数据的一方，因此厂站端被定义为服务器端，而接受服务的一方被称为客户端，在 104 规约中主站一般是召唤数据的一方，因此主站端被定义为客户端。应用层的应用程序用它作为一个发送和接收的地址，不同应用程序一般固定使用不同的端口号，104 规约固定使用 2404 端口号。

2. 规约模型结构

104 规约使用的参考模型来源于开放系统互联（OSI）参考模型，但只采用了其中的五层。104 规约的规约结构和网络参考模型如图 3 - 7 所示，其中物理层、链路层、网络层、传输层等应用 TCP/IP 协议子集，而应用层则采用 104 规约所定义的应用规约数据单元（Application Protocol Data Unit，APDU）。TCP/IP 规约组（RFC2200）选用的标准结构如图 3 - 8 所示。

因为基于 TCP/IP 的应用层协议有很多，所以每种应用层协议都对应一个网络端口号。根据应用层协议在传输层所使用的是传输控制协议（TCP 协议）还是用户数据报文协议（UDP 协议），将端口号分为 TCP 端口号和 UDP 端口号。TCP 协议是面向连接的协议，可为用户提供全双工的可靠字节流服务，并且具有确认、多路复用、流控制以及同步等功能，故适合用于数据传输。UDP 协议是一种无连接的协议，不能保证数据的可靠传输。所以为保证远动数据的可靠传输，104 规约在传输层使用的是 TCP 协议，规约使用的端口号为 2404，已由 IANA（互联网地址分配机构）确认。

用户进程	根据IEC 60870-5-101从IEC 60870-5-5中选取的应用功能	初始化
应用层（第7层）	应用规约数据单元APDU	
表示层（第6层）	未采用	
会话层（第5层）	未采用	
传输层（第4层）	TCP/IP 协议子集（RFC2200）	
网络层（第3层）		
链路层（第2层）		
物理层（第1层）		

图 3 – 7　104 规约的规约结构和网络参考模型

RFC793传输控制协议（TCP）		传输层（第4层）
RFC791网际协议（IP）		网络层（第3层）
RFC1661（PPP）	RFC 894（以太网上传输IP数据包）	链路层（第2层）
RFC1662（HDLC帧式PPP）		
X.21串行线	IEEE 802.3以太网	物理层（第1层）

图 3 – 8　TCP/IP 规约组（RFC2200）选用的标准结构

　　104 规约对应着在网络上两个计算机（通信终端）共同参与事先约定好的任务或进程，和 DNS、FTP 及 SMTP 一样，它可以理解为一种网络应用层的协议，它是整个协议栈的最高层，它利用网络提供的服务完成在主站和了站间传递数据信息。

　　由 104 规约结构和网络参考模型可知，应用层（第7层）为 104 规约应用规约数据单元及传输层接口（用户到 TCP 的接口），应用层的下层是 TCP。

　　TCP 负责在两个任务或进程间进行通信，主要任务是将报文交付给适当的任务或进程，而这个适当的条件就是通信进程或任务的双方具有共同的端口号 2404，TCP 掌握整个网络的信息，它利用下面各层提供的服务，为应用层提供端到端的通信，TCP 工作时就如同两个相邻节点在进行通信，它起着承上启下的作用，它的一项重要的任务就是使高层程序提出的要求与底层程序所提供的资源能够相互匹配，TCP 是整个层次协议的关键所在。

　　TCP 的下层就是 IP 层，IP 层是负责在计算机间的通信（主机到主机间的通信），IP 层处理与将信息数据包从一个节点传送到网络中的另一节点有关的各项事宜，源节点和目的节点常常不是直接相连的，数据报文必须通过其他节点来进行中转，作为网络层协议，IP 只能把报文交付给目的计算机，这种不彻底的交付最终还要借助 TCP 来完成。

　　图 3 – 9 所示为一种常见的采用 104 规约的子站终端信息传输过程，其中的子站接收信息流方向对应着 104 规约中的下行信息方向，而子站发送信息流方向对应着 104 规约中的上行信息方向。由图 3 – 10 可见，应用层采用了 104 规约所定义的数据（应用规约数据单元APDU）。而传输层采用 TCP 协议，其信息格式是在 104 规约数据的基础上，添加了 TCP 帧头信息。网络层采用 IP 协议，在传输层信息基础上，添加了 IP 帧头信息。

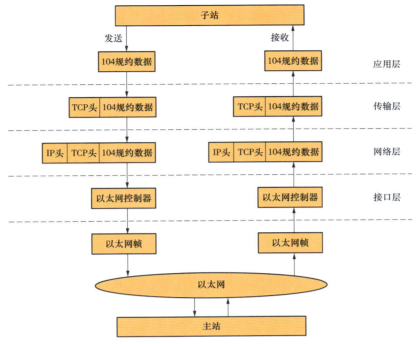

图 3 – 9　104 规约在子站终端上的信息传输过程

3. 应用规约数据单元（APDU）

根据 104 规约应用层定义可知，每个 APCI 包括下列的定界元素。

（1）基本报文格式。图 3 – 10 所示为 104 规约所定义的应用规约数据单元（APDU）基本报文格式，其中包括应用规约控制信息（APCI）和应用服务数据单元 ASDU 两部分内容。

图 3 – 10　应用规约数据单元（APDU）基本报文格式

由 APDU 格式可见，104 规约采用了与 101 规约相同的应用服务数据单元（ASDU）定义格式。但 104 规约与 101 规约的应用场景不同，其中 101 规约的应用场景是串口通信系统，而 104 规约的应用场景是网络通信系统。基于 101 规约的通信报文中包含了报文的起始和结束标志，因此，数据接收方可以依据所接收到的报文信息来处理报文。

基于 104 规约的通信报文并没有为 IEC 60870 – 5 – 101 中的 ASDU 定义任何启动或者停止机制，为了能够检出 ASDU 的启动和结束，104 规约在 ASDU 之上还定义了规约控制信息

APCI。规约控制信息 APCI 包括启动字符、APDU 长度及控制域。

1）启动字符。APCI 的第 1 个字节，其占用 1 个字节（八位位组），用于标识报文的起始。

2）APDU 长度。APCI 的第 2 个字节，其占用 1 个字节，用于描述报文的长度，即除了启动字符字节和 APDU 长度字节之外的其他报文字节数之和。由于 APDU 长度为 1 个字节，其最大取值范围为 255，考虑到启动字符字节和报文长度字节已占用了 2 个字节，因此，1 个 104 规约报文的 APDU 长度最大取值为 253 个字节。另一方面，由于控制域共占用 4 个字节，因此，ASDU 的最大长度被限制在 249 以内，换句话说，1 个 104 规约报文中所包含的 ASDU 字节数不能超过 249。

3）控制域。占用 4 个字节，依次为 APCI 的第 3、4、5、6 字节，其定义了保护报文在传送过程中不致丢失和重复传送所必须遵循的控制信息，其中包括报文传输的启动与停止、传输连接的监视等控制信息。控制域的计数器机制是根据 ITU - TX.25 标准中推荐而定义的通过这些元素可以传送一个完整的 APDU（或者出于控制目的，仅仅是 APCI 域也是可以被传送的）。

（2）报文格式。实际应用中，根据所传送的信息类型，104 规约报文可分别采用：①编号的信息传输格式（Information Transmit Format），简称 I 格式；②编号的监视功能格式（Numbered Supervisory Functions），简称 S 格式；③不编号的控制功能格式（Unnumbered Control Function），简称 U 格式。

1）I 格式报文。采用 104 规约的 APDU，只有 I 格式报文才能用于传送 ASDU，也就是说，只有 I 格式报文 APDU 含有 ASDU 单元，其他两类格式报文的 APDU 均不包含 ASDU 单元，也即 S 格式和 U 格式报文不能用来传送 ASDU。另一方面，104 规约要求 I 格式的 APDU 至少必须包含一个 ASDU。因此，凡是传送遥测、遥信、遥控、遥调等信息都只能使用 I 格式报文。

I 格式报文的 APCI 域结构见表 3 - 29，其中控制域的第 1 个八位位组（APCI 第 3 个字节）的 D0 = 0 定义了 I 格式，并且 I 格式控制域的第 3 个八位位组的 D0 = 0。控制域第 1、2 八位位组组成了具有描述发送序号计数功能的发送序列号 N（S），而且由 APCI 域结构定义可知，发送序列号 N（S）为 15 位位组，因此，N（S）最大取值为 32767。另一方面，控制域第 3、4 八位位组则组成了具有描述给对方 I 格式信息确认的接收序号计数功能的接收序列号 N（R），而且，N（R）的最大取值是为 32767。发送序列号 N（S）和接收序列号 N（R）是 I 格式报文最重要的信息之一。

表 3 - 29　　　　　　　　　　　I 格式报文的 APCI 域结构

字节序号	D7	D6	D5	D4	D3	D2	D1	D0
1	0	1	1	0	1	0	0	0
2	ASDU 长度 +4							
3	发送序列号 N（S）（低 7 位 bits）							0
4	发送序列号 N（S）（高 8 位 bits）							
5	接收序列号 N（R）（低 7 位 bits）							0
6	接收序列号 N（R）（高 8 位 bits）							

2）S 格式报文。S 格式报文的 APDU 只包含 APCI，而无 ASDU，因此，S 格式报文不能用于传送信息。S 格式报文的 APCI 域结构见表 3－30，其中控制域的第 1 个八位位组的 D1＝1、D0＝0，并且控制域的第 3 个八位位组的 D0＝0。

根据 S 格式报文格式定义可知，S 格式报文的 APCI 域结构中，仅有接收序列号 N（R），因此，S 格式报文只能用来给予对方的报文序号进行确认。S 格式报文发送的情况主要有以下几种。

a. 超时时间参数 t_2 超时，发送 S 格式报文对已接收但未确认的 I 格式报文进行确认；

b. 已接收、但未确认的 I 格式报文达 W 个，并且没有 I 格式报文需发送给对方时，发送 S 格式报文；

c. 进行停止数据传输操作时，发送 S 格式报文对未确认的 I 格式报文进行确认。

注：超时时间参数 t_2 及参量 W 的含义可参见表 3－32。

表 3－30　　　　　　　　　　　　　S 格式报文的 APCI 域结构

字节序号	D7	D6	D5	D4	D3	D2	D1	D0
1	0	1	1	0	1	0	0	0
2	0	0	0	0	0	1	0	0
3	0	0	0	0	0	0	0	1
4	0	0	0	0	0	0	0	0
5	接收序列号 N（R）（低 7 位 bits）							0
6	接收序列号 N（R）（高 8 位 bits）							

3）U 格式报文。U 格式报文的 APDU 只包含 APCI，而无 ASDU，因此，U 格式报文不能用于传送数据信息，而只能用于传送规约的控制。U 格式报文的 APCI 域结构见表 3－31，其中控制域的第 1 个八位位组的 D1＝1、D0＝1，并且 U 格式控制域的其他 3 个八位位组均为 00H。

表 3－31　　　　　　　　　　　　　U 格式报文的 APCI 域结构

字节序号	D7	D6	D5	D4	D3	D2	D1	D0
1	0	1	1	0	1	0	0	0
2	0	0	0	0	0	1	0	0
3	TESTFR		STOPDT		STARTDT		1	1
	确认	命令	确认	命令	确认	命令		
4	0	0	0	0	0	0	0	0
5	0	0	0	0	0	0	0	0
6	0	0	0	0	0	0	0	0

U 格式报文主要用于实现 3 种控制功能：①启动数据传输（STARTDT）；②停止数据传输（STOPDT）；③链路测试（TESTFR）。而且，在同一时刻，只能有一个功能可以激活。

4. 发送序号和接收序号的维护机制

如上所述，104 规约采用 RFC 793/RFC 791（TCP/IP）协议，其中 IP 协议负责将数据从一处传往另一处，TCP 则负责控制数据流量，并保证传输的正确性。虽然 TCP/IP 已经包含了保证报文的输送不丢失和重发，但由于在最底层的计算机通信网络提供的服务是不可靠的分组传送，所以当传送过程中出现错误以及在网络硬件失效或网络负荷太重时，可能会出现数据包的丢失、延迟、重复和乱序等现象，因此，应用层协议必须制定相应的控制与纠正机制，以确保信息的可靠传输。

为防止 I 格式报文的丢失和重复传送，104 规约定义了发送序列号 N（S）和接收序列号 N（S），以及 t1、t2 超时时间等参数，并制定了防止报文丢失和报文重复传送控制，以及报文超时等状态的确认规则。104 规约中的 K/W 参数定义了 I 格式报文传输的窗口尺寸。超时时间定义见表 3 – 32。

表 3 – 32 超时时间定义

参数	默认值	备注
t0	30s	建立连接的超时
t1	15s	发送或测试 APDU 的超时
t2	10s	无数据报文时确认的超时，t2 < t1
t3	30s	长期空闲状态下发送测试帧的超时

注　t0 ~ t2 最大范围：1s ~ 255s，精确到 1s；推荐 t3 范围：1s ~ 48h，精确到 1s。

在正常通信情况下，发送序列号和接收序列号在每个 APDU 和每个方向（发送和接收）上都应按顺序加 1，即发送方增加发送序列号而接收方增加接收序列号。

作为发送方，在发送 I 格式报文（APDU）时，将其所保存的发送序列号 N（S）和接收序列号 N（R）添加到该报文的控制域中，并在报文发送出去后将保存的发送序列号加 1。与此同时，发送方还将所传送的 APDU 保存到一个缓冲区。如果需要传送多个 APDU，则发送方将按此方式连续传送多个 APDU。

当接收方连续正确收到 APDU、并返回所对应的接收序列号时，表示接收方已经接收到，并且认可了这个 APDU 或者多个 APDU。此时，发送方将自己的发送序列号作为一个接收序列号收回（数值清零），而这个接收序列号是对所有数字不大于该号的 APDU 的有效确认，这样就可以删除数据缓冲区里所保存的已正确传送过的 APDU。基于上述原因，如果更长的数据传输只在一个方向进行，就必须在另一个方向发送 S 格式报文，以便给对方的发送予以确认，从而在缓冲区溢出或超时前认可 APDU。

注意：104 规约规定，在创建一个 TCP 连接后，发送和接收序列号都必须被设置成 0。

（1）未受干扰的 I 格式 APDU 传送过程。I 格式 APDU 的未受干扰传送过程如图 3 – 11 所示，其中 V（S）表示发送状态变量；V（R）表示接收状态变量；Ack 表示对方已正确接收所有发送序列号小于该编号的 I 格式报文；I（a，b）中，I 表示 I 格式报文，a 为发送序列号，b 为接收序列号；S（b）中，S 表示 S 格式报文，b 为接收序列号。

图 3 – 11 所描述的未受干扰数据传送过程如下。

A站		B站		
APDU发送或接收后的内部 计数器V状态		APDU发送或接收后的内部 计数器V状态		

Ack	V(S)	V(R)		V(S)	V(R)	Ack
0	0	0		0	0	0
		1	I(0,0)	1		
		2	I(1,0)	2		
		3	I(2,0)	3		
	1		I(0,3)			
	2		I(1,3)		1	3
					2	
2		4	I(3,2)	4		

图 3-11　I 格式 APDU 的未受干扰传送过程

1）在 A 站与 B 站创建一个 TCP 连接后，A 站、B 站的发送和接收序列号都被设置成 0。

2）B 站作为发送方连续传送 3 个 APDU，对应每次所发送的 APDU 中的发送序列号依次分别为 0、1、2，而接收序列号均为 0，因为 B 站尚未接收到 A 站发送的 APDU。在每次发送完 APDU 之后，B 站的发送序列号依次加 1。因此，当 B 站连续传送完毕这 3 个 APDU 时，B 站的发送序列号为 3。与此同时，A 站作为接收方每次接收到 APDU 后，其接收序列号依次加 1。当 A 站连续接收到这 3 个 APDU 时，A 站的接收序列号为 3，而 A 站的发送序列号保持为 0，这是因为 A 站还未发送任何 APDU。

3）之后，A 站作为发送方连续传送 2 个 APDU，对应每次所发送的 APDU 中的发送序列号依次分别为 0、1，而接收序列号均为 3，因为 A 站已接收到 B 站所发送的 3 个 APDU。在每次发送完 APDU 之后，A 站的发送序列号依次加 1。因此，当 A 站连续传送完毕这 2 个 APDU 时，A 站的发送序列号为 2。与此同时，B 站作为接收方每次接收到 APDU 后，其接收序列号依次加 1。当 B 站连续接收到这 2 个 APDU 时，B 站的接收序列号为 2，而 B 站的发送序列号保持为 3，这是因为 B 站已经向 A 站发送了 3 个 APDU。

4）之后，B 站作为发送方又发送 1 个 APDU，其发送的 APDU 中的发送序列号为 B 站所存储的发送序列号（数值等于 3），接收序列号均为 2，因为 B 站已经接收到 A 站所发送的 2 个 APDU。当发送完 APDU 之后，A 站的发送序列号依次加 1，此时，A 站的发送序列号等于 4。A 站作为接收方接收到这个 APDU 后，其接收序列号加 1（数值等于 4），而 A 站的发送序列号保持为 2，因为 A 站共已经向 A 站发送了 2 个 APDU。

（2）未受干扰的 S 格式 APDU 传送过程。如上所述，I 格式报文和 S 格式报文的接收序列号表示该报文的发送方已经正确收到接收方所有发送序列号小于该编号的 I 格式报文。因为通信中的任一方都会将已发送的 I 格式报文保存在缓冲区，直到确定对方已经正确收到该 I 格式报文，这时才将被确认的 I 格式报文从缓冲区删除。所以，此时接收方可删除缓冲区内所有发送序列号小于该编号的 I 格式报文。S 帧的发送按照规约的要求进行，当收到报文后，在 t2 时间内无 I 帧发送以应答收到报文的发送序列号时，就启动 S 帧主动确认刚才收到的报文如图 3－12 所示。

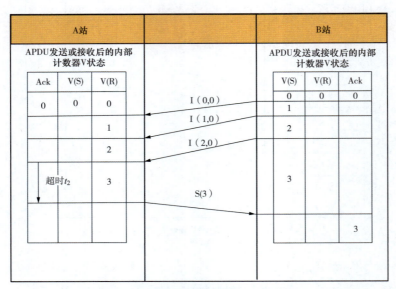

图 3－12　发送 S 帧主动确认收到的报文

5. 防止报文丢失和报文重复传送控制机制

根据上述的发送序号和接收序号的维护机制可知，作为数据接收方，每收到一帧 I 格式报文，应判断该报文的发送序列号是否等于自己所保存的接收序列号。若二者相等，则将自己保存的接收序列号加 1。否则，根据不同的判断结果，可以确认：①若该报文的发送序列号小于自己保存的接收序列号，则表示发送方重复传送了报文；②若该报文的发送序列号大于自己保存的接收序列号，则表示发送方发送的 I 格式报文出现了丢失。无论是报文重复传送还是报文丢失，都说明链路出现了问题，接收方将主动断开连接。

事实上，I 格式和 S 格式报文的接收序号表明了发送该报文的一方对已接收到的 I 格式报文的确认，若发送方发送的某一 I 格式报文后长时间无法在对方的接收序号中得到确认，这就意味着发生了报文丢失。当出现上述这些报文丢失、错序的情况时，通常意味着 TCP 连接出现了问题，发送方或接收方应关闭现在的 TCP 连接然后再重新建立新的 TCP 连接，并在新的 TCP 连接上重新开始会话过程。

图 3－13 所示为 I 格式 APDU 传送受到干扰而发生了报文丢失的过程。

图 3－13 中，B 站作为接收方所接收的第 2 个 APDU 报文的发送序列号大于自己保存的接收序列号，由此可以确定发送方发送的 I 格式报文出现了丢失。在这种情况下，B 站将主动关闭当前的 TCP 连接，然后再重新建立新的 TCP 连接。

3.4.3　IEC 61850 标准及其应用

IEC 61850 标准是变电站自动化领域最为完善的通信标准，也是国际电工委员会第 57 技术委员会（简称 IEC TC57）近年来发布的最重要的一个国际标准。它总结了变电站自动化

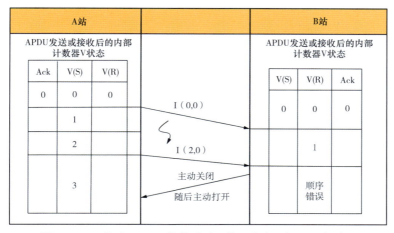

图 3 – 13　I 格式 APDU 传送受到干扰而发生了报文丢失过程

发展的历史和未来趋势，在传统变电站自动化通信协议及通信技术发展所形成的基础上，采用面向对象的建模技术和面向未来通信的可扩展架构，来实现"一个世界，一种技术，一个标准"的目标。它已成为数字化/智能变电站应用技术的重要支撑。

1. IEC 61850 标准的内容及特点

截止至 2021 年，IEC 61850 系列标准已发布了其第 2 版。IEC 61850 第 2 版是在 2004 年发布的第 1 版基础上，对第 1 版在应用中存在的不足，并考虑到未来发展的需求，从 2007 年起，IEC TC57 WG10 工作组对原有 IEC 61850 的 1、4、5、6、7 – 2、7 – 3、7 – 4、8 – 1、9 – 2、10 部分进行了修订，其中部分文档已经正式发布。

IEC 61850 标准第 2 版主要围绕以下 3 个方面进行修订：①IEC 61850 标准第 2 版的名称已由 "变电站内通信网络和系统（Communication Networks and Systems in Substations）" 改为 "公用电力事业自动化的通信网络和系统（Communication Networks and Systems for Power Utility Automation）"，明确将 IEC 61850 标准的覆盖范围延伸至变电站以外的所有公用电力应用领域；②IEC 61850 标准从面向变电站扩展到其他电力公用事业领域，涉及水电厂、分布式风力发电，涵盖了电力公用事业自动化的各个方面，这正适应了目前智能电网的发展、新能源的推进和电力企业信息整合的需要；③IEC 61850 标准第 2 版的通信应用范围进一步扩大，从变电站内部扩展到变电站之间和变电站到控制中心之间。

此外，IEC 61850 标准第 2 版还对第 1 版有关内容进行了明确和细化，对第 1 版中不同章节表述不一致的地方进行了校正，对一些模糊之处进一步明确，避免各厂家由于理解不一致造成设备互操作问题。

（1）IEC 61850 标准体系结构。IEC 61850 标准第 2 版体系结构见表 3 – 33。

表 3 – 33　　　　　　　　　　IEC 61850 标准第 2 版体系结构

编号	名称
1	概述
2	术语

续表

编号	名称
3	总体要求
4	系统和项目管理
5	功能和设备模型的通信要求
6	与变电站有关的 IED 的通信配置描述语言
7-1	发电站和馈线设备的基本通信结构：原理和模型
7-2	变电站和馈线设备的基本通信结构：抽象通信服务接口（ACSI）
7-3	变电站和馈线设备的基本通信结构：公用数据类
7-4	变电站和馈线设备的基本通信结构：兼容的逻辑节点类和数据类
7-410	水电站自动化监视和控制
7-420	风力发电厂等分布式能源监视和控制
7-5	变电站自动化中的信息模型应用
7-510	变电站自动化系统逻辑节点建模导引
7-520	分布式能源逻辑节点建模
8-1	特定通信服务映射（SCSM）： 对 MMS（ISO 9506-1 和 ISO 9506-2）和 ISO/IEC 8802-3 映射
80-1	IEC 61850 与 IEC 60870-5-101/104 的数据映射
90-1	变电站与变电站之间的通信
90-2	变电站至控制中心之间的通信
90-3	高压电气设备状态监视、诊断与分析
90-4	电力工业以太网工程实施导则
90-5	同步相量传输
90-6	配电自动化
90-7	光伏发电
90-8	电动汽车
90-9	电池储能系统
10	一致性测试

（2）IEC 61850 系列标准的分类。2004—2008 年，我国电力标准化委员会对 IEC 61850 系列标准进行了同步的跟踪和翻译工作，标准的 14 个分册被转换成我国电力行业 DL/T 860 系列标准（等同采用 IEC 61850 系列标准）。IEC 61850 系列标准从内容上可以分为以下四大类。

1）系统描述。该部分主要包括 IEC 61850-1、IEC 61850-2、IEC 61850-3、IEC 61850-4 和 IEC 61850-5 共 5 个分册。在这 5 个分册中重点介绍了制定 IEC 61850 标准的背景及功能术语定义，阐述了所涉及的通信技术、工程管理、质量保证、系统模型等方面内容。

2）通信配置。IEC 61850-6 定义了变电站系统及其相关设备配置、功能信息及相对关系的变电站配置描述语言。

3）测试。为验证系统和设备的互操作性，IEC 61850 - 10 定义了一致性测试的方法、等级、环境和设备要求等规定。

4）数据模型、通信服务和映射。除了上述 1）~ 3）中的内容之外，IEC 61850 标准的其他分册的内容均属于该部分，这是 IEC 61850 标准的最核心技术，该部分从技术实现的角度描述了 IEC 61850 的信息模型、通信服务接口模型、信息模型与实际通信网络的映射方法，实现了系统信息模型的统一、通信服务的统一和传输过程的一致。

（3）IEC 61850 标准的特点。IEC 61850 标准吸收了多种国际最先进的新技术，并且大量引用了目前正在使用的多个领域内的其他国际标准。与 101、104 等传统规约相比，IEC 61850 标准不仅仅是一个单纯的通信规约，更是一个十分庞大的标准体系，涉及电力公用事业领域（包括配电自动化）的设计、开发、工程、维护等多个方面。与其他传统的电力自动化通信协议（例如 101、104 等规约）相比，IEC 61850 标准具备以下技术特点。

1）面向对象的数据模型。采用传统的电力自动化通信协议进行信息传输时，为了能够正确反映出现场设备的状态，需要事先将需要传输的相关设备状态信息和控制中心的数据库一一匹配。这一匹配过程就是所谓的系统配置过程。通常情况下，在系统配置完毕后，为了验证配置的正确性，每个信息至少需要动作一次。由此可见，传统的电力自动化通信协议采用的是面向点的，换句话说，是采用信息点表的方式来组织数据。

在传输测量数据时，首先将测量数据转换为遥测、遥信等协议变量参数装入协议数据包中，之后，通过通信通道将数据包传输到通信主站。主站接收到数据包后，将根据已知的系统信息点表来解析数据包，并提取出测量数据，最终将测量数据写入数据库中，并将测量数据以表格或图形的方式展示给用户。

需要指出的是，101、104 等传统通信规约并没有对信息点表的构成做出统一的规定，在数据传输过程中，数据的来源以及与其他数据的关系丢失了，因此，需要有一个交叉映射关系表描述信息点表中数据的实际来源（如描述某一个遥测数据是某变电站某个断路器的 A 相电流）。在系统安装调试时，需要根据交叉映射关系表，人工配置现场智能电子设备 IED 与主站的信息点表，并且通过系统联调逐一核对所配置的信息点表是否正确。变电站自动化系统需要处理海量的测控信息、信息点表的配置与核对过程十分繁杂，工作量巨大，极易发生配置错误。

IEC 61850 采用面向对象的数据模型解决上述问题，将需要交换的信息划分为不同的逻辑节点（Logical Node，LN）。逻辑节点是能够互相交换信息的最小功能实体，是配电自动化应用功能中最基本的虚拟表示单元。每一个逻辑节点由代表特定应用功能的数据组成。按照定义好的通信服务方法，包含在逻辑节点中的数据能够同其他逻辑节点交换。用户可以比较容易的研究和浏览这些逻辑节点，提取出所需要的信息。

以逻辑节点 XCBR 为例，其数据和数据属性如图 3 - 14 所示。这个逻辑节点代表 IED 模型中的断路器对象。XCBR 包含一个数据类 Pos，表示断路器的位置。这个数据类被赋予不同的属性。比如，状态值 stVal 表示断路器的分合位置。这样，断路器的信息可以通过访问具体的逻辑节点 XCBR 获得。假设已知一个包含断路器的 IED 模型，数据类 XCBR 的实例叫作 XCBR1，则访问 XCBR1. Pos 即可获得断路器所有的位置属性信息，而访问 XCBR1. Pos. stVal 就可以获得断路器的分合位置信息。

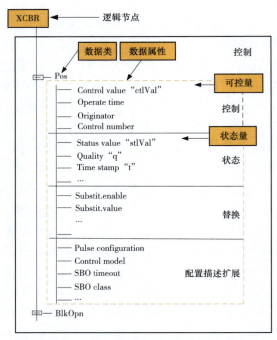

图 3-14　逻辑节点 XCBR 的数据和数据属性

　　一组逻辑节点组合在一起，完成一个具体的应用功能，它们可能分布在配电站所内若干个实际物理设备中。由逻辑节点构成的保护功能如图 3-15 所示。它包含 3 个逻辑节点（HMI，人机界面；P，保护；XCBR，断路器）和 1 个独立的逻辑节点（TCTR，电流传感器），它们分布在断路器、电流互感器、保护装置 3 个具体的物理设备中。需要指出，在其他一些应用场合，这些逻辑节点有可能都集中在一个物理设备中。

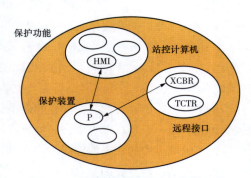

图 3-15　由逻辑节点构成的保护功能

　　一个物理设备可能包含多个逻辑节点。使用逻辑节点可以为一个具体的 IED（如间隔层保护装置）建模，这些 IED 与变电站内的其他物理设备相互作用，完成具体的功能。一些逻辑节点可以认为是代表变电站内物理设备（如断路器或电流互感器等）的逻辑对象。其他一些逻辑节点只完成一部分功能。以开关或断路器控制为例，控制逻辑节点和断路器逻辑节点相互作用完成断路器的操作。如此，一组逻辑节点可逐步地建立起描述间隔层装置控制

9

行为的模块。

2）抽象通信服务接口。IEC 61850 总结归纳出电力自动化必需的信息传输服务，设计出抽象通信服务接口（Abstract Communication Service Interface，ACSI），实现信息交换方法的标准化。

ACSI 提供连接服务模型、变量访问服务模型、数据传输服务模型、设备控制服务模型、文件传输服务模型、时钟同步服务模型 6 种服务模型。这些模型定义了不同的通信对象以及如何访问这些对象。这些定义由各种各样的请求、响应和服务过程组成。服务过程描述服务器如何响应某个具体服务请求，采用什么动作、在什么时候以及以什么样的方式响应。

ACSI 定义的服务、对象与参数通过特殊通信服务映射（Specific Communication Service Mapping，SCSM）绑定到底层的应用程序（协议）中，比如绑定到 MMS（制造报文规范）或 IEC 60870-5-101/104 等应用层协议。这使得 ACSI 定义的应用与实际的数据传输实现方法（通信协议）无关，因此，IEC 61850 的应用可以适应各种网络，在底层网络以及采用的通信协议发生变化的情况下，只需要改变相应的特殊通信服务映射即可。当然，一些网络协议受其功能的限制，可能不支持个别的 ACSI 应用功能，如 IEC 60870-5-101/104 协议就不支持获取服务器目录等服务。

3）面向设备的自描述。IEC 61850 标准采用面向对象自我描述方法，这样可以使传输到控制中心的数据可以得到很好地识别，并迅速建立数据库，简化了现场验证工作以及减少了维护数据库的工作量。

IEC 61850 提供的模型覆盖了配电自动化领域几乎所有功能和数据对象，并提供了扩展机制。因而在传输数据时，通过附带数据自我描述信息的方法，实现信息的自描述，数据在传到主站系统后，可以直接通过软件解析获取其来源，简化了现场配置与安装调试工作，数据库维护的工作量大为减少。

4）系统配置。IEC 61850 采用基于 XML（可扩展标记语言）的变电站配置描述语言（SCL），描述自动化设备与系统的配置。因为建立了统一的模型体系和统一的 ACSI 接口，并且支持现场设备的直接访问，因而在设备配置发生变化的情况下，主站系统可以很方便地得知配置改变情况，并据此进行更改。

IEC 61850-6 Ed 1.0 定义了 4 种配置文件，包括 IED 能力描述文件 ICD、系统规格描述 SSD、系统配置描述文件 SCD 与 IED 实例化配置描述文件 CID。ICD 文件由 IED 厂商提供，描述 IED 能够提供的基本数据模型与服务。SSD 文件描述变电站一次系统结构及其所关联的逻辑节点。SCD 文件由系统集成商使用系统配置工具根据 ICD 与 SSD 文件产生，它描述了变电站内所有 IED 的逻辑节点实例配置和通信参数、IED 之间的通信配置、变电站的一次系统结构以及信号联系等信息。CID 文件由 IED 生产商根据 SCD 导出，是 SCD 文件中与本 IED 有关的实例配置内容。

5）具有互操作性。IEC 61850 通信规约制定的最主要的目的就是实现数字化变电站系统中的智能电子设备 IED 之间的互操作，甚至可以进行互换。IED 之间实现互操作能够使得原有设备的软硬件投资得到充分的利用，集成来自不同厂家的产品。IEC 61850 通信标准中关于互操作性的描述为："来自同一设备厂家或不同设备厂家智能电子设备 IED 之间交换信息和正确使用信息协同操作的能力"。

在实际应用中，需要进行两种类型的实验，才能验证 IED 设备之间的互操作性，分别是一致性测试和性能测试。IEC 61850-10 中定义了一致性测试方法和内容，其目的就是测试参与测试的 IED 是否满足 IEC 61850 中的相关要求；性能测试也就是应用测试，就是将 IED 连接到实际的应用系统中，主要测试整个应用系统是否满足运行性能的要求。一致性测试和应用测试是密切相关的，一致性测试是应用测试的基础，应用测试是一致性测试的验证。

2. IEC 61850 信息模型

IEC 61850 标准与以前通信协议最大的区别就是采用了面向对象的分析方法和实现手段，通过将现实世界中的实体对象经过虚拟、抽象、封装等手段，把功能可以对外交互的信息组织在模型中，并建立适当的通信服务来确定信息的传输方式和过程，形成信息模型。使用统一的建模方式是实现同一系统内不同厂家生产的智能电子设备之间互操作的基础之一。

（1）逻辑节点。逻辑节点（Logical Node，LN）是 IEC 61850 标准面向对象建模的关键部件，也是面向对象概念的集中体现。事实上，变电站自动化系统各种功能和信息模型的表达都可以归结到逻辑节点上实现。

逻辑节点的概念体现了将变电站自动化功能进行模块化分解的一种建模思路。IEC 61850 标准建模的思路就是将变电站自动化系统的功能进行分解，分解的过程就是模块化处理，形成一个一个小的模块。每个逻辑节点就是一个模块，代表一个具体的功能。多个逻辑节点协同工作，共同完成变电站内的控制、保护、测量及其他功能。

为了满足变电站自动化系统的应用需要，IEC 61850-7-4 标准定义了涵盖变电站一次设备、继电保护、测量控制、计量等领域近 90 个逻辑节点，覆盖了变电站内的各种设备和各种自动化功能，并且依据功能将它们划分为若干个分组（逻辑节点组），每个逻辑节点组内的逻辑节点名都具有相同的第一个字符。逻辑节点分组见表 3-34。

表 3-34　　　　　　　　　　逻辑节点分组

逻辑节点组	LN 名称首字母	逻辑节点数
系统逻辑节点（System logical nodes）	L	3
继电保护功能（Protection function）	P	28
继电保护相关的功能（Protection related function）	R	10
监视控制（Supervisory control）	C	5
通用引用（Generic references）	I	3
接口和存档（Interfacing and archiving）	A	4
自动控制（Automatic control）	M	4
计量和测量（Metering and measurement）	S	8
传感器和监视（Sensors and monitoring）	X	4
断路器和隔离开关（Switchgear）	T	2
互感器（Instrument transformer）	Y	2
电力变压器（Power transformer）	Z	4
其他电力设备（Further power system equipment）	L	15
逻辑节点总数		92

IEC 61850 - 7 - 4 标准所定义的部分逻辑节点见表 3 - 35。

表 3 - 35　　　　　　　IEC 61850 - 7 - 4 标准所定义的部分逻辑节点

逻辑节点组	名称	说明
系统逻辑节点	LPHB	用于访问物理装置信息
	LLN0	用于访问逻辑装置的公用信息
开关设备相关逻辑节点	XCBR	用于为具有切断短路电流能力的开关建模，如断路器
	XSWI	用于为不具备切断短路电流能力的开关建模，如隔离开关、空气断路器、接地开关等
仪用互感器逻辑节点	TCTR	电流互感器
	TVTR	电压互感器
继电保护功能逻辑节点	PTOC	交流定时过电流保护
	PTOV	过压保护
	PTUV	欠压保护
	PDIF	差动保护
	PTRC	保护跳闸条件，该逻辑节点应用于连接一个或多个保护功能的跳闸输出，形成一个传递给逻辑节点 XCBR 的公用"跳闸"信号
保护相关功能逻辑节点	RREC	自动重合闸
	RDRE	采集功能通过电力过程（电压互感器、电流互感器）采集电压、电流波形，通过状态输入获得位置信号。如故障录波
控制逻辑节点	CSWI	开关设备控制器
	CILO	如果联锁条件满足，此逻辑节点用于许可分合操作
通用引用逻辑节点	GGIO	通用过程 I/O
接口和存档逻辑节点	IARC	存档，用作长期历史数据存档和查阅，正常在站层为变电站全局服务
	IHMI	人机接口（对于大多数功能，不同人机接口作用任务不尽相合，该接口在工程阶段定义） （1）间隔层前面板操作员接口，用于配置和就地控制； （2）站层就地操作员接口，用于控制室变电站操作人员
计量和测量逻辑节点	MMXU	用于计算三相系统中电流、电压、功率和阻抗，主要用途是供运行使用
	MMTR	用于计算三相系统中电能量，适用于计费
局部放电监视和诊断	SPDC	监视 GIS（气体绝缘金属封闭开关设备）有关局部放电特征逻辑节点

在实际应用中，如果没有标准的逻辑节点类适用于待建模的功能，可使用新名称创建一个的新逻辑节点类。新逻辑节点类应使用下列命名方法命名：①第一个字符应选择和相关可用的逻辑节点组前级相一致（参见表 3 - 47）；②其他字符应以与新逻辑节点英文名称相关字符定义；③新逻辑节点类应依据 IEC 61850 - 7 - 1 中的概念和规定以及 IEC 61850 - 7 - 3

中给出的属性，采用"名称空间属性"加以标识。

创建新的逻辑节点类应确保每一新增加名称与标准逻辑节点类助记符命名约定相一致，且是唯一的。新逻辑节点描述应添加到供应商专用系统或客户特定项目的标准文档中。

注意：为保持良好的互操作性，应尽可能选用标准逻辑节点。

（2）数据及数据属性。逻辑节点的概念体现了将变电站自动化功能进行模块化分解的一种思路，XCBR 就是分解得到的代表断路器类设备的一个逻辑节点。功能的分解和组合过程如图 3-16 所示，XCBR 逻辑节点包含 Pos（位置）、BlkOpn（跳闸闭锁）和 CBOpCap（断路器操作能力）等多类信息，限于篇幅，图中只列出了 Position 和 Block to Open 两类信息。Position 代表断路器的位置信息，能够被远方监视和控制；Block to Open 代表断路器拒绝分闸的能力，如当断路器操动机构的液压压力低于闭锁值时分闸会被闭锁。在 IEC 61850 中，XCBR 包含的 Position 属性（代表断路器位置）和 Block to Open 属性（跳闸闭锁）被定义为数据 Pos 和 BlkOpn。Pos 和 BlkOpn 可以看作是对逻辑节点 XCBR 继续分解得到的更小的模块。并且，Pos 和 BlkOpn 中所包含的信息还可以做进一步分解，从图 3-16 中可以看到，Pos 数据至少包含状态（Status）和控制（Control）两类信息。

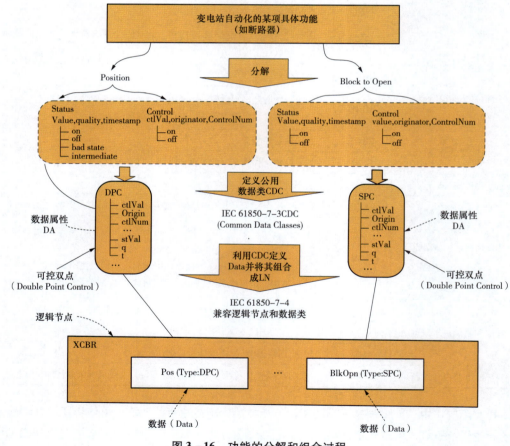

图 3-16 功能的分解和组合过程

状态类信息 Status 又包含 3 个方面的信息，分别为：①断路器的实际位置值（Value），如分位（off）、合位（on）、中间位置（intermediate）和损坏状态（bad - state）；②该位置数据的品质（quality）；③断路器变位时的时标（timestamp）。

控制类信息 Control 包含控制值 ctlVal（on 或 off）、最近一次控制命令的发出者（originator）和控制命令序号（ControlNum）。在 IEC 61850 中，Pos 数据下包含的这些 value、quality、timestamp 信息被定义为数据属性 DA（Data Attribute）。

IEC 61850 - 7 - 3 对 Position 和 Block to Open 两类信息进行了归纳和提炼，提出了公用数据类（Common Data Class，CDC）的概念。图 3 - 24 所示的 XDIS 是代表隔离开关类设备的逻辑节点，它的 Position 所包含的信息和断路器逻辑节点 XCBR 中的 Position 基本类似，因此可以从二者当中提炼出一个公用数据类 DPC。IEC 61850 - 7 - 3 共定义了 30 多种公用数据类。公用数据类实际上体现了一种模块化的设计思想，每一个公用数据类均是能够被多次重复使用的模块。比如 DPC 既可以应用于断路器设备的数据模型中，也适用于隔离开关类设备的数据模型定义。这种模块化的方案不仅可以减少相同数据定义的重复描述，提高使用效率，同时也可以大大减少代码量，使得最终的 SCL 配置文件更加精简。

DPC 是从 Position 中提炼出的一个公用数据类，如图 3 - 17 所示。它的 stVal 属性具有 on（合位）、off（分位）、intermediate（中间状态）及 bad - state（损坏状态）4 种状态值。如图 3 - 17 的下半部分所示，公用数据类 DPC 被反过来用于定义 XCBR 逻辑节点中的数据 Pos。Pos 可以看成是 DPC 的派生类，它继承 DPC 的全部数据属性（如 ctlVal、origin、ctlNum、stVal 等）。因此在定义数据 Pos 时不需要列出全部数据属性，只要引用 DPC 即可。使用公用数据类不仅可以减少相同数据定义的重复描述，而且能够保证数据属性定义的一致性。

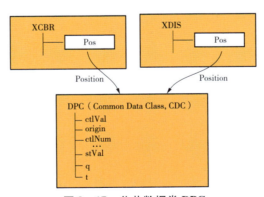

图 3 - 17　公共数据类 DPC

类似的，SPC 是从 Block to Open 中抽象出的公用数据类，它的 stVal 具有 on 和 off 两种状态值。SPC 被反过来用于定义 BlkOpn 数据，BlkOpn 继承 SPC 的全部数据属性。

如图 3 - 18 所示，Pos 和 BlkOpn 等数据组合在一起形成逻辑节点 XCBR。IEC 61850 - 7 - 4 定义了大约 90 个逻辑节点和 450 个数据类，每个逻辑节点都具有特定的含义——语义。

综上所述，数据（Data）是由描述该数据特征及功能的数据属性（Date Attribute，DA）所构成，他们是构成 IEC 61850 模型中逻辑节点的基础。

图 3 - 18　逻辑节点和数据的关系

在实际应用中，如果无标准数据能够满足标准逻辑节点类特殊实例的需要，可创建"新的"数据，并应遵守下列规定。

1）为构成新数据名，应使用 IEC 61850 - 7 - 4 中所定义的缩写（如果这些缩写可用的话）。仅在其他情况中，允许使用数据英文名称以外新的缩写。

2）指定一个 IEC 61850 - 7 - 3 中定义的公用数据类。如果无标准的公用数据类满足新数据的需要，可扩展或使用新的数据类。

3）任何数据名应仅分配指定一个公用数据类（CDC）。

4）新逻辑节点类应依据 IEC 61850 - 7 - 1 中的概念和规定以及 IEC 61850 - 7 - 3 中给出的属性，采用"名称空间属性"加以标识。

新数据名称创建应确保每一新加名称与标准数据名的助记命名约定相一致，并是唯一的。新数据名描述应公开，提供给专用变电站自动化系统的用户。

（3）数据属性描述。这里仅以 ctlVal 和 stVal 两个数据属性为例，介绍 IEC 61850 标准对数据属性的描述。IEC 61850 标准对它们的定义见表 3 - 36。

表 3 - 36　　　　　　　　　　　**IEC 61850 标准对数据属性 ctlVal 和 stVal 的定义**

数据属性名	数据属性类型	FC	TrgOp	值/值域	M/O/C
ctlVal	BOOLEAN	CO		off（FALSE）｜ on（TURE）	AC_CO_M
stVal	CODED ENUM	ST	dchg	off ｜ on ｜ intermediate ｜ bad - state	M

表 3 - 36 的第二列给出了这些数据属性属于哪一种数据类型。由于 IEC 61850 标准在实际工程应用中最终要通过各个装置及后台主机的计算机程序来实现。因此，所建立的信息模型中的逻辑节点、数据和数据属性等参数，最终必须被转换为相关计算机程序所支持的数据类型。这必然涉及数据的存储方式、取值范围以及所允许进行的操作等问题。因此，上述每个数据属性都有一个所属的数据类型。

按照"值"的不同特性，数据类型可分为两类：①不可分解的基本类型，如整型（INT16）、实型（FLOAT32）、枚举类型（CODEDENUM）等，见表 3 - 37；②可以分解的结构类型，由若干种基本类型按照某种结构组合而成。如 q 属性所属的 Quality 类型，它就是由 BOOLEAN 类型、CODEDENUM 类型按照表 3 - 38 所定义的结构组成的。

表 3 - 37　　　　　　　　　　　　　　　　基本数据类型

类型名	取值范围	说明
BOOLEAN	0 或 1	
INT8	− 128 ~ 127	
INT16	− 32 768 ~ 32 767	
INT24	− 8 388 608 ~ 8 388 607	用于定义 TimeStamp 类型
INT32	− 2 147 483 648 ~ 2 147 483 647	
INT128	$−2^{127} ~ 2^{127} − 1$	用于计数
INT8U	无符号整数 0 ~ 255	
INT16U	无符号整数 0 ~ 65 535	
INT24U	无符号整数 0 ~ 16 777 215	
INT32U	无符号整数 0 ~ 4 294 967 295	
INT128U	32 位单精度浮点类型	
FLOAT32	32 位双精度浮点类型	
FLOAT64	枚举类型	
ENUMERATED	枚举类型	允许用户扩展
CODED ENUM	八位字节字符串	不允许用户扩展
OCTET STRING	可视字符串	
VISIBLE STRING	UNICODE 字符串	可以显示中文

注　OCTET STRING、VISIBLE STRING 和 UNICODE STRING 3 种基本类型均可用于存放字符串数据，它们在使用时一般带有数字后缀，该后缀规定了字符串的最大长度。

表 3 - 38　　　　　　　　　　　　　　　品质 Quality 类型

属性名	属性类型	值/值域	M/O/C
	PACKED LIST		
validity	CODED ENUM	good ｜ invalid ｜ reserved ｜ questionable	M
detailQual	PACKED LIST		M
overflow	BOOLEAN		M
outofRange	BOOLEAN		M
badReference	BOOLEAN		M
oscillarory	BOOLEAN		M
failure	BOOLEAN		M
oldData	BOOLEAN		M
inconsistent	BOOLEAN		M
inaccurate	BOOLEAN		M
source	PACKED LIST	Process ｜ substituted，默认值是 process	M
test	BOOLEAN	默认值是 FALSE	M
operatorBlocked	BOOLEAN	默认值是 FALSE	M

除 Quality 类型外，IEC 61850 - 7 - 3 的第 6 部分还定义了 AnalogueValue、ScaledValue-Config、RangeConfig、ValWithTrans、PulseConfig、Originator、Unit、Vector、Vector、CtlModels 和 SboClasses 等 12 种结构类型。结构类型 TimeStamp 的定义位于 IEC 61850 - 7 - 2 中。

在表 3 - 36 的数据属性示例中，ctlVal 属性的基本类型为布尔类型（BOOLEAN），它的值是 TRUE，或者是 FALSE。因此，当要合断路器时，控制服务需要把 ctlVal 设置成 TRUE；当要分断路器时，需要把 ctlVal 设置成 FALSE。

stVal 属性的基本类型为枚举类型（CODEDENUM），用于反映断路器所处的实际位置。分别用"00、01、10、11"表示它可能的 4 种值（on、off、intermediate、bad - state），通常称作"双点"信息。

数据属性的定义除数据属性名、数据属性类型和值/值域三大要素外，还包含以下辅助性信息。

1）功能约束 FC（Functional Constraint）。功能约束（FC）可以被理解为数据属性（DA）的过滤器，它表征了数据属性的特定用途。功能约束（FC）用于数据，以及各种控制块等的定义。事实上，控制块的大多数属性都具有特定的功能约束（FC）特性。功能约束（FC）指明了服务对特定数据属性的操作。IEC 61850 - 7 - 2 中所定义的部分功能约束（FC）见表 3 - 39。

表 3 - 39　　　　　　IEC 61850 - 7 - 2 中所定义的部分功能约束（FC）

名称	语义	允许的服务	初始值	D *	CB *
ST	状态信息	DA 代表状态信息，它的值可读、取代、报告或记入日志但不能写	从过程得到 DA 的初始值	√	
MX	测量值（模拟值）	DA 代表测量值信息，它的值可读、取代、报告或记入日志但不能写	从过程得到 DA 的初始值	√	
CO	控制	DA 代表控制信息，它的值可操作（控制模型）和读	无	√	
SP	设点	DA 代表设点信息，它的值可控制（控制模型）和读。其值立即生效	DA 的初始值为配置的，值为非易失的	√	√
SV	取代	DA 代表取代信息，它的值可写以取代值属性并可读	DA 的值为易失的，初始值为 FALSE，否则值为设置或配置	√	
CF	配置	DA 代表配置信息，它的值可写、可读；值写入后立即生效，或者延延	DA 的初始值为配置的，值为非易失的	√	
DC	描述	DA 代表描述信息，它的值可写、可读	DA 的初始值为配置的，值为非易失的	√	

续表

名称	语义	允许的服务	初始值	D*	CB*
SG	定值组	SGCB 类的逻辑设备具有几组 DA 的全部实例值，其功能约束为 SG；在每一组内每个 DA 有一个带功能约束 SG 的值，其中一组值为当前激活值；功能约束 SG 的 DA 值不可写	DA 的初始值为配置的，值为非易失性的	√	
SE	定值组可编辑的	DA 可由 SGCB 服务进行编辑	SelectEditsSG 服务处理后，DA 值可用	√	
EX	扩充定义	DA 代表扩充信息，提供引用命名空间（namespace），扩充用于 IEC 61850－7－3、IEC 61850－7－4 的 LN、DATA、DA 的扩充定义；功能约束 EX 的 DAs 值不可写	DA 的初始值为配置的，值为非易失性的	√	
BR	缓存报告	DA 代表 BRCB 的报告控制信息，它的值可写、可读	DA 的初始值为配置的，值为非易失性的		√
RP	非缓存报告	DA 代表 URCB 的报告控制信息，它的值可写、可读	DA 的初始值为配置的，值为非易失性的		√
LG	日志	DA 代表 LCB 的日志控制信息，它的值可写、可读	DA 的初始值为配置的，值为非易失性的		√
GO	Goose 控制	DA 代表 GoCB 的 goose 控制信息，它的值可写、可读	DA 的初始值为配置的，值为非易失性的		√
GS	gsse 控制	DA 代表 GSCB 的 gsse 控制信息，它的值可写、可读	DA 的初始值为配置的，值为非易失性的		√
MS	多路广播采样值控制	DA 代表 MSVCB 的采样值控制信息，它的值可写、可读	DA 的初始值为配置的，值为非易失性的		√
US	单路传播采样值控制	DA 代表 UNICAST－SVC 实例的采样值控制信息，它的值可写、可读	DA 的初始值为配置的，值为非易失性的		√
XX	作为所有 DA 服务参数	表示可访问的（任意 FC）DATA 的 DA，例如写、读。FC 值"XX"仅用于 FCD。"XX"不用于 DA 的 FC 值	"XX"仅用于服务中的通配符		

注　D* 列表示在 DATA 定义中使用的 FC（在 IEC 61850－7－3 的公用 DATA 类）；CB* 列表示在 IEC 61850 控制块定义中使用的 FC。

如前所述，数据属性可以根据它们的特定用途进行分类，如图 3－17 中 Pos 数据下的数据属性就分为状态、控制、取代、配置、描述及扩展 6 类。FC 用于表征该数据属性属于哪一类，如表 3 – 36 中的 stVal，它的 FC = ST，表明它属于状态类。

FC 还用于表征该数据属性能够被何种服务所访问/操作，某一类的数据属性只能被特定类型的服务所访问。如表 3 – 36 中的 ctlVal，它的 FC = CO，表明它只能被控制类服务所访问。

2）触发选项（TrgOp）。表 3 – 36 的第四列给出了数据属性的触发选项 TrgOp（Trigger Options）。在 IEC 61850 中一共有 5 种触发选项，见表 3 – 40。

表 3 – 40　　　　　　　　　　触发选项（Trigger Option）

TrgOp	含义	相关服务
dchg	data – change 数值变化	当数据属性值发生发化时，会产生报告或生成日志
qchg	quality – change 品质值变化	当品质值发生变化时，会产生报告或生成日志
dupd	data value update 数据更新	当冻结某些数据属性的值或更新其他任何数据属性的值时，会产生报告或生成日志
period	integrity 周期上送传	每隔一定时间自动产生一次报告或生成日志。该时间值 IntgPd 既可由客户端通过 ACSI 服务动态设置，也可由 SCL 文件进行配置
GI	general – interrogation 总召	该值（GI）一般由客户端通过 ACSI 服务设置，当设置为 TRUE 后会立即产生报告，将数据集中所有成员的当前值上送一次

TrgOp 中的 dchg、qchg、dupd 和 period 均为布尔型变量，当需要使能其中的一种或几种触发方式时，在报告/日志控制块中将其设置为 TRUE 即可。

需要指出的是，在 SCL 配置文件中不能设置总召 GI 的值，该值一般由客户端通过通信服务动态设置。一旦 GI 设置为 TRUE，则数据集中所有成员的当前值均要上送，因此这种触发方式和数据集中某个具体的成员无关。类似地，周期上送 period 也是发送整个数据集，即每隔一定时间自动将数据集中所有成员的当前值上送。

表 3 – 36 中，数据属性 stVal 的触发选项 TrgOp = dchg，因此，每当 stVal 的值发生变化时会触发一个报告服务。比如，当断路器跳闸时，stVal 的值由 on 变为 off，含有逻辑节点 XCBR 的 IED 会自动向监控主机发送报告，说明断路器位置已发生改变。

3）属性列入的条件（M/O/C）。属性列入的条件（M/O/C）描述了数据属性在实例中出现所应具备的条件，即数据属性是必选的还是可选的。实际应用中，存在可选 option（O）、必选 mandatory（M）、有条件必选 conditional mandatory（X_X_M）或有条件可选 conditional optional（X_X_O）4 种类型的 M/O/C。如果属性是必选的，那么它在模型中一定要出现。表 3 – 36 中，stVal 的 MO/C = M，表示它在模型中一定会出现（必选）。

IEC 61850 – 7 – 3 中所定义的属性列入的条件（M/O/C）见表 3 – 41。

表 3 – 41　　　　IEC 61850 – 7 – 3 中所定义的属性列入的条件（M/O/C）

缩略语	条件（M/O/C）
M	属性是强制的
O	属性是可选的

续表

缩略语	条件（M/O/C）
PICS_SUBST	若支持取代，则该属性是强制的
GC_1	对于给定数据实例，至少存在一个属性
GC_2（n）	对于给定数据实例，属于相同组（n）的数据属性要么都存在，要么都不存在
AC_LN0_M	只要数据对象属于逻辑节点 LLN0，该属性就一直存在，否则可任选
AC_LN0_EX	仅用于公用数据类 LPL 的 ldNs（逻辑设备命名空间），只有数据对象属于逻辑节点 LLN0 时才存在，否则不存在
AC_DLD_M	仅用于公用数据类 LPL 的 lnNs（逻辑节点命名空间），如 LN 的命名空间偏离了 ldNs 定义的命名空间，则 lnNs 应存在
AC_DLN_M	用于所有公用数据类的 dataNs（数据命名空间），如数据的命名空间偏离了 ldNs/lnNs 定义的命名空间，则 dataNs 应存在
AC_DLNDA_M	如公用数据类的命名空间偏离了 ldNs/lnNs 定义的命名空间，或偏离了 dataNs 定义的命名空间，或二者都偏离，则该属性应存在
AC_SCAV	配置数据属性的存在与否，取决于与该配置属性相关的模拟值数据属性的 i 与 f 存在与否。对于一个给定的数据对象： （1）如和配置属性相关的数据属性的模拟值的 i 和 f 值同时存在，则该配置数据属性应存在； （2）如只有 i 存在，那么该数据属性是任选的； （3）如只有 f 存在，那么该数据属性不是要求的。 注：如一个不带浮点处理能力的设备只有 i 值，则配置参数可能是离线交换的
AC_ST	如可控状态类支持状态信息，则该属性是强制的
AC_CO_M	如可控状态类支持控制，则该属性是强制的
AC_CO_O	如可控状态类支持控制，则该属性是任选的
AC_SG_M	若支持定值组，则该属性是强制的
AC_SG_O	若支持定值组，则该属性是可选的
AC_NSG_M	若不支持定值组，则该属性是强制的
AC_NSG_O	若不支持定值组，则该属性是可选的
AC_EMS_M	若谐波引用类型是 rms，则该属性是强制的

（4）逻辑设备。逻辑节点的基本组成部件如图 3－19 所示，逻辑节点中含有数据/数据属性，根据应用需要对数据/数据属性的引用进行分组后形成数据集，数据集通过报告服务向外发送（上送到客户端），也可以存储在日志中以备检索。除此之外，逻辑节点中还有控制、取代、读/写、目录/定义等通信服务。这些服务是对逻辑节点中数据/数据属性的具体操作，是对象的两大要素"属性"和"服务"之一。

控制服务（Control）用于控制设备的状态。比如复位装置面板上的发光二极管（LED），令其不再闪烁，可以将 LLN0 中的数据 LEDRs 的值设置为 TRUE 等。

取代（substitution）服务就是用某个固定值替换数据的实际值（人工置数）。比如，可

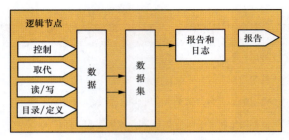

图 3 - 19 逻辑节点的基本组成部件

以根据需要（信号传动或联闭锁调试）将断路器位置 stVal 人工置成 TRUE（合位）或 FALSE（分位）。

读（get）和写（set）服务用于对数据或数据集进行读取和设置。

目录服务（Dir）用于检索数据实例的目录信息，比如 GetDataDirectory（读数据目录）。

定义（Definition）服务用于获取数据实例的定义信息，比如 GetDataDefinition（读数据定义）。

逻辑节点及其内部的数据能够代表该设备在配网自动化系统中具备哪些功能。但是除逻辑节点和数据之外，实际设备中至少还包括以下两类信息：①描述设备本身状态的相关信息，如一次设备的铭牌信息，反映物理装置运行状况的上电次数、失电告警、通信缓存区溢出等信息；②与多个逻辑节点相关的通信服务，与图 3 - 26 中的控制、取代服务不同，有些通信服务（如采样值传输、GOOSE、定值服务）需要同时与多个逻辑节点发生信息交互，这些服务不能定义在某个逻辑节点内部。逻辑节点模型无法容纳以上两类信息，因此建模时需要增加新的组件。

IEC 61850 标准引入了逻辑设备（Logical Device，LD）的概念。逻辑设备（LD）可以看作是一个包含若干逻辑节点和相关通信服务的容器，除了包含若干逻辑节点外，还包括上面提到的①、②两类信息。逻辑设备的基本组成部件如图 3 - 20 所示。

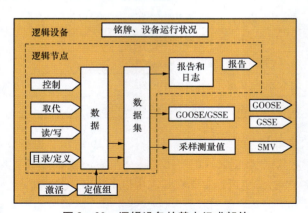

图 3 - 20 逻辑设备的基本组成部件

按照 IEC 61850 标准的规定，所有 LD 都必须包含 LLN0 和 LPHD 两个逻辑节点，如图 3 - 21 所示。

一般情况下，IEC 61850 把那些具有公用特性或共同特征的逻辑节点划分到一个逻辑设

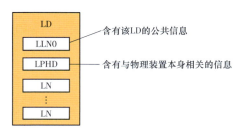

图 3-21　LD 中的 LLN0 和 LPHD

备中。工程实施中针对实际装置建模时，应根据功能进行逻辑设备的划分。比如，按照国内工程实施的习惯，一台保护测控一体化装置一般划分为以下 5 个逻辑设备。

1）公用 LD，名字为"LD0"。包括装置本身的信息，如装置自检信息、装置告警信息，还有系统参数等公用信息。

2）测量 LD，名字为"MEAS"。装置采集的模拟量信息，包括交流量、直流量等。

3）保护 LD，名字为"PROT"。保护相关功能，包括告警、定值、保护连接片、动作事件等。

4）控制及开入 LD，名字为"CTRL"。装置采集的开关量状态信息和遥控信息。

5）录波 LD，名字为"RCD"。与录波相关的信息，如录波启动、录波完成等。

需要说明的是，与逻辑节点和数据的标准化命名不同，IEC 61850 并没有对逻辑设备的命名做出统一规定，所以逻辑设备的名字可以由用户自由设置。

（5）服务器。工程中针对实际装置建模时，可能根据功能划分成若干个逻辑设备，这些逻辑设备就包含在服务器中。除了逻辑设备外，服务器中还包含关联、时间同步和文件传输服务。服务器的基本组成部件如图 3-22 所示。

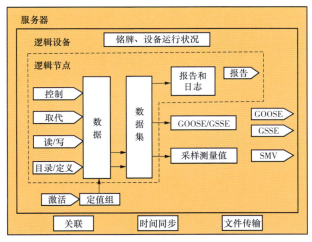

图 3-22　服务器的基本组成部件

关联模型主要定义如何在不同的装置之间建立并保持通信链接的机制；时间同步服务用于传输对时信息，它应为报告服务（Report）和日志记录（Log）提供毫秒级精度的时标，为同步采样提供微秒级精度的时标。文件传输服务提供大型数据块（文件）的传输方法，如保护装置利用文件服务将故障报告文件、录波文件上送到保护信息子站或后台监控主机。

按照 IEC 61850 标准的定义，服务器（Server）模型描述了一个设备"外部可视"的行为。所谓"外部可视"，是指其他设备（客户端或另外的 IED）能够通过通信网络访问它内部的资源或数据。IED 中所有的外部可视信息都包含于服务器之中。

针对过程层已经实现数字化通信的间隔层 IED（如采用 GOOSE 技术实现断路器跳闸的保护装置），建模时至少需要划分两个不同的服务器，每个服务器至少有一个访问点（Access Point）。IED 通过不同的访问点对上与站控层网络通信，对下与过程层网络通信，如图 3－23 所示。访问点描述了 IED 与实际通信网络的连接关系，它可以看作是装置物理通信端口的抽象。

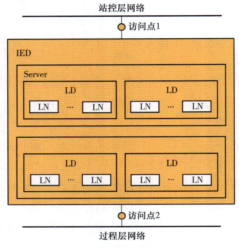

图 3－23　IED 与访问点

3. IED 抽象信息模型的实例化

基于面向对象的建模方法，上述的 IED 信息模型的每一层，如服务器（Server）、逻辑设备（LD）、逻辑节点（LN）等，都是抽象的类，它们是实际变电站自动化设备模型的模板，是对实际设备进行建模的设计蓝图，而实际设备的模型就是这些抽象类实例化的结果，二者之间是"类"和"对象"的关系，抽象类模型和实例的关系如图 3－24 所示。

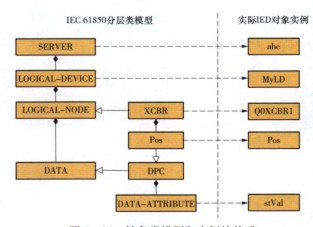

图 3－24　抽象类模型和实例的关系

图 3 – 24 中，竖虚线的左侧为采用 UML 类图方法所描绘的某 IED 的分层类模型，竖虚线的右侧是从左侧类模型中导出的对象实例，其中 abc 是服务器类对象的名字，MyLD 是逻辑设备类对象的名字，Q0XCBR1 是逻辑节点类对象的名字，Pos 是数据类对象的名字。

图 3 – 25 所示为该实例不同层次的对象名串联在一起形成的对象引用，可以看到，引用可以直观地标明对象在分层模型中的位置，逻辑节点、数据和数据属性都有各自的引用。

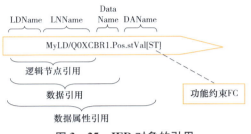

图 3 – 25　IED 对象的引用

事实上，在 IEC 61850 信息模型中，几乎所有的 ACSI 通信服务都采用引用作为服务参数。

抽象数据类的应用举例如图 3 – 26 所示。在该例信息模型及其所对应的对象引用中，客户端在远方遥控断路器，通过 ACSI 的 Operate 服务发出合闸命令，相当于令引用 MyLD/Q0XCBR1. Pos. ctlVal = on。断路器成功合上后，通过 Report 服务向客户端报告断路器的最新位置 stVal、位置发生变化时的时间 t 以及数据品质信息 q（通过引用 MyLD/Q0XCBR1. Pos 发送）。触发选项 TrgOp 决定了究竟在什么情况下触发了报告服务，这里状态值 stVal 的 TrgOp = dchg，说明当 stVal 的值发生变化时会马上触发一次报告，而 q 的 TrgOp = qchg，因此当品质属性值发生改变时也会触发发送报告。

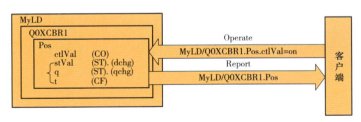

图 3 – 26　抽象数据类的应用举例

由此可见，IEC 61850 分层信息模型中的每一层类都由若干属性和服务组成，属性用来描述这个类的所有实例的外部可视特征。由同一类导出的所有实例都拥有相同的属性类型，但具体的属性值随实例的不同而不同。

4. IEC 61850 建模步骤

为变电站自动化系统中智能电子设备（IED）建立遵循 IEC 61850 标准的数据模型，是 IEC 61850 标准在变电站自动化应用中的关键。理解了 IEC 61850 面向对象的建模思想，就不难建立变电站内 IED 的数据模型。下面仅以某线路保护装置为例，介绍构建 IED 信息模型的一般方法和步骤。

线路保护装置具有的主要功能有保护功能、重合闸功能、测量功能、监视告警功能、故障录波功能等。其中,线路保护装置仅配置了三段式电流保护功能。

此外,假设该线路保护装置过程层仍然采用传统的电缆接线,没有实现数字化,仅在站控层采用 IEC 61850 标准通信,采用 MMS 服务的客户端/服务器通信模式。

以下为该馈线保护装置的建模过程。

第一步:确定逻辑节点和数据。

如前所述,逻辑节点的概念体现了 IEC 61850 标准将变电站自动化功能进行模块化分解的一种建模思路。每个逻辑节点就是分解得到的一个小的模块,代表了某一项具体的功能。多个逻辑节点协同工作,共同完成配电网的保护、测量、控制以及其他功能。逻辑节点和其内部的数据等于建模的组件。在工程中构建 IED 信息模型,就是从 IEC 61850 中选择合适的逻辑节点和数据,并赋予特定实例值,进行组装工作的过程。

因此,构建 IED 信息模型的第一步就是明确该 IED 具有哪些功能,并确定在这些功能中哪些是需要通过网络进行数据交换的(即"外部可视")。然后根据 IEC 61850 - 7 - 4,将所有需要进行通信的变电站自动化功能分解为若干逻辑节点。在实际的建模中,先分析一下 IED 所具有的功能,并判断标准中已有的逻辑节点类 LN 是否满足这些功能要求。如果满足,则选用该 LN 类;若不满足,则考虑按照标准规定的原则新建 LN 类,或者选用通用 LN 类代替。新建 LN 类的名称,要符合标准所规定的逻辑节点组相关前缀的要求,不能与已经存在的 LN 类名称相冲突。为了保证各个厂商 IED 之间的互操作性,一般不建议新建 LN 类。

在实际的工程中构建 IED 设备信息模型,其实就是从 IEC 61850 - 7 - 3/4 标准中选择适当的逻辑节点和数据,再根据需求选择具体数据属性并赋予其特定的实例值,从而将数据对象实例化建模。标准 IEC 61850 - 7 - 4 定义的兼容性逻辑节点类和它内部兼容数据类为馈线保护装置 IED 建模提供了建模组件。根据本例的馈线保护装置所具有的功能,从 IEC 61850 - 7 - 4 中选取的兼容逻辑节点类包括过电流保护(PTOC)、保护跳闸(PTRC)、自动重合闸(RREC)、模拟量测量(MMXU)、告警(GGIO)、开关量输入(GGIO)、故障录波(RDRE)等。该馈线保护装置 IED 的所有逻辑节点见表 3 - 42。

表 3 - 42　　　　　　　　　　示例馈线保护装置 IED 的所示逻辑节点

逻辑节点	逻辑节点实例	说明
PTOC	GLPTOC1	电流保护 I 段
PTOC	GLPTOC2	电流保护 II 段
PTOC	GLPTOC3	电流保护 III 段
PTRC	PTRC1	保护跳闸
RREC	RREC1	自动重合闸
RDRE	RDRE1	故障录波信息
MMXU	MMXU1	A 相电流测量值
MMXU	MMXU2	B 相电流测量值
MMXU	MMXU3	C 相电流测量值
GGIO	AlmGGIO1	保护告警状态
GGIO	DinGGIO2	保护开入状态

　　利用 IEC 61850 标准的建模过程是一个先逐步分解、再相互组合的过程。逻辑节点（LN）是分解得到的最小功能单元，具体描述实际 IED 及其组成的自动化系统的各种功能。LN 可以看作是 IED 模型的基本组成部件，多个 LN 组合在一起形成一个 IED，共同完成 IED 所要实现的各种功能。LN 是 IEC 61850 数据建模的核心。

　　根据 IED 的分层模型基本组成部件可知，每个 LN 内都包含一个或多个数据（Data）。一旦确定了该 IED 包含的兼容 LN，也就确定了该 LN 内可以拥有哪些兼容数据类。需要注意的是，LN 内的兼容数据类分为必选（M/O = M）和可选（M/O = O）两类。"必选"数据是强制性的，兼容 LN 类的实例必须具有这些"必选"数据，而"可选"数据则可以根据 IED 功能的实际情况确定取舍。另外如果"必选"和"可选"数据都无法满足 IED 的实际功能要求，还要根据 IEC 61850 对兼容数据类扩展的规定，创建新的数据。

　　如果需要扩充新的数据，应确保所扩充的新数据不能与标准中已有的数据发生名称冲突，应尽量采用标准所定义的公用数据类和基本数据类型，并且要标注好该数据的命名空间信息。

　　确定逻辑节点和数据的建模流程如图 3 – 27 所示。

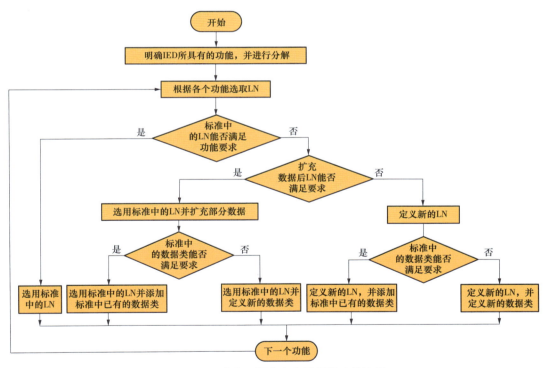

图 3 – 27　确定逻辑节点和数据的建模流程

　　第二步：构建逻辑设备。

　　根据 IED 的分层信息模型，逻辑节点（LN）被包含在逻辑设备（LD）中，因此下一步工作就是将这些 LN 划分到 LD 中。

　　LD 的划分宜根据功能进行，通常把那些具有公用特性的相关 LN 组合成一个 LD，如可以将表 3 – 43 中线路保护装置的 LN 划分到保护 LD（PROT）、测量 LD（MEAS）、公用及开入 LD（LD0）和故障录波 LD（RCD）中。

表 3 – 43   示例馈线保护装置 IED 的 LD

LD 名称 LDName	功能描述	包含的 LN 实例		
PROT	保护	LLN0	LPHD1	GLPTOC1
				GLPTOC2
				GLPTOC3
				PTRC1
				RREC1
MEAS	测量	LLN0	LPHD1	MMXU1
				MMXU2
				MMXU3
LD0	公共及开入	LLN0	LPHD1	AlmGGIO1
				DinGGIO2
RCD	故障录波	LLN0	LPHD1	RDRE1

每个逻辑设备中的逻辑节点零 LLN0 用于存放本逻辑设备的一些公共信息，见表 3 – 44。其中包含各种数据集、报告控制块、日志控制块、定值组控制块等，还包括若干数据对象实例 DOI。LLN0 中的 DOI 主要包含一些公用的定值信息，比如，涉及多个保护功能的定值参数，此外还有保护功能软压板。按照目前国内的习惯做法，保护功能软压板在 LLN0 中统一加 "Ena" 后缀扩充。

表 3 – 44   逻辑节点零 LLN0

属性名	属性类型（CDC）	说明	M/O
…	…	…	…
控制（Controls）			
LEDRs	SPC	复归 LED 灯	O
FuncEna1	SPC	保护功能软压板 1	O
FuncEna2	SPC	保护功能软压板 2	O
…	…	…	…

第三步：构建服务器。

服务器描述了一个设备外部可视（可访问）的行为。从 IED 的分层信息模型可知，一个服务器包含一个或多个 LD。由于本装置仅在站控层采用 IEC 61850 标准，因此上述 4 个 LD（PROT、MEAS、LD0、LCD）可整体建模到一个服务器当中（Server 类实例），并放在

MMS 访问点 S1 下。通信方式采用客户端/服务器通信模式。

至此就完成了该线路保护装置的建模工作。

对于过程层实现了数字化，如采用 GOOSE 服务和 IEC 61850 - 9 - 2 采样值服务的全数字化保护装置，建模的方法和步骤与上面的实例类似。不同的是，全数字化的 IED 需要建模为 3 个服务器，分别放在 3 个访问点，即 S1（MMS 服务）、C1（GOOSE 服务）和 M1（采样值服务）下。每个服务器下逻辑设备、逻辑节点和数据的建模方法和步骤均大同小异。S1 访问点下的服务器采用客户端/服务器通信模式；C1 访问点下的服务器采用发布方/订阅者通信模式中的 GOOSE 服务；M1 访问点下的服务器采用发布方/订阅者通信模式中的 IEC 61850 - 9 - 2 采样值传输服务。

5. IEC 61850 的工程配置

从工程应用的角度看，IEC 61850 定义分层信息模型的目的是为了利用它描述变电站及站内 IED 的实际配置信息，如变电站开关场一次接线拓扑、站内 IED 的 IP 地址、GOOSE 连线信息等。因此，分层信息模型中的逻辑节点、数据、数据属性以及 ACSI 服务均须根据变电站实际情况进行配置。IEC 61850 - 6 定义了一种专用的变电站配置描述语言 SCL，利用 SCL 可以方便地搭建 IEC 61850 层次化模型，从而采用统一规范的格式对变电站及站内 IED 进行描述。

（1）IEC 61850 配置文件。配置文件是利用 SCL 语言描述变电站设备对象模型后生成的文件，用于在不同厂商的配置工具之间交换配置信息。通过一系列配置文件的传递，不同厂商的智能设备就可以知道与对方通信所需要的数据信息，从而实现通信双方配置信息的交换。因此说，配置文件是基于 IEC 61850 标准的数字化变电站系统功能实现的基础。IEC 61850 第 1 版中共定义了 4 种配置文件。

1）IED 能力描述（IED Capability Description，ICD）文件。即由装置厂商提供给系统集成厂商。ICD 文件描述 IED 提供的基本数据模型及服务，但不包含 IED 实例名称和通信参数。

2）系统规范（System Specification Description，SSD）文件。SSD 文件描述变电站开关场一次系统结构以及相关联的逻辑节点，最终包含在 SCD 文件中。

3）全站系统配置（Substation Configuration Description，SCD）文件。SCD 文件描述全站所有 IED 的实例配置和通信参数信息、IED 之间的联系信息以及变电站一次系统结构，目前暂时由系统集成厂商负责生成。SCD 文件应包含版本修改信息，明确描述修改时间、修改版本号等内容。

4）IED 实例配置（Configured IED Description，CID）文件，即文件。每个装置只有一个 CID 文件，由装置厂商根据 SCD 文件中本 IED 相关信息生成。

（2）IEC 61850 配置工具。配置工具应能对导入导出的配置文件进行合法性检查，生成的配置文件应能通过 SCL 的模式 Schema 验证，并能生成和维护配置文件的版本号和修订版本号。配置工具分为装置配置工具和系统配置工具两种。

1）装置配置工具。负责生成和维护装置 ICD 文件，并支持导入 SCD 文件以提取单装置实例配置信息，并下装实例配置信息到装置中完成装置配置。

2）系统配置工具。系统级配置工具，独立于 IED。系统配置工具负责生成和维护 SCD

文件，支持生成和导入 SSD 和 ICD 文件。配置人员根据工程实际情况，利用系统配置工具对一次系统和 IED 的关联关系、全站 IED 实例以及 IED 之间的通信交换信息进行配置，完成系统实例化配置，并导出全站 SCD 配置文件，提供给监控后台、远动子站等客户端以及装置配置工具使用。

（3）IEC 61850 工程配置流程。工程实施过程中，系统集成商提供系统配置工具，并根据设计图纸和用户需求负责整个系统的配置，生成 SCD 文件；装置厂商提供装置配置工具，从 SCD 文件中导出本装置的 CID 文件。IEC 61850 工程配置流程如图 3-28 所示。

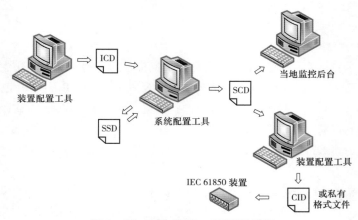

图 3-28　IEC 61850 工程配置流程

1）各装置厂家通过自己的装置配置工具生成本装置的 ICD 文件。ICD 文件描述本装置模型包含哪些服务器、逻辑设备、逻辑节点，还有逻辑节点类型、数据类型、数据集、控制块的定义，以及装置通信能力和通信参数的描述。

2）系统配置工具导入全站中各种类型的二次设备的 ICD 文件和变电站 SSD 文件，然后经过配置人员的工程配置，生成全站 SCD 文件。SCD 文件包含变电站一次系统配置（含一、二次设备关联信息配置）、二次设备配置（包含信号描述配置、GOOSE 连线配置）以及通信网络及参数的配置。SCD 文件应作为后台监控、远动子站以及后续其他配置的统一数据来源。

3）各装置厂家使用各自的装置配置工具从 SCD 文件中导出本装置的 CID 文件，CID 文件最终将被下载到装置中运行。

（4）IEC 61850 的配置方式。IEC 61850 包含"客户端—服务器"和"发布方—订阅者"两种通信模式。在客户端—服务器模式下，客户端要获取服务器端的数据模型，有两种配置方式可以选择，其对比分析见表 3-45。

1）基于 IEC 61850 配置文件的配置方式。由于 SCD 文件中含有全站所有服务器端装置的配置信息，因此客户端可以直接读取并解析 SCD 文件来获取每个服务器的数据模型。

2）基于 IEC 61850 服务的配置方式。客户端在初始化时，通过一系列 ACSI 通信服务（如 GetServerDirectory 等），来动态读取/上召服务器端的整个分层数据模型信息。

表 3 - 45　　　　　　　　　　　　　　两种配置方式的对比分析

序号	基于 IEC 61850 服务的配置方式	基于 IEC 61850 配置文件的配置方式
1	（1）在线获得配置信息； （2）前提条件是服务器端的通信配置已完成，且装置正常运行	（1）离线获得配置信息； （2）按照表 3 - 222，SCD 提前导入到客户端中，CID 提前下载到服务器中
2	通过 IEC 61850 的通信服务返回值获得配置信息，获取信息比较方便	通过解析配置文件获得配置信息，实现过程比较复杂；如果 ICD、SCD 文件版本管理混乱，通信双方的配置信息会出现不一致
3	无法获得 SSD 文件中的一次系统拓扑关系等信息，因此获得的配置信息不全面	获得的配置信息比较全面，所有的信息都可以得到
4	获得的配置信息并不是永久信息，需要以某种形式保存下来，供系统重上电后重新使用	获得的配置信息以 SCL 文件的形式存在，是永久信息

第4章 开关设备状态在线监测技术

4.1 开关设备状态在线监测的主要内容及意义

配电网开关设备（高压开关柜）是配电网馈线自动化系统中最重要的设备之一，其"健康运行"是保障配电网可靠运行的重要技术保障，一旦高压开关柜的某些功能降低甚至发生失效，可能会影响配电网的正常运行，甚至会引起局部甚至全部地区的非计划性停电事故的发生。因此，为了保障配电网馈线自动化系统的可靠运行，必须确保配电网开关设备的重要性能指标满足设计要求，即保障这些开关设备在运行过程中具有"健康"的运行状况。比如，应确保开关设备具备必要的绝缘性能，导电部件的温升不能超过其允许温升，开关设备的操动机构应具备规定的动作特性等。

高压开关柜在投入运行后，由于绝缘老化或其他因素的影响会导致设备绝缘性能的降低，如果不能及时发现并采取必要的维护，最终可能会导致设备绝缘的丧失，从而造成短路故障的发生。在通电过程中导电部件（尤其在导电连接处）由于种种原因可能造成温度的升高，如果温升超过其允许温升，会造成零部件电气及机械性能指标的降低，严重时甚至发生被烧毁的严重事故。并且，电力维护人员进行巡检的时候往往很难看到开关柜内部的情况，仅从简单的参数监测很难完全掌握开关柜的运行状况以及确定其健康状况。因此，有必要能够实时的对高压开关柜的重要特性参数进行监测，即采用在线监测技术实现对高压开关柜重要运行状况参数的实时监测。一方面，可以及时发现高压开关柜可能出现的异常状况，进而采取相应的维护措施，避免造成更大的设备损害或停电事故；另一方面，也可以为执行高压开关柜的"状态检修"提供必要的依据。

目前在我国电力行业中，对高压开关柜的维护大都采用定期检修制度，即只要设备运行达到规定的时间周期，不管有没有故障，都必须停电对其进行检修。虽然这种方式在一定程度上减少了事故的发生，但是盲目性太大，当在检修周期内，如若开关柜发生故障，定期检修不能恰好捕捉到，就会丧失其预防的作用造成检修不足，而且定期检修制度规定每隔一定的时间就要停电进行检修，这种频繁对设备进行检修有可能造成设备的过度检修或漏检，反而有可能增加了因检修维护不当使设备发生故障的概率。随着国民经济的发展，电力系统越来越复杂，设备的数量也越来越庞大，如果仍然采取这种定期检修制度，不仅效率低下、不经济，而且电力管理人员也很难来一一应付这么多设备的维护工作。如果能够实时地全面了解高压开关柜的运行状态，减少某些不必要的停电检修，做到该检修的时候才去检修，就一定可以提高电力企业的效率、经济性和高压开关柜的可靠性。因此在这种背景下，提出了一种新的检修方式，即状态检修。

状态检修是在设备不停运的情况下，根据实时在线监测到的设备运行参数来确定设备当前的健康状态。这种方式克服了定期检修的盲目性，降低了维护费用，不仅可以提前捕捉到故障征兆，防止事故发生或扩大，而且避免了检修不足和检修过度，减少了设备停电时间，提高了设备的可靠性。

随着电力系统自动化和供电可靠性要求的日益提高，特别是目前我国电力部门正在大力推行坚强智能电网的建设，对高压开关柜的可靠性提出了更高的要求。因此，当从定期检修方式转变成状态检修时，需要能够长期连续地对反映高压开关柜运行状况的重要参数进行实时在线监测，并能够有一整套符合实际的理论分析方法用于分析各种重要参数的变化趋势以及判断是否存在故障先兆。从目前国内外研究情况来看，对高压开关柜实现控制保护功能的研究比较多，技术也较为成熟，而对高压开关柜本体综合运行特性在线监测系统研究和成果较少。因此，通过综合利用现代传感器技术、检测技术、视频图像技术、通信技术、计算机技术来实现对高压开关柜的全面监测是很有必要的。

配电自动化成套开关设备状态在线监测技术，不但能准确可靠的反应被监测成套开关设备的实时运行状态，还能对其是否能继续安全稳定运行作出全面科学的判断；掌握其运行状况及特性，识别其存在的故障，预测并及时处理可能发生的异常问题，真正达到预防为主的目的。

状态检修包括设备状态量获取、状态评价及分析诊断、预知性检修 3 方面的内容。其中设备状态量获取是实现对设备状况评估和判断的基础，因此也是实现状态检修的必要条件，而在线监测技术是获取设备状态量所必需的应用技术，是开展设备状态评估的重要依据之一。

目前，应用于配电网馈线自动化成套开关设备中较常见的在线监测技术包括局部放电监测技术、导电部件温度监测技术、开关操动机构的机械特性监测技术以及开关柜运行环境参数的在线监测技术等。

4.2　在线监测系统组成

在线监测系统通常包括信号变送、信号预处理、数据采集、数据传输、数据处理、状态诊断等基本单元。

4.2.1　信号变送

信号变送通常是采用相应的传感器，将能够反映被监测的开关设备状态的物理量（如电流、电压、温度、压力、位移、角度等）转换为合适的电信号，再将其传送到后续单元。信号变送是实现开关设备状态在线监测的关键，其中所采用的传感器或变换器的性能指标将直接影响到状态参数检测的质量。通常情况下，这些传感器需要安装在开关设备内部，处于较强的电磁干扰环境，因此如何能够将被监测物理量转换为具有较高信噪比的电信号将是设计或选用相关传感器所必须重点考虑的因素。此外，传感器的几何尺寸及其安装方式也是需要重点考虑的因素。

4.2.2　信号预处理

信号预处理单元的功能是对信号变送单元输出来的电信号进行适当的预处理，如将信号幅度调整到合适的电平，以适应后续的信号转换（A/D 转换），采用合适的滤波器，最大限度地抑制干扰，提高系统的信噪比。

4.2.3　数据采集

数据采集单元将经过预处理的电信号转换为数字量，或直接将转换后的数字信号输出至数据处理单元，或通过信号传输通道传送到监测平台，并进行数据存储。

4.2.4　数据传输

数据传输单元将监测结果按照统一的格式发送到监测平台，一般使用光纤以太网进行数据传输。对固定式监测系统，因数据处理单元远离现场，故需配置专门的信号传输单元。对便携式带电检测或监测装置，只需现场显示、记录或通过通用分组无线服务技术等手段进行远程数据传输。

4.2.5　数据处理

对所采集到的数据进行处理和分析，例如，对获取的数字信息做时域和频域分析，利用软件滤波、平均处理等技术，对信号做进一步的处理，以提高信噪比。获取反映设备状态的特征值，为诊断提供有效的数据和信息。

4.2.6　状态诊断

状态诊断单元将对处理后的数据和历史数据、判据及其他信息进行比较、分析后，对设备的状态或故障作出诊断。实际应用中，根据所监测的物理量的不同，状态诊断可以由安装在设备附近的终端设备完成，也可以由监控后台系统来完成。

在线诊断系统组成如图 4-1 所示，其中信号处理部分包括信号的预处理和信号数据采集（A/D 转换）。

图 4-1　在线诊断系统组成

4.3　高压开关柜局部放电在线监测技术

高压开关柜就属于配电网设备，在开关柜内部包括了隔离开关、断路器和相关的保护装置。开关柜是否能正常的运行工作，对配电网有着重大的影响。如果开关柜发生故障，不仅会使相关设备与线路遭到损坏，更有可能造成停电的事故。配电网中的开关柜数目众多，而且长期工作在高温、高压、潮湿等恶劣的环境下，其绝缘性能很容易受到破坏。当开关设备绝缘发生劣化且达到一定程度后，往往会产生局部放电现象，尽管局部放电未造成绝缘的彻底丧失而导致短路故障的发生，但局部放电的存在一方面反映了此处绝缘的劣化，另一方面持续的局部放电将会加速绝缘的劣化进程，如果不及时采取措施，极易导致绝缘的完全丧失而发生短路事故。因此，对开关设备进行局部放电的检测、特别是局部放电的在线监测，可以及时掌握设备的绝缘状况，为设备的维护、电力系统的安全保障提供可靠依据。

4.3.1　局部放电机理、类型及检测方法

1. 局部放电机理

局部放电（Partial Discharge，PD）简称局放，描述了电力设备的局部绝缘区域在电场的作用下发生放电的现象，这种放电并未导致不同电位导体间的绝缘性能的损失。在开关柜绝缘结构中，可能存在局部的绝缘薄弱部位，它在电场的作用下会首先发生放电，而不随即形成整个绝缘贯穿性击穿，即在放电的部位并未形成一定的放电通道，而仅是局部的放电。

当发生局部放电时，微观上该局部放电区域内发生足够强的电离，从而产生足够多的带

电粒子。伴随着在电离过程，会产生声、光、热等效应，并且这些带电粒子在交变电场的作用下做变速运动，产生瞬态电磁场，进而从电离区域（放电源）向空间各个方向辐射电磁波。事实上，局部放电检测正是通过合适的检测方法，获取放电源向其周围空间所发射或辐射的声波、电磁波等相关参数，据此间接的诊断是否发生了局部放电，并且通过对所测取的相关参数进行分析，可以在一定程度上对所发射的局部放电的强度、频次、放电类型等作出诊断。

2. 局部放电类型

电力设备发生的局部放电并不是单纯的只有一种形式，不同类型的局部放电的原理、特征、放电图谱等都是不尽相同的。对于开关柜来说，其发生的局部放电类型主要包括气隙放电、沿面放电、悬浮电位放电、自由金属颗粒放电、电晕放电等类型。

3. 局部放电检测方法

根据所采用的传感器类型的不同，可以实现对上述局部放电所产生的宏观参数进行检测，由此提出了不同的局部放电检测方法。较常用的高压开关柜局部放电在线检测方法包括特高频（Ultra High Frequence，UHF）检测法、超声波检测法、地电波（TEV）检测法、脉冲电流检测法等。

4.3.2　UHF 特高频检测法

如前所述，当发生局部放电时，局部放电源宏观上会激发出电磁波，该电磁波的最高频率可达 GHz 数量级，即达到特高频（UHF）频段。特高频检测法的基本原理就是通过使用特高频传感器（UHF 天线）来对开关设备中局部放电时产生的特高频电磁波信号进行检测。考虑到现场干扰信号频率以及局部放电所激发的电磁波特征频段，实际应用中大多检测 300MHz ~ 3GHz 频段的电磁波信号。

基于特高频（UHF）局放检测法的检测系统构成如图 4 - 2 所示，其中的重要模块单元包括 UHF 传感器（天线）、带通滤波器、低噪声放大器、对数放大器、A/D 转换器、FPGA、MCU/DSP 等。UHF 传感器构成信号变换单元，实现将局部放电源所发射的电磁波转换成高频电压信号。之后，经过带通滤波、低噪声放大及对数放大模块所构成的信号处理单元，最大限度地抑制干扰，并将高频电压信号调理至适合信号采集（A/D 转换）的电平，经 A/D 转换后得到对应的数字电压，这里信号采集流程是由现场可编程阵列（Field Programmable Gate Array，FPGA）模块控制的，FPGA 模块还担负着信号的软件滤波、局放指标参数计算等任务。单片机（Microcontroller Unit，MCU）或信号处理器（Digital Signal Processor，DSP）作为局放检测系统的主控单元则将最终完成局放检测的数据处理，并通过数据传输通道，将检测结果上传至控制终端。

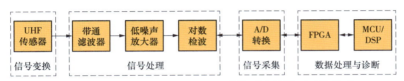

图 4 - 2　基于特高频（UHF）局放检测法的检测系统构成

1. 信号变换

信号变换实现将空间辐射的电磁波转换为模拟电压信号，是由 UHF 传感器来完成的。事实上，UHF 传感器包括能够接收 UHF 频段的天线以及信号匹配输出端子（通常统称为 UHF 天线），用于接收局部放电源所发射的电磁波，并将其转换为能够表征局部放电特性的电压信号。需要指出的是，300MHz～3000MHz 频段的信号为射频信号，因此需要采用射频信号处理技术进行相关的信号处理。

（1）UHF 天线性能参数。

1）输入参数 Z_{in}。天线的馈电端输入电压 U_{in} 与输入电流 I_{in} 的比是天线的输入阻抗，即

$$Z_{in} = \frac{U_{in}}{I_{in}} \qquad (4-1)$$

当天线的输入阻抗与天线馈线的特征阻抗相同，则天线与馈线达到最佳信号传输效率，此时天线的输入阻抗呈现纯电阻性，即天线的电抗部分趋近于 0，电阻部分趋近于馈线的特征阻抗，天线的馈电端口没有功率反射、没有回波损耗、电压驻波比为 1。

2）电压驻波比 VSWR。当天线与馈线的阻抗不匹配时，天线接收空间电磁波所形成的正向行波会产生反射波。为了说明天线的正向行波与反射波的情况，从而定量地表示天线与馈线的匹配程度，引入了"电压驻波比（Voltage Standing Wave Ratio, VSWR）"这一概念，其表达为

$$VSWR = \frac{1 - \Gamma}{1 + \Gamma} \qquad (4-2)$$

式中 Γ——反射系数，用以描述信号反射与入射波电压之比。

工程上，常用散射参量 S11 描述电压驻波比，即

$$VSWR = \frac{1 + |S_{11}|}{|1 - S_{11}|} \qquad (4-3)$$

理想情况下，如果天线的输入阻抗与馈线的特征阻抗相匹配，入射波不产生反射，即反射系数 $\Gamma = 0$，则电压驻波比 VSWR = 1。

3）频带宽度 BW。天线的性能参数如回波损耗、电压驻波比、输入阻抗、增益等都会随着工作频率的变化而改变。因此，需要定义天线的工作频段来确定在此频段内天线的性能参数，其定义为：天线的某个性能参数符合指定的标准频率范围，即频带宽度。在移动通信系统中，天线的带宽没有明确表示利用某个天线参数作为评判标准，但工程应用中，天线系统定义带宽一般参照电压驻波比 VSWR≤1.5。在局部放电检测系统中，由于开关柜放电端距离超高频传感器很近，导致即使电压驻波比为 5，仍能够接收很大的放电信号。因此，局部放电检测系统中的带宽范围是根据整个系统要求来确定的。

4）方向系数。方向系数是表征天线辐射的能量在空间分布的集中程度，即定向性，经常用天线在最大辐射方向上的远场一点的辐射功率密度和具有相同辐射功率的无方向性天线在相同点的功率密度之比。在工程上，方向系数计算是用天线辐射特性与空间坐标之间的函数图形，即方向图算出。方向图通常表示天线辐射的电磁能量在空间中的分布状况，即空间中的辐射场强（或功率）大小的分布图。

5）增益。在相同的输入功率和距离下，天线方向图上所对应的最大功率密度与效率 $\eta = 1$ 的理想天线的平均辐射功率密度之比。由于局部放电电磁波信号非常微弱，因此应采用具有较高增益的天线。

（2）阿基米德螺旋天线。高压开关柜局部放电故障信号带宽范围为 300MHz～3GHz，因此需要超高频传感器具有超宽的频带，并在频带内的性能保持良好。从理论上讲，非频变天线基本都是超宽带天线，且在工作频带内，理想化的非频变天线的电气化特性与频率无关。在工程中，常用两类非频变天线。一类为当天线的角度连续产生变化时，可以得到与原有天线结构类似的缩比天线；另一类则是天线是对数周期结构，天线的结构按照某一特定的比例因子 τ 变化，在 f、τf、$2\tau f$ 等离散频率点上得到准确的非频变特性。理论上，对于理想的非频变天线而言，其天线臂自中心点能够无限延伸，使天线没有反射系数。实际上，天线不能无限延伸，这就要求使天线结构终端尽可能大地降低反射系数。有限长天线在辐射电磁波过程中，电磁波信号本身会在天线结构上产生衰减，当天线结构满足电磁波信号在终端衰减接近无限小，可以近似认为无反射。

阿基米德螺旋天线是 PCB 制作的平面的超宽带天线，在有效辐射区内其螺旋线上电流信号衰减并不明显，在有效辐射区以外也没有明显变小，导致在终端截断天线结构时，其性能变差，因此阿基米德天线并不是非频变天线。通过适当地更改终端结构或在终端增加电阻，降低终端效应，使其近似于非频变天线。阿基米德螺旋天线的曲线如图 4 - 3 所示。

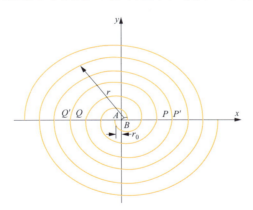

图 4 - 3　阿基米德螺旋天线的曲线

阿基米德螺旋天线的双臂螺旋线的极坐标公式为

$$r = r_0 + \alpha(\varphi - \varphi_0) \tag{4-4}$$

式中　r ——螺旋线任何一点到极坐标中心 O 的距离；

　　　r_0 ——螺旋线圈开始点 A 到极坐标原点 O 的距离；

　　　α ——螺旋线的增长率；

　　　φ ——旋转方位角；

　　　φ_0——旋转起始方位角。

阿基米德螺旋天线为平面打印结构，螺旋金属导线宽度与导线之间间距相等，构成了自互补结构，这种结构使其能够更好地阻抗匹配。

阿基米德螺旋天线结构参数如下。

1）阿基米德天线直径 D。螺旋线直径 D 决定着阿基米德天线的下限频率 f_L，一般满足 $\pi D \geqslant 1.25\lambda_{max}$，其下限频率表示的波长公式为

$$\lambda_{max} = c/f_L \qquad\qquad (4-5)$$

式中　c——电磁波传播速度，$c = 3.0 \times 10^8 \mathrm{m/s}$。

2）阿基米德天线内径 $2r_0$。螺旋线内直径 $2r_0$ 对应于设计的上限频率 f_H 对应波长 λ_{min}，一般满足式（4-6）的要求，即

$$2r_0 = \lambda_{min}/4 \qquad\qquad (4-6)$$

3）螺旋线线宽 W。螺旋线线宽一般与相邻螺旋线之间的宽度相等，从而构成自互补结构，有利于阻抗匹配。

4）螺旋线增长率 α。螺旋增线长率决定了在确定螺旋线直径 D 的情况下的螺旋线的圈数。螺旋线增长率越大，导致螺旋线的圈数增多，天线的总长度增加会使其终端效应减小，但圈数如果非常多，则会使螺旋线上的电流在终端的衰减增加，导致天线的低频段性能降低。因此，螺旋线增长率不能无限增加，合理的螺旋线的增长率有利于提高天线性能。

2. 信号处理

UHF 天线输出的模拟电压信号还很微弱，且含有各种干扰，因此有必要对信号进行滤波及幅值调理等处理。

（1）滤波处理。为了抑制信号干扰，需要对来自 UHF 天线的电压信号进行滤波处理，通常采用带通滤波器来抑制通带之外频段信号成分而保留通带频段成分。

通常情况下开关设备所处电磁环境中的电磁干扰信号（如无线电广播、电力网的载波通信、电晕放电等）的频带都是在 200MHz 以下，所以为了避开这些电磁干扰，天线传感器的工作频带应当在特高频段（300MHz~3GHz）。由于频带的宽度和接收到的信号的能量成正比，天线的频带应当尽量宽。然而，频带越宽的带通滤波器的阶数也就越高，模拟带通滤波器就越复杂，对通带频率信号的衰减影响也就越大。实际应用中，考虑到局部放电的能量主要集中在中低频段，天线的下限频带可在 300MHz 左右，天线的上限频率可在 1.5GHz 左右。

通带频率为 300MHz~1500MHz 的切比雪夫带通滤波器滤波电路如图 4-4 所示。切比雪夫滤波器是在通带或阻带上频率响应幅度等波纹波动的滤波器，且相比巴特沃斯滤波器而言，选择性和振幅特性较好，整个通带内等波纹，阻带衰减陡度满足要求。

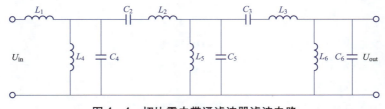

图 4-4　切比雪夫带通滤波器滤波电路

（2）信号幅值调理。对局部放电进行检测时，特高频传感器采集的信号很微弱，一般在微伏级别，因此需要对其幅值进行放大以满足后续分析的要求。局部放电脉冲信号通常具

有极陡的上升沿，如图 4 – 5 所示，可以视为振荡衰减脉冲信号，且振荡周期很小，约为微秒级。这就对信号采集提出了非常苛刻的要求，考虑到成本因素很难在高压开关柜局部放电在线监测应用中实现。

　　高压开关柜局部放电在线监测最关心的是能否对所发生的局部放电现象做出诊断，以及检测局部放电的频次及强度，无需检测局放信号的完整波形。换言之，在局部放电的检测中，主要关心的是局放信号的幅值信息与相位信息，完整地采集局部放电产生的信号并没有十分必要的意义，而且这对信号采集的频率要求高，还需储存大量的数据，实时处理数据也极其困难。因此，工程上通常采用检波单元将高频的局部放电信号调制成低频的包络信号。然后，再对信号的包络线进行数据的采集，从而解决了后续电路采集频率高、数据处理困难的问题。

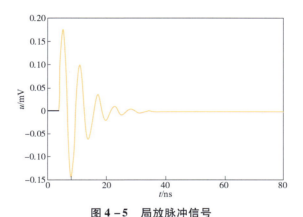

图 4 – 5　局放脉冲信号

　　工程上可以采用对数检波集成芯片实现对局放信号包络线的检测。事实上，对数检波集成芯片不仅能够实现包络线检波，还具有信号放大功能，因此，严格意义上讲，应该称之为连续对数检波对数放大器。基于 AD 公司的对数检波集成芯片 AD8313 连续对数检波电路如图 4 – 6 所示。该对数检波对数放大器内含 8 个级联的限幅放大单元（3dB 带宽为 3.5 GHz、增益为 8 dB），在每个放大器的输出通过一个检波器将射频信号变换成基带。第九个检波器设置在芯片的输入端，这 9 个检波器的输出相加后具有分段的近似对数特性，然后再通过一个阻抗变换单元转换成低阻抗电压模式输出。

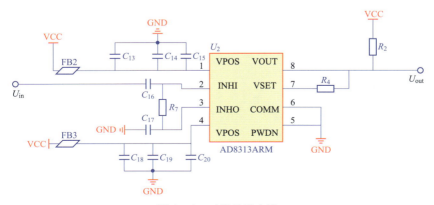

图 4 – 6　对数检波电路

AD8313 的响应及误差特性如图 4 - 7 所示。可以看到，该对数放大检波可以保障在输入信号区间 [-70dB ~ -10dB] 具有良好的线性特性。考虑到误差特性，实际应用中，输入信号应位于 [-65dB ~ -15dB] 区间，这既可以保证信号对数放大检波的线性增益，又最大限度地降低了信号处理过程所形成的处理误差。

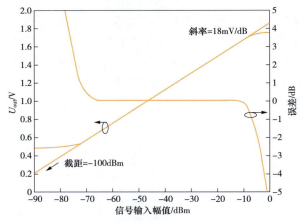

图 4 - 7　AD8313 的响应及误差特性

上述对数检波电路的输入端还需要配置低噪声放大电路。这是因为，带通滤波器输出的局放信号还很弱，不能满足 AD8313 的信号输入要求，需要进行信号的前置放大处理。由此可见，局放信号需要经过多级放大处理才能达到适合 A/D 采样的电平。多级级联放大器的噪声系数 NF 计算公式为

$$NF = NF_1 + \frac{NF_2 - 1}{G_1} + \frac{NF_2 - 1}{G_1 \, G_2} + \cdots\cdots \tag{4-7}$$

式中　NF_n——第 n 级放大器的噪声系数；

$\quad G_n$ ——第 n 级放大器的增益。由此可见，第一级放大级的噪声系数对整个放大模块噪声系数的影响最显著，必须采用具有低噪声性能的放大器作为第一级放大级。具有上述原因，前置放大器采用低噪声放大器作为第一级放大器。

3. 数据采集与处理

（1）数据采集。经过上述的信号转换与处理，局部放电源发射的电磁波已经被转换为适合 A/D 转换电压的模拟电压信号，该模拟电压信号还必须进行模/数转换，将其转换为数字电压信号，形成能够描述局部放电信息的数据，进而可供后续的数据处理与局放诊断。

注意：输入 A/D 转换器的模拟电压信号是局放脉冲的包络线信号，与原始局放脉冲宽度相比较，包络线信号宽度已大大增加，大约为微秒级。通常情况下，需要采用采样频率不低于 10MSPS 的 A/D 转换器。

（2）数据处理。根据上述的 UHF 局放检测过程可知，局放信号的数据采集具有高速（采样率 >10MSPS）、大流量（多工频周期采样）的特点，并且还需要对所采集的数据进行一些必要的处理。因此，这里更适合采用具有高速并行处理能力的 FPGA 作为采样及数据处

理核心控制模块，完成数字滤波、局放特征量提取等任务，并将结果上传给 MCU 模块。

数据采集及处理单元框图如图 4 – 8 所示，其中 FPGA 执行 A/D 采样控制及数据采集工作，并进行必要的采样数据处理。单片机 MCU（或信号处理器 DSP）则作为局部放电检测系统的控制单元，执行相关的流程参数设置，接收来自 FPGA 的局放特征参数，并依据相关的通信协议，将数据打包，通过通信通道上传给数据终端或监控后台，以便进行更深层次的数据处理工作，例如局放诊断、故障诊断等。

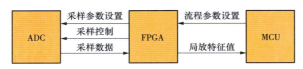

图 4 – 8 数据采集与处理单元框图

FPGA 所完成的数据处理流程包括数字滤波、局放脉冲特征值提取等。由于 FPGA 具有高速、并行处理能力，可以采用合适的数字滤波技术对数据进行进一步的滤波处理，提高信号的信噪比，为局放脉冲信号特征的提取奠定可靠的数据基础。

4.3.3 暂态地电压检测法

1. 暂态地电压检测法局部放电检测原理

暂态地电压检测法（Transient Earth Voltage，TEV）属于一种开关柜局部放电非侵入式检测方法。这种局放检测方法的检测原理是开关柜内部局部放电产生的电磁波遇到柜体接头处或屏蔽层时，由于金属壳体本身存在缝隙或屏蔽层在绝缘部分以及连接处也存在缝隙，因此电磁波信号会沿着柜体表面传播，并在柜体金属表面产生感应电流（脉冲电流）。由于柜体表面存在一定的波阻抗，因此，柜体内部局部放电所引起的电磁波将在柜体金属表面产生一个暂态对地电压，即所谓的暂态地电压。暂态地电压检测法正是利用 TEV 传感器（通常为电容传感器）测取该暂态地电压，进而对开关柜内部可能出现的局部放电做出诊断。

局部放电 TEV 检测原理如图 4 – 9 所示，其中 TEV 传感器通常采用的是耦合电容传感器。图中所示的 TEV 传感器被安装在开关柜金属壳板的外侧，当开关柜内部出现局部放电时，局部放电源将辐射电磁波。其中，一部分电磁波会从开关柜金属壳板缝隙泄漏、并在开关柜金属壳板的外表面感应出的暂态地电压 TEV，此暂态地电压将被安装在开关柜属壳板的外侧的

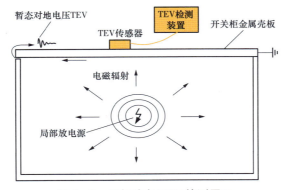

图 4 – 9 局部放电 TEV 检测原理

TEV 传感器检测到，并将 TEV 信号输入 TEV 检测装置，最终实现对局部放电的监测。另一方面，局部放电所辐射的电磁波同样也会在开关柜金属壳板的内表面感应出的暂态地电压 TEV，因此，也可以将 TEV 传感器被安装在开关柜金属壳板的内测，达到对局部放电监测的目的。

2. 局放检测系统构成

基于暂态地电压检测法的局放检测系统构成如图 4 - 10 所示，其中的重要模块单元包括 TEV 传感器、带通滤波器、低噪声放大器、对数放大器、A/D 转换器、FPGA、MCU/DSP 等。

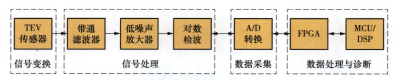

图 4 - 10　基于暂态地电压检测法的局放检测系统构成

利用 TEV 传感器，实现对局部放电源所发射的电磁波在传感器安装位置开关柜金属柜体表面感应出的暂态地电压的检测，并输出与此暂态地电压成比例的模拟电压信号，该电压信号具有高频脉冲电压特性，其频谱范围大约为 10 ~ 100MHz。

为了抑制干扰，提高信号的信噪比，该电压信号还需要通过带通滤波滤波，并通过低噪声放大及对数检波放大模块实现对电压信号幅值的调整，以适合后续的 A/D 转换。对数放大检波模块除了能够对信号进行放大之外，其输出信号代表的是输入电压信号的包络线，由此可以大大地降低对信号采样率的要求。再经 A/D 转换后，得到对应的数字电压。这里信号采集流程是由 FPGA 模块控制的，FPGA 模块还担负着信号的软件滤波、局放指标参数计算等任务。单片机（MCU）或信号处理器（DSP）作为局放检测系统的主控单元则将最终完成局放检测的数据处理，并通过数据传输通道，将检测结果上传至控制终端。

3. TEV 传感器

TEV 传感器由传感器极板、极板绝缘层、信号输出馈线所组成，其原理结构如图 4 - 11 所示。其中传感器极板为一块导电圆状电极板，在其前端固定有极板绝缘层，由此构成一平板电容器结构。

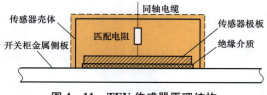

图 4 - 11　TEV 传感器原理结构

TEV 传感器等效电路如图 4 - 12 所示。其中 C_1 为 TEV 传感器的上极板与开关柜壳体表面之间的等效电容，C_2 为 TEV 传感器内部电容，R_1 为导线存在的阻抗，R_2 为检测装置存在的阻抗，U 即为 TEV 传感器输出的感应电压值。通常情况下，$R_2 >> R_1$，因此，存在

$$U = \frac{C_1}{C_1 + C_2}u \qquad (4-8)$$

式中　u——暂态地电压。

由此可见，TEV 传感器输出的电压 U 与开关柜表面的暂态地电压 u 的关系，主要是由 C_1 与 C_2 所决定，当 $C_1 >> C_2$ 时，TEV 输出电压信号就相当于开关柜表面的暂态地电压信号。

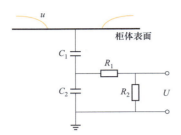

图 4 - 12　TEV 传感器等效电路

TEV 局放检测系统中的信号处理、数据采集、数据处理等模块基本类似于 UHF 局放检测系统，此处将不再加以叙述。

4.3.4　超声波检测法

1. 超声波检测法局部放电检测原理

当高压开关柜内发生局部放电时，在放电区域中，产生强烈的电离过程，并伴随着各种粒子的剧烈运动与相互撞击，放电产生的热量也会引起放电部位气体体积的膨胀。宏观上，便产生了脉冲压力波（声波）向外传播，其中振动频率大于 20kHz 的声波分量，因其频率超出了人耳听觉的上限，所以将其称之为超声波。局部放电所产生的声波频谱分布很广，可在 $10 \sim 10^7$Hz 数量级范围。由于放电状态、传播介质及环境条件的不同，检测到的声波频谱也会不同。通过检测局部放电产生的超声波信号来判定局部放电的方法称为局部放电的超声波检测法。

与声波一样，超声波也是物体机械振动状态的传播形式，因而其遵循机械波的传播规律。按照声源振动方向和波在介质中的传播方向，可以将超声波分为纵波和横波两种形式。质点振动方向和传播方向一致的为纵波，在固体、液体和气体介质中都能存在；质点运动方向和波的传播方向垂直的为横波，仅能存在于固体介质中，开关柜内部局部放电产生的超声波包含横波和纵波。

值得注意的是，由于局部放电所产生的超声波能量的大小与放电能量之间存在一定的正比关系，虽然实际中存在很多因素会影响到这种关系，但是从统计的角度来看，二者之间的比例关系是成立的。超声波检测法检测局部放电技术就是利用放电能量和超声波能量之间的这种关系，通过检测超声波能量的大小来反映出局部放电的严重程度。

开关柜的噪声主要集中在 20kHz 以下的低频范围内，采用超声波法进行局部放电检测，应避开低频干扰范围而以高频率为主要检测对象，但是随着频率的升高，声波在传播过程中的衰减也会越大，因此超声波局部放电检测的频率一般都在数十到数百 kHz 之间。

超声波检测法最大的优点是不受电气上的干扰，且可以实现放电源的准确定位，但是开关柜内游离颗粒对柜壁的碰撞可能对检测结果造成干扰。同时由于开关柜内部绝缘结构复杂，以及超声波的衰减和折反射，使得有些绝缘内部的局部放电可能无法被检测到。因此仅单一使用超声波方法进行局部放电检测具有一定的局限性。

2. 局放检测系统构成

基于超声波检测法的局放检测系统构成如图4-13所示，其中的重要模块单元包括超声传感器、带通滤波器、放大器、A/D转换器、MCU/DSP等。

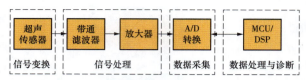

图4-13　基于超声波检测法的局放检测系统构成

（1）信号变换。信号变换模块主要是采用超声传感器，实现将超声波信号转换为模拟电压信号。在选择超声传感器时，最主要的依据和指标就是超声传感器的灵敏度和工作频带。尽管在局部放电发生时是随机产生声信号的，并且声信号的频谱也不尽相同，但是从整体上看，这些声波所具有的频率基本上都分布在恒定的范围内，在选择传感器时，需要根据电气设备的类型有针对性地选择合适的超声传感器。

（2）信号处理。超声波信号处理模块主要包括滤波与放大电路单元。超声波的滤波电路通常采用带通滤波器，主要是为了滤除低频成分和高频干扰信号，以提高信号的信噪比，提高检测的准确性。带通滤波器的通带及中心频率主要是由传感器的谐振频率及带宽所决定的。对于高压开关柜而言，根据传感器的安装位置的不同，其所接收到的由局部放电产生的超声波信号幅值范围约为$0.5\mu V \sim 100mV$，还需要进行信号放大处理，以便适合后续的信号采集。

注意： 超声波信号的幅值变化范围比较大，其最大与最小值之间存在着近20000倍的差别。为了保证检测的灵敏度，通常需要采用多级放大电路，以实现对信号进行不同倍数的放大。实际应用中，应根据实际情况选择合适的信号放大倍数。

（3）数据采集。采用合适的A/D转换器，实现将经信号处理模块调理后的模拟电压信号转换为对应的数字信号，并被后续的MCU或DSP采集。

（4）数据处理与诊断。单片机（MCU）或信号处理器（DSP）作为局放检测系统的主控单元则将最终完成局放检测的数据处理，并通过数据传输通道，将检测结果上传至控制终端。

3. 超声传感器

超声传感器的作用是接收声信号，它将声信号转换成电信号，实现了将一种形式的能量转换成另一种形式的能量，所以又称为声电换能器。局部放电检测系统常用的是压电传感器，这种压电传感器是可逆的，既可以当作超声接收传感器，又可以当作声发射传感器。

（1）超声传感器的分类。目前用于局部放电的超声传感器按超声信号传导方式主要分为空气耦合式传感器和接触式传感器两类。空气耦合式传感器利用空气来传导超声信号；接触式传感器采用固体接触的方式来传导超声信号。二者适用场景不同，接触式传感器主要应用在开关柜等可接触、位置较低的电力设备，而空气耦合式传感器适合高压电缆等不可接触、位置较高的电力设备。

（2）超声传感器的原理。无论是空气耦合式的还是接触式的传感器，其本质均是压电晶体传感器，其工作原理为采用压电效应实现对声波-电压的转换。压电晶体在一定方向上受外力作用而产生轻微的机械形变时，压电晶体内部产生极化现象，并在晶体的两个相对表面产生符号相反的电荷，形成电位差，这就是正压电效应。当外力消失后，压电晶体机械形变恢复，电荷也随之消失。相反地，当有电场作用于压电晶体的极化方向上时，也会使得压电晶体受力从而产生机械形变；当电场消失时，压电晶体机械形变也随之恢复，这就是逆压电效应。换言之，正压电效应是从机械能到电能的换能，而逆压电效应是电能到机械能的换能。超声波是机械波。因此，当一定频率的超声波传播到超声传感器，引起超声传感器的形变，传感器通过换能将超声波的机械能其转化为微弱的电能，从而实现声 - 电转换。

注意：对于接触式超声传感器，为了得到良好的声接触，应在超声传感器和开关柜外壳之间填充一些介质。原则上，任何润滑脂都是可以的。利用润滑脂的主要目的是避免在传感器表面和开关柜表面间存在气泡，润滑脂的另一个好处就是有一定的黏性，这可以减少人手持传感器时产生的随机噪声。

（3）超声传感器基本参数。

1）中心频率。中心频率为压电晶片所具有的共振频率。如果在压电晶片两端的交流电压所具有的频率与之相等，则传感器就会输出最大的能量，具有最高的灵敏性。

2）声压特性。声压（SPL）是表示传感器发射音量大小的参数，超声波传感器的发射声压一般不小于 100dB。有

$$SPL = 20\lg P/P_{rc} \quad (dB) \tag{4-9}$$

式中　P ——有效声压；

　　　P_{rc} ——参考声压（$2 \times 10^{-4} \mu bar$）。

3）灵敏度。灵敏度是表示传感器接收能力强弱的参数，超声波传感器的灵敏度一般为 $-85 \sim -60dB$。灵敏度主要取决于制造晶片本身。机电耦合系数大，灵敏度高；反之，灵敏度低。有

$$灵敏度 = 20\lg E/P \quad (dB) \tag{4-10}$$

式中　E ——产生的电压值，VRMS；

　　　P ——输入的声压，μbar。

4）探测包络。传感器的可探测区域是不规则的，一般在正后方最强，距离越远衰减越快；在斜方向的反射较弱，总体可探测区域呈扇形分布。

4.3.5　脉冲电流法

脉冲电流法是通过获取测量阻抗在耦合电容侧或通过罗戈夫斯基线圈从电力设备的中性点或接地点测取局部放电信号。

采用脉冲电流法可以直接检测到由于局部放电所引起的脉冲电流，因此可以获得诸如视在放电量、放电相位．放电频次等信息，脉冲电流法是目前唯一有国际标准的局部放电检测方法。

由于脉冲电流法是通过测量阻抗在耦合电容侧的或通过罗戈夫斯基线圈测取电力设备的中性线中局放脉冲电流，仅适合能够检测开关柜接地线电流等应用场合的在线监测，其更适合于实验室应用环境。

4.3.6　局放脉冲特征参数

目前主流的局部放电检测方法主要有脉冲电流法、超高频法、暂态对地电压法、接触式

超声法和非接触式超声法等。其中，脉冲电流法是唯一能够对局部放电量进行直接定量检测的方法，其主要检测参数为放电量（q）、放电频次（n）、放电相位（φ）等。

除脉冲电流法外，其余局部放电检测方法均无法实现对局部放电量的定量测量，且均为间接测量法，所测得的局部放电信号的强度和局部放电的放电量等参数与放电信号的传播路径有关。由于局部放电信号传播路径的复杂变化，不能简单地仅由信号强度判断局部放电量或判断绝缘缺陷严重程度。

基于上述的局部放电检测方法所检测到的局部放电信号电压波形具有快速的上升沿，因此通常将局部放电信号视为脉冲信号，即所谓的局放脉冲信号。局放诊断的一项重要任务就是如何提取出能够描述局部放电特性的局放脉冲特征参数，这也是实现对局部放电强弱及放电类型诊断的基础。局放脉冲电压波形如图 4 – 14 所示。

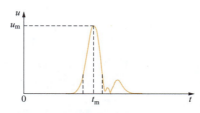

图 4 – 14　局放脉冲电压波形

为了评价局部放电状况，可以通过以下特征参数加以描述。

1. 局放脉冲强度

局放脉冲强度定义为局放传感器输出的局放脉冲电压幅值 u_m，通常情况下，u_m 很小，工程上常采用 dBm 作为其单位量纲，如果 u_m 单位为 mV，则按下式换算成 dBm。

$$\text{dBm} = 20\log\frac{u_m}{\text{mV}} \tag{4 – 11}$$

严格意义上讲，局放脉冲强度仅反映了局放信号的大小或强度，其与真实的局部放电强度不能完全画等号。因此，工程上更多是通过监测局放脉冲强度的相对变化，来监测设备的局部放电状态，如是否发生了局部放电，或局部放电的发展趋势等。

2. 脉冲冲量

将单个局放脉冲的脉冲电压值关于时间的积分定义为脉冲冲量，对于基于脉冲电流法检测局部放电而言，脉冲冲量即为放电量（q）。

3. 局放脉冲相位 φ_m

局放脉冲相位 φ_m 定义为该局放脉冲峰值所对应的数据采样时刻 t_m，并且该时刻是在 1 个工频周期内、根据实际采样周期换算为相对于工频周期的相位。

如果数据采样率为 f_{samp}，从 1 个工频周期起始时刻（相位）算起，第 n 个数据点为局放脉冲峰值数据点，则有

$$\varphi_m = \frac{360 \times 10^3 \times n}{20 \times f_{samp}} \; (°) \tag{4 – 12}$$

式中　f_{samp}——采样率，Hz。

4. 局放脉冲强度最大值

连续多工频周期采集数据，选取其中最大的局放脉冲强度作为局放脉冲强度最大值。

实际应用中，局放在线检测装置通常是按一定的监测周期显示或上传局部放电相关数据，如每 1s（50 个工频周波）作为 1 个检测周期。后续的局部放电诊断将依据局放检测周期的数据进行相关的数据处理与局放诊断。

5. 局放脉冲强度最小值

连续多工频周期采集数据，选取其中最小的局放脉冲强度作为局放脉冲强度最小值。

6. 局放脉冲强度平均值

连续多工频周期采集数据，选取其中全部局放脉冲强度值的平均值作为局放脉冲强度平均值。

7. 局放脉冲频次

在给定的局放检测周期内，所检测到的局放脉冲数。

4.3.7　局放放电图谱

根据局部放电机理可知，局部放电是在开关设备绝缘薄弱处、在电压的作用下所发生的现象，对于常规的交流配电网开关设备而言，局部放电受到开关设备的工频运行电压的影响，局部放电通常发生在工频电压的一定相位区间。换言之，局部放电具有与工频电压相位的相关性，这一特征对于局部放电诊断、局部放电类型识别等具有十分重要的意义。因此，通过记录某一时间段内（或局放检测周期）局部放电信号的局放脉冲强度、频次和相位等特征参数，描绘出所谓的局放放电图谱，由此即可描述出局部放电信号的强度与相位、频次的关系。

工程上，通常采用二维局放相位特性（Phase Resolved Peak Display，PRPD）和三维脉序相位特性（Phase Resolved Pulse Sequence，PRPS）两种局放放电图谱。

PRPD 着重记录某一段时间内局放脉冲的强度与相位、频次的关系。PRPD 图谱即局部放电相位分布图谱，是一种平面点分布图，点的横坐标为工频相位，纵坐标为脉冲幅值或脉冲频次，其分布情况揭示了一段时间内局放脉冲幅值或频次关于工频相位的分布情况。PRPD 图谱本质上是 PRPD 图谱在 $U - \varphi$ 平面上的投影。

PRPD 图谱无时间信息，属于一段时间内、相同参考相位上的局放脉冲参数的极值（脉冲强度）或叠加值（脉冲频次），可展示连续多个工频周期放电脉冲的聚集效应，主要用于细致分析放电脉冲的工频相关性。

PRPS 着重记录某一时间段内放电信号强度、相位与工频周期数（脉冲序列）的关系，即工频相位、放电幅值、放电次数在三维空间的分布情况。

以下所展示的为局部放电时所检测的局部放电数据、并据此所绘制的 PRPD、PRPS 局放图谱示例。

1. 发生尖端放电时的 PRPD 和 PRPS 图谱

发生尖端放电时的 PRPD 和 PRPS 图谱，分别如图 4 - 15 和图 4 - 16 所示。

由图 4 - 15 和图 4 - 16 所示的 PRPD 和 PRPS 图谱可见，尖端局部放电的极性效应非常明显。通常情况下，在工频相位的正半周（相当于"正棒—负板"电极）更易发生局部放电，其所发生的放电脉冲强度和放电脉冲次数均高于工频相位负半周（相当于"负棒 - 正

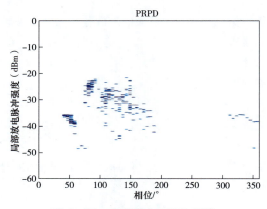

图 4 – 15　尖端放电 PRPD 图谱

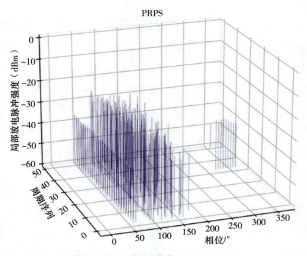

图 4 – 16　尖端放电 PRPS 图谱

板"电极）所发生的局部放电。

2. 发生悬浮放电时的 PRPD 和 PRPS 图谱

发生悬浮放电时的 PRPD 和 PRPS 图谱分别如图 4 – 17 和图 4 – 18 所示。

由悬浮放电局放图谱可以看出，放电脉冲通常在工频相位的正负半周均会出现，放电脉冲出现的相位分布较广，且放电脉冲幅值波动范围较宽，可能出现幅值很强的放电脉冲。

3. 发生气泡放电时的 PRPD 和 PRPS 图谱

发生气泡放电时的 PRPD 和 PRPS 图谱分别如图 4 – 19 和图 4 – 20 所示。

由气泡放电局放图谱可以看出，放电脉冲通常在工频相位的正负半周均会出现，且具有一定对称性，放电脉冲幅值较低，放电脉冲间隔大且不一致，放电次数多且相位分布较宽。当气泡形状较规则时，PRPD 正负工频半波所发生的放电脉冲相对呈现一定的对称关系，而当气泡形状不规则时，PRPD 正负半波的放电波形不对称。

112

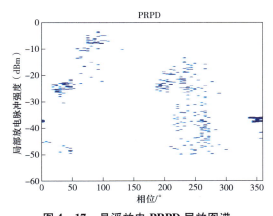

图 4 – 17　悬浮放电 PRPD 局放图谱

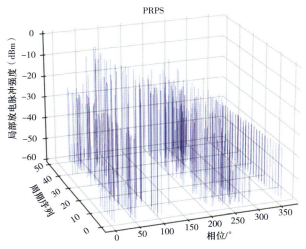

图 4 – 18　悬浮放电 PRPS 局放图谱

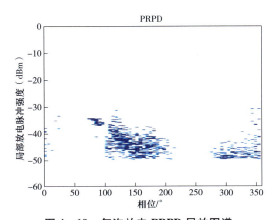

图 4 – 19　气泡放电 PRPD 局放图谱

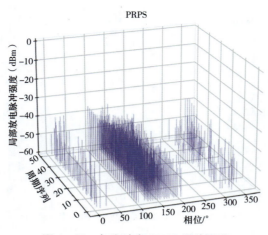

图 4 - 20　气泡放电 PRPS 局放图谱

4. 发生沿面放电时的 PRPD 和 PRPS 图谱

发生沿面放电时的 PRPD 和 PRPS 图谱分别如图 4 - 21 和图 4 - 22 所示。

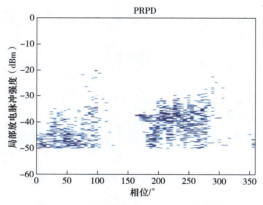

图 4 - 21　沿面放电 PRPD 局放图谱

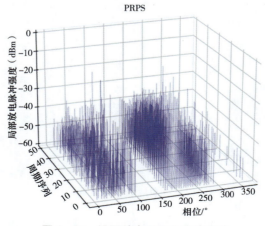

图 4 - 22　沿面放电 PRPS 局放图谱

从图 4-21 和图 4-22 所示的沿面放电图谱可以看出,放电脉冲通常在工频相位的正负半周均会出现,且具有一定对称性,放电幅值较低且分散,放电间隔大且不一致,放电次数多且相位分布较宽。

4.4　高压开关柜温度在线监测技术

目前,应用于配电网系统中高压开关成套设备(高压开关柜)已普遍采用金属封闭式开关柜结构,而且越来越向智能化、小型化、组合式方向发展,开关柜的结构越来越紧凑,高压开关柜中一次设备的隔室内部空间也越来越狭小,在负荷电流的作用下,一次侧导电零部件的温升问题也越来越突出,特别是一次侧导电部件的连接处(电接触处)易发生温升,如断路器插头连接、电缆接头、移开式开关柜的手车插头等电接触处。高压开关柜中的断路器、隔离开关触点与母线连接处及电缆终端头等部位,随着开关切断电路次数的增加,负荷的增大及长时间运行的振动及灰尘污染等,使动、静触头间的接触压力和接触面积不断下降,接触电阻增大导致连接点发热并形成恶性循环,温升、氧化,电阻持续增大,接触点持续升温将会导致绝缘老化,甚至绝缘损坏击穿,严重时甚至会引起火灾,造成开关设备的损坏,造成停电事故。由于发热点在密封柜内,运行中的柜门禁止打开,值班人员无法通过正常的监视手段发现发热缺陷,最有效的措施就是采用温度在线监测系统或装置实时监测高压开关柜内关键导电部位的温度,及时发现发热隐患,进而采取措施排查故障隐患,以保障高压开关的安全运行。

4.4.1　温度在线检测方法分类及要求

1. 温度在线检测方法及其分类

常用的高压开关柜测温监测方法主要有红外测温法、光纤光栅测温法和无线测温法等。红外测温法属于无源非接触式测温法,光纤光栅测温法属于无源接触式测温法。无线测温法属于接触式测温法,又可分为有源接触式和无源接触式两类,习惯上分别称之为有源无线测温法和无源无线测温法。

(1)接触式测温与非接触式测温。根据是否需要在温度检测点安装温度传感器,可以将温度在线检测方法划分为接触式测温和非接触式测温。其中,光纤光栅测温法和无线测温法属于接触式测温,因为这两种测温方法均需要在测温点处安装相应的温度传感器;而红外测温法则是利用被测物体表面辐射的红外射线来间接测取温度,无需在测温点安装温度传感器,属于非接触式测温。

(2)有源测温法与无源测温法。根据温度传感器的供电方式,温度在线检测方法又可分为有源测温和无源测温。

1)有源测温。有源测温需要为温度传感器配置外部供电电源,如采用电池供电,或采用电流互感器(TA)取电供电等。对于采用电池供电的有源测温法虽然供电方便,但是电池寿命有限,需要定期更换电池,增加装置维护工作负担,并且电池也不适于工作在高温状态下,夏季抗高温能力较差,容易发生爆炸,引发事故;对于采用 TA 取电供电的有源测温系统而言,通过一种特制的 TA 线圈,直接从一次电流中取能,并经过滤波、整流、稳压等环节,为温度传感器提供直流工作电源。这种温度传感器的供电方式存在一定的缺陷,当一次电流较小时,取电 TA 的二次电流很小,以至于可能无法保证为温度传感器不间断供电;

而当一次电流较大时，又可能造成 TA 和温度传感器的烧坏。基于上述原因，推荐采用无源测温法来实现对高压开关柜的在线温度监测。

2）无源测温。无源测温无需为温度传感器配置外部供电电路。严格意义上讲，无源测温法中温度传感器即作为信号转换单元将测温点的温度转换为对应的电信号，又作为电能接收单元接收外界辐射的电磁波能量，并转换为温度传感器的工作电源。

2. 高压开关柜温度在线监测应满足的要求。

针对高压开关柜的结构特点，对其一次侧关键部位温度监测所采取的方法需要满足下列要求。

（1）测温装置的绝缘应满足相应等级电压绝缘的要求，并且应保持开关柜的设备绝缘强度不被破坏，确保足够的电气安全绝缘距离。

（2）测温装置不能影响开关柜的原有性能。

（3）合适的温度传感器电源供取方式。

（4）抑制系统内部干扰能力强或受外部干扰小。能够抵抗强磁场环境的干扰，高电压大电流会在开关柜内部产生复杂的电磁场，干扰测温装置的信号，影响测温结果的准确性。

（5）柜内导体的焦耳生热和金属壳中涡流损耗发热会对测温装置造成影响，温度传感器和采集装置热稳定性要好。

4.4.2 无线温度监测技术

无线测温法将多个温度传感器分散安置于高压开关柜触头预设范围内，然后利用无线通信技术将测得的温度数据传回，对其分析并得出结论，实现温度实时监测，由于这种测温方式直接与测温点接触，所以应对温度的变化反应速度快，装置成本不高，大大降低开关柜内的绝缘风险。无线测温法是对接触式测温方法的改进，主要是为解决测温设备和电力系统高低压隔离而产生的一种测温方法。

通常情况下，高压开关柜测温点（温度传感器安装处）到数据接收与处理模块或终端的距离较近，因此可以选用短距离无线通信技术来实现温度传感器检测结果的无线传输。目前常用的短距离无线通信技术有红外、蓝牙（Bluetooth）、Wi-Fi、紫蜂（ZigBee）、2.4G射频（Radio Frequency，RF）等。其中，在高压开关柜在线监测应用中最常用的是基于 Zig-Bee 和 2.4G 射频等无线通信技术的无线测温方法，由此可以构成有源、非接触式测温系统，该测温系统又称为有源无线测温系统。

工程上，无源无线测温技术主要有基于声表面波（Surface Acoustic Wave，SAW）技术的测温技术以及基于射频识别（Radio Frequency Identification，RFID）的温度检测技术，尤其是后者，已广泛应用于高压开关柜的温度监测应用中。

1. 基于 RFID 的测温技术

RFID 测温核心技术是射频识别（RFID）技术，RFID 是一种依靠无线射频信号进行信息传递的技术，它能够实现无接触传递方式交换信息并通过所传递的信息达到识别目标。电子标签（tag）是其中的核心部件，它的发展是多项技术综合发展的结果，包括天线技术、集成电路技术、电磁场传播技术、编码解码技术和数据信息交换等。

（1）RFID 标签系统结构。RFID 标签系统一般由监控终端、阅读器和（温度）标签组成，其结构如图 4-23 所示。当带有标签的物体进入 RFID 系统的阅读范围时，标签和阅读器之间利用空间电磁耦合或者电感耦合实现非接触式信息通信，阅读器发送命令给标签，使标签向阅读器发送基带信息，阅读器接收到这些信息并进行解码，通过 RS－232/485 接口，将阅读器采集到的测温点的温度数据实时送入监控终端。监控终端执行温度诊断、超限报警等流程，并通过通信网络连接到监控主机，对数据进行记录并实现对数据库的管理。

图 4－23　RFID 标签系统结构

事实上，基于 RFID 的测温系统本质上是将温度检测功能集成到电子标签内部，形成所谓的 RFID 温度电子标签，由此构成 RFID 测温系统。

1）标签。标签也被称为应答器，通常由天线、信号处理及测温芯片以及耦合元件所构成。每个标签有其特定且唯一的编码，以此来识别特定的目标。在温度监测系统中，每个 RFID 温度传感器具有唯一的标识编码，从而可以被阅读器所识别。

2）阅读器。阅读器由天线、芯片以及耦合元件构成，主要用于读出标签信息，同时也能将信息写入标签。

3）监控终端。监控终端负责管理阅读器的工作，对接收数据进行处理，与监控主机检修通信，接收与发送相关指令或数据。

（2）RFID 射频信号频率。根据 RFID 射频信号频率的不同，RFID 系统有工作频率在135kHz 以下的低频段以及工作频率在 13.56MHz 的高频段和工作频率在 860～960MHz 之间的特高频段，甚至还有工作频率在 2.45～5.8GHz 的微波频段之分。在不同的工作频率下，因为波长不同，其天线基本原理有所不同。在低频和高频段，电磁波的波长很长，通过电感耦合方式来进行数据交换，工作距离较近，原理与变压器工作方式类似。在特高频和微波频段通过电磁波反向散射来耦合，工作距离相对更远些，且具有较强的实用性。在不同的工作频率下，其识别距离、识别速度、运行方式、环境影响和标签大小也有着各自不同的特点，也表现着不同的特性和各异的应用领域。不同工作频率下的不同标签性能见表 4－1。

表 4－1　　　　　　　　不同工作频率下的不同标签性能

频率	天线原理	识别距离	性能特点
125KHz	电感耦合	0.1～1m	几乎没有环境变化而引起的性能变化
13.56MHz	电感耦合	0.1～1m	比较低廉，适合短识别距离和需要多重标签识别的应用领域
433MHz	电磁反向散射耦合	50～100m	长距离识别，实时跟踪，对湿度、冲击敏感的环境等
860～960MHz		1～10m（无源）	先进的 IC 技术，使低成本方案成为可能，多重标签识别距离和性能最突出
		50～100m（有源）	
2.45～5.8GHz		<1m（无源）	特性与 900M 频段类似，受环境影响最大
		<100m（有源）	

（3）射频识别系统的能量传输。对无源 RFID 系统而言，标签的工作电能来自阅读器通过其天线所发射的电磁波，即利用无线功率传输（Wireless Power Transmission，WPT）技术实现电能的输送。在阅读器天线发射功率一定的条件下，标签芯片所获得的能量随着阅读器和标签之间距离 R 的平方衰减，也就是距离增加一倍，电路所能接收到的能量下降 6dB。阅读器从标签得到的反射能量随着二者之间距离 R 的四次方衰减。由此可见，对无源 RFID 系统而言，阅读器通过电磁场为标签供电，标签通过电磁场来获得所需的能量，在阅读器天线发射功率一定的条件下，阅读器和标签之间的距离越大，则标签所能获取的电能就越小，读写的距离就越短，性能也就越差。因此，在 RFID 测温系统中，对于一定的阅读器发射功率，要求温度传感器（标签）距离阅读器的空间距离不能超过允许范围，否则，将无法保障测温系统的正常工作。

（4）射频识别系统的信号传输。在无源 RFID 系统中，由于标签自身不能提供能量，阅读器和标签通信均采用阅读器"先说"的方式，即阅读器发射问询信号，在其有效通信范围内的标签将接收到信号做出反应，当双方信号匹配后才能开始通信。在这个过程中，从阅读器到标签的通信链路称为前向链路，而从标签到阅读器的通信链路称为反向链路。通常情况下，无线通信系统的前向和反向链路是平衡的，两条链路的动态范围几乎是相同的。但是无源 RFID 系统的前向和反向通信链路是不平衡的，这是因为 RFID 怡签没有内部电源，必须从 RFID 阅读器发射的连续波信号中获取能量。前向链路和反向链路信号的传输分别是通过电磁解调和反向散射进行的。阅读器的信号经其天线发射到自由空间，标签天线在自由空间中接收到信号，通过内部芯片电路进行解调，数字逻辑电路得到解调信号后进行动作。标签返回的信号经过调制单元改变天线与标签芯片的阻抗匹配情况，即改变了阅读器发射信号在标签天线端的吸收和反射情况，阅读器的天线将感知到反射信号，进而实现阅读器与标签之间的对话。

为了防止信息干扰或发生碰撞，使得传输信号能够尽可能最佳的与信道相匹配，协议中仍然需要对信号进行编码，在 RFID 系统中常用的数据编码方式包括反向不归零（NRZ）编码、曼彻斯特（Manchester）编码、单极归零（Unipolar RZ）编码、差动双向（DBP）编码等，这属于数字逻辑单元需要关注的问题，阅读器选择某一编码格式发射信号，标签将采用同样的解码方式读取信息采取动作。

标签读写信号的正确性和可靠性也是 RFID 系统很重要的指标，当工作距离增大，阅读器发射信号功率由于随着距离平方衰减，需要较高的分辨率才能正确解调和调制信号。由于阅读器发射功率和编码格式均有协议约束，只有尽可能降低标签芯片功耗，提高性能，增强在弱信号下的解调能力，才能保证 RFID 系统的信号正确传输。

2. SAW 无线测温技术

（1）SAW 无线测温原理。SAW 无线测温技术是基于声表面波（SAW）技术的无线测温技术，其核心是利用 SAW 温度传感器接收采集器（阅读器）发射的高频电磁波，SAW 温度传感器所接收电磁波引起 SAW 温度传感器内部电路发生谐振，其谐振频率与 SAW 温度传感器安装处的温度相关，由此便产生了一个频率与温度相关的衰减振荡电流，该电流再通过 SAW 温度传感器天线反射回电磁波信号。采集器接收到该电磁波信号后，进行一定的信号处理。由于返回信号的谐振频率变化与温度的变化成比例关系，则测量出该信号主频就可以得到被测的温度值。SAW 无线测温系统结构如图 4 - 24 所示。

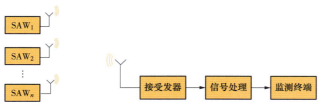

图 4 - 24　SAW 无线测温系统结构

（2）叉指换能器。声表面波（SAW）传感器的核心元件为叉指换能器（Interdigital Transducers，IDT），叉指换能器 IDT 是一种在压电基片上、利用半导体平面工艺制成的金属条状元件，从而实现电能和声表面波间的转换，其典型结构如图 4 - 25 所示。

图 4 - 25　IDT 的典型结构

压电基片通常是各向异性的压电晶体，具有压电性。IDT 是在压电基片表面上形成的形状像两只手的手指交叉状的金属图案，由相互交叉的电极组成，利用压电基片的逆压电效应和压电效应来分别完成声表面波的激发和接收。当在 IDT 两端加交变电压时，电极下面的基片表面建立起交变电场，基片通过逆压电效应产生应变，该应变在压电基片表面传播形成弹性波，即声表面波，这样 IDT 就实现了声表面波的激发。

输入 IDT 一侧无用的波可由吸声材料吸收，当声表面波在压电基片表面传播时，被另一侧输出 IDT 检出，完成了声表面波的接收。输出 IDT 下面的基片通过正压电效应将传播来的声波转换成电信号经 IDT 输出。

（3）SAW 传感器原理。声表面波（SAW）传感器除了核心器件 IDT 以外，还包括外围电路和敏感薄膜等。薄膜的特性受环境因素的影响，当外部的环境变化时，其特性也会发生相应的改变。敏感薄膜的性质发生改变后会影响声表面波在其上的传播特性，声表面波速度的变化是受影响最为显著的特征。

影响声表面波（SAW）波速受多种因素的影响，如声表面波（SAW）传感器的质量 m、弹性系数 c、薄膜电导率 σ、介电常数 ε、温度 T 和压力 P 等。如果其中的一个作为主导因素，则意味着 SAW 波速的变化受其影响最为显著。据此可以方便地针对某种特定的影响因素，设计出相关的特定类型传感器。SAW 温度传感器就是针对温度这一影响因素的特定传感器，此传感器仅对温度的变化敏感，其他因素的影响较弱，以致可以忽略。SAW 波速变化量与振荡频率变化量之间有很好的线性关系，因此通常情况下，SAW 传感器会把波速的变化转化为 IDT 振荡频率的漂移。

基于 SAW 的传感器有很多方面的应用，SAW 温度传感器是针对温度变化作出响应的传感器，即温度的变化是影响的主导因素。延迟线型和谐振型两种类型的反射栅都是基于SAW 传感器的，部分传感器需要供能，有些则不需要。所以，声表面波温度传感器的类型可分成有源谐振型和延迟型、无源谐振型和延迟型等 4 种。

SAW 温度传感器采用的是无源单端口谐振型传感器，其结构如图 4 - 26 所示。传感器天线返回的信号是以谐振频率为主频的衰减振荡响应信号，采集器接收后进行处理，由于返回的谐振频率变化与温度的变化成比例关系，则测量出该信号主频就可以得到被测的温度值。

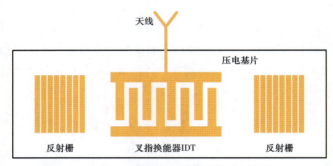

图 4 - 26　无源单端口谐振型传感器结构

SAW 射频识别系统的工作过程是，阅读器经天线发射射频查询脉冲，被查询范围内的标签天线接收，与标签天线相连的叉指换能器（DT），通过逆压电效应将接收到的射频信号转换为 SAW 信号，沿着压电基底表面传播，被放置在 IDT 两端的反射栅反射形成谐振，使谐振器在一个固定的频率点处振荡，基片的温度影响谐振器的谐振频率，返回到 IDT 的是以谐振频率为主频衰减振荡的响应信号，经压电效应转换为回波射频脉冲链，经标签天线发射出去后被阅读器天线接收信号并进行处理，测量出主频即可获得 SAW 标签的温度信息。

（4）温度采集器及其天线。温度采集器（阅读器）安装在测温现场，若对开关柜内的关键点测温，则采集器需安装在柜体外，以减少开关柜内的电磁耦合对采集器的干扰。每个天线端口连接一个收发天线，与 SAW 温度传感器进行无线通信，一个温度采集器可以和SAW 温度传感器进行通信；RS - 232/485 接口通过协议转换器连接至计算机温度监控系统，用于实时检测温度的变化。

3. 有源无线测温技术

与上述两种无源无线测温技术相比较，有源无线测温系统中，温度传感器需要配置工作电源电路。除了供电方式之外，不同的有源无线测温系统可能采用不同的温度传感器芯片以及不同的无线通信方式。换言之，根据所采用的供电方式、温度传感器类型、无线通信方式，可以构建不同的有源无线测温系统。

无线测温系统结构如图 4 - 27 所示。该测温系统主要由测温模块、收发器模块、监测终端以及监测主机等模块所组成。其中，测温模块主要是由温度传感器、无线信号发射电路（包括天线）以及相关辅助电路所构成。高压开关柜的无线测温系统测温模块安装在开关柜内部的测温点，主要完成对高压开关柜内部测温点（如触头、电缆接头等）温度的测量以及温度数据的无线发送。收发器模块放置在开关柜附近，主要完成无线温度数据的接收，并通过 RS－232/485 总线，以 MODBUS 等通信协议的方式将温度数据传送至监测终端。如果系统配置了监测主机，则监测终端将检测结果数据上传给监测主机。监测主机以 MODBUS 通信协议与监测终端进行通信，并将温度值处理后，实现显示、报警和存储等功能，最终实现在线监测的目的。

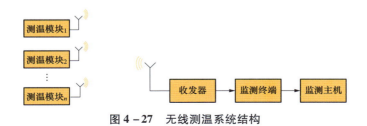

图 4－27　无线测温系统结构

（1）测温模块。测温模块主要由温度传感器、无线收发器（含天线）、控制器（单片机）、工作电源以及其他辅助电路等功能模块所组成。测温模块安装在高压开关柜内部的被测点上，通过单片机控制温度传感器进行温度的测量、转换，再通过单片机进行必要的数据打包处理，最后利用无线传输模块将数据发送给低压侧接收端。

由于测温模块是位于开关柜高压侧，其工作电源不允许通过电缆从低压侧供电，通常是采用电池供电，或者通过 TA 取电方式，为测温模块提供工作电源。TA 取电电源采用穿心式电流互感器，把穿心式电流互感器直接套在高压母线上。根据电磁感应定律，电流互感器会将一次侧电流转化为二次侧的感应电动势。把产生的感应电动势传输到后级电路中，经过整流、滤波、稳压等电路将交流电转化为测温模块能够直接使用的直流电。由于该供电装置的电能完全是由电流互感器从高压开关设备的母线上所获得，所以有效地解决了对地绝缘的问题。

（2）收发器模块和监测终端模块。收发器模块和监测终端模块位于高压开关柜低压侧，主要是由无线收发器（含天线）、微处理器、无线收发电路、RS－232/485 总线转换电路、电源等功能模块构成，其结构如图 4－28 所示。

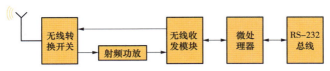

图 4－28　收发器模块和监测终端模块结构

收发器模块的主要功能是接收多路高压侧测温模块发射端的温度数据，通过 RS－232/485 总线与监测主机相连，由 MODBUS 通信协议的问答机制，根据监测主机的指令将相应的温度数据通过总线实时发送给监测主机进行进一步的操作。由于低压侧接收端是利用无线数据传输方式来接收高压侧的温度数据，可以远离高压设备，不再受能耗问题的限制，可以灵活选择供能方式。

（3）监测主机。高压开关柜无线测温系统的监测主机的主要工作是与监测终端模块通信，通过 MODBUS 协议的查询－应答模式读取高压开关柜测点的温度值，并对温度数据进行相关处理，完成数据存储、显示、超限报警等操作，实现高压开关柜内的温度在线实时监测。

4.4.3 红外温度监测技术

红外测温法又称为红外辐射测温法，是一种通过检测被测物体所辐射的红外辐射来间接地检测被测物体表面温度，属于基于红外光谱波段的辐射测温法。根据所使用的辐射光谱波长数目的不同，辐射测温法又可分为全辐射测温法、亮度测温法及双光谱测温法等。

根据测温区域大小，红外测温可以分为红外点测温、红外线测温及红外图像测温 3 种类型，其中由于红外线测温只能测量一条线的温度，实际应用价值不大，因此在线红外温度监测主要是采用红外点测温和红外图像测温技术。

红外点测温是一种非成像型的红外测温方式，它只能对一个非常小的面积（可以看作是一个点）进行测温。

红外图像测温是一种直接测量物体表面温度及温度分布的测温技术，其基本原理是通过探测被测物体向外辐射的能量，再根据物体的辐射系数以及辐射能量与物体表面温度的对应关系，推算出被测物体表面的实际温度。此外，可以将被测物体的热分布转换为可视图像，并在监视器上以灰度级或伪彩色显示出来，从而得到被测目标的温度分布场。

1. 辐射测温的基本参数

红外辐射（也称作红外线）是电磁波的一种，是由于物体内部微观粒子的热运动而激发出来的电磁波能量。红外辐射是红外测温技术的基础，属于热辐射，满足热辐射的基本定律。任何绝对零度以上的物体，均在不停地向外发射热辐射能量，同时也不停地吸收周围物体投射过来的辐射能。事实上，自然界物体向空间发射的电磁波中，波长大致为 0.75 ~ 1000μm 的电磁波照射到物体上将导致明显的热效应，换言之，在自然界的一般温度和常见的工业温度范围（≤2000K）以内，有实际意义的辐射能量主要集中在红外波段，这也是采用红外波段辐射测温的重要依据之一。

根据红外光波的波长，红外线又可分为近红外线（波长 0.75 ~ 3μm）、中红外线（波长 3 ~ 6μm）、远红外线（波长 6 ~ 15μm）及极远红外线（波长 15 ~ 1000μm）。其中适用于工业领域测温范围的红外线多为中红外线和远红外线。

在红外辐射研究中，常用以下红外辐射基本参数。

（1）辐射能。绝对温度大于零度的物体，以电磁波形式不断地向外界辐射能量，该能量称为辐射能，用 Q 表示，单位为焦耳（J）。

（2）辐射强度。点辐射源在某方向上单位立体角内传送的辐射通量称为辐射强度，用 I 表示，单位为 w/sr（瓦/球面度）。

（3）辐射出射度。在单位时间内、单位面积上物体辐射出的辐射能量称为辐射出射度，用 M 表示，其单位为 W/m^2。

（4）辐射亮度。辐射源在单位投影面积上、单位立体角内的辐射通量称为辐射亮度，用 L 表示，单位为 $W/(m^2 \cdot sr)$。

（5）辐射照度。辐射照度是单位时间受照面单位面积上的辐射通量，用 E 表示，单位为 W/m^2。

（6）发射率。发射率是红外辐射研究中的一个关键参数，也是影响红外辐射测温的一项关键因素，通常用 ε 表示。根据物体的表面发射率，可以将物体分为黑体、灰体及选择性辐射体。其中黑体是光谱响应在所有波段均为 1（即 $\varepsilon = 1$）的理想辐射体，灰体是指光谱发射率与波长无关的辐射体，其光谱发射率为小于 1 的常数。选择性辐射体是指辐射能力具有光谱特性的物体，其对辐射的吸收能力会因其波长的不同而变化，自然界中大多数物体属于选择性吸收辐射体，其发射率与物体的性质、表面状况（如粗糙度、颜色等）有关，同时也是温度 T 和波长 λ 的函数，其值介于 $0 \sim 1$ 之间。发射率越大，说明物体的辐射能力越强，越接近黑体的辐射能力。

1）全发射率。全发射率是指物体在某一波段内的平均发射率。在温度为 T 时，物体的全发射率 $\varepsilon(T)$ 为

$$\varepsilon(T) = \frac{M(T)}{M_b(T)} \tag{4-13}$$

式中　$M(T)$——物体在温度 T 时的全辐射出射度；

　　　$M_b(T)$——黑体在温度 T 时的全辐射出射度。

2）光谱发射率。光谱发射率是指物体在某个中心波长 λ 处附近很窄的光谱带内的发射率，在温度为 T 时，物体的光谱发射率 $\varepsilon(\lambda, T)$ 可以表示为

$$\varepsilon(\lambda, T) = \frac{M(\lambda, T)}{M_b(\lambda, T)} \tag{4-14}$$

式中　$M(\lambda, T)$——物体在温度 T 时且波长为 λ 的辐射出射度；

　　　$M_b(\lambda, T)$——黑体在温度 T 时且波长为 λ 的辐射出射度。

2. 辐射测温的基础理论

（1）普朗克辐射定律。普朗克辐射定律是热辐射最基本的定律，其描述的是黑体辐射输出度 M_b 与波长 λ、绝对温度 T 之间的关系。黑体的辐射输出度满足式（4-15），即

$$M_b(\lambda, T) = \frac{2\pi h c_2}{\lambda^5} \frac{1}{e^{ch/\lambda kT} - 1} = \frac{c_1}{\lambda^5} \frac{1}{e^{c_2/\lambda T} - 1} \tag{4-15}$$

式中　$M_b(\lambda, T)$——黑体的光谱辐射出射度，$W/m^2 \cdot \mu m$；

　　　λ　　　　——波长，μm；

　　　T　　　　——绝对温度，K；

　　　c　　　　——光速，m/s；

　　　h　　　　——普朗克常数，$h = 34\,6.626 \times 10^{-34}\,J \cdot s$；

　　　k　　　　——玻尔兹曼常数，$k = 1.38 \times 10^{-23}\,J/K$；

　　　c_1　　　——第一辐射常数，$c_1 = 2\pi hc^2 = (3.7415 \pm 0.0003) \times 10^8\,W \cdot \mu m^4/m^2$；

　　　c_2　　　——第二辐射常数，$c_2 = hc/k = (1.43879 \pm 0.00019) \times 10^4\,\mu m \cdot K$。

当波长较短或被测物体温度不是很高、满足 $\frac{c_2}{\lambda T} \gg 1$ 时，普朗克辐射定律公式（4-15）可简化为维恩公式，即

$$M_b(\lambda, T) = \frac{c_1 \lambda^{-5}}{e^{c_2/\lambda T}} \tag{4-16}$$

根据式（4-15），可以计算得到在不同温度条件下的黑体辐射出射度曲线，如图 4-29所示。

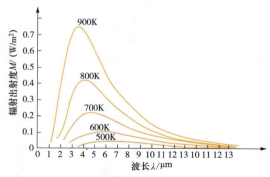

图 4 - 29　不同温度条件下的黑体辐射出射度曲线

由图 4 - 29，可以总结出黑体的光谱辐射特性具有如下特征。

1）在相同温度下，黑体辐射出射度随着波长的变化而变化，每一条辐射特性曲线有且仅有一个峰值点。

2）在黑体辐射特性曲线峰值点处，随着温度的升高，峰值点处对应的波长越来越小，辐射特性峰值越来越大。

3）黑体的光谱辐射出射度曲线在不同温度下不会交叉，温度越高，光谱辐射出射度值曲线整体都会升高。

4）黑体的辐射出射度曲线在整个波段的面积随着温度的变化而变化，在两个固定不同波段下与横轴所围面积的比值随着温度的变化而变化。

（2）斯特潘—玻尔兹曼定律。斯特潘—玻尔兹曼定律定义为：单位面积黑体在单位时间内的全波段辐射输出总能量 M_b 与物体本身的热力学温度 T 的四次方成正比，即

$$M_b = \int_0^\infty M_b(\lambda,T)\,\mathrm{d}\lambda = \frac{2\pi h\,c^2}{\lambda^5}\frac{1}{e^{\frac{ch}{\lambda kT}}-1} = \frac{c_1}{c_2^4}\frac{\pi^4}{15}T^4 = \sigma T^4 \qquad (4-17)$$

式中　σ——斯特潘—玻尔兹曼常量，$\sigma = 5.67032 \times 10^{-8}\mathrm{W\cdot m^{-2}\cdot K^{-4}}$。

3. 红外辐射测温原理

红外辐射测温原理是通过测量物体辐射出的红外线能量来进行测温的。一般待测物体（以下简称为目标）的辐射出射度 $M(\lambda,T)$ 为

$$M(\lambda,T) = \varepsilon(\lambda,T)\frac{c_1}{\lambda^5}\frac{1}{e^{c_2/\lambda T}-1} \qquad (4-18)$$

式（4 - 18）表明，目标辐射出来的能量与目标的发射率 $\varepsilon(\lambda,T)$、辐射光谱波长 λ 以及温度 T 相关。因此，可以通过测量目标的辐射光谱及辐射能量，再结合目标发射率即可实现对目标的温度测量。

（1）全波段辐射测温法。全波段辐射测温法也称之为全辐射测温法，适用于黑体或灰体的红外辐射测温，或基于将自然界中物体在中远红外波段的发射率近似看成稳定的应用条件，根据斯特潘—玻尔兹曼定律，确定目标辐射出射度 M 与温度 T 之间的关系，为

$$M = \varepsilon\sigma T^4 \qquad (4-19)$$

全波段辐射测温法正是基于式（4 - 19），根据检测目标的辐射出射度（或辐射能），通

过适当的数值计算，最终得到目标的表面温度。红外辐射测温是通过红外探测器来测取目标的辐射能。对于红外图像测温而言，红外探测器所测取的是辐射对应的灰度值，而图像的灰度值与温度的并非呈现严格的线性关系；物体红外辐射还受到物体表面发射率、环境和自身辐射的影响。因此，红外辐射测温还需要涉及辐射定标，即采用温度特定已知的标准辐射源（一般为高发射率、高精度的近似黑体），用红外测温系统对不同温度的目标黑体进行热图像采集，根据热图像灰度值与已知温度的标准辐射源拟合出温度与灰度值的关系曲线。在实际测温中，可以根据拟合的关系曲线，由热图像灰度值计算出绝对温度值。上述红外辐射测温的数据处理方式同样也适用于亮度测温法和双波段测温法。

全波段辐射测温法无需滤光系统，光学系统结构简单，仅通过测量目标辐射体在整个波段总辐射能量来计算目标的温度。然而，由于在传输路径中气体分子吸收和散杂作用，以及红外探测器对于波长的选择性，在实际测量中通常只能接收到目标在某些波段的红外辐射，而且实际待测目标的发射率并不是一个常数，从而可能导致最终测温结果误差较大，因此通常仅应用于对温度测量精度要求不是很高的应用场合。

（2）亮度测温法。亮度测温法也称单色测温法或单光谱测温法，该方法是通过测量目标在给定波长下的辐射亮度值或辐射出射度值，获得与目标辐射亮度相等的黑体温度，这一温度被称为亮温（用 T_r 表示），然后再根据亮温 T_r 和发射率 ε 求得目标的温度 T。

当满足 $c_2/\lambda T > > 1$ 时，根据式（4-16），待测目标的辐射出射度为

$$M(\lambda, T) = \varepsilon(\lambda, T) \frac{c_1 \lambda^{-5}}{e^{(c_2/\lambda T)}} \qquad (4-20)$$

对于非黑体目标，辐射出射度可以用亮度温度 T_r 表示为

$$M(\lambda, T_r) = \frac{c_1 \lambda^{-5}}{e^{c_2/\lambda T_r}} \qquad (4-21)$$

令两个辐射出射度相等，即 $M(\lambda, T) = M(\lambda, T_r)$，联立式（4-20）与式（4-21）并整理，得到目标温度 T 与亮度温度 T_r 之间的关系为

$$\frac{1}{T_r} - \frac{1}{T} = \frac{c_2}{\lambda} \frac{1}{\ln \varepsilon(\lambda, T)} \qquad (4-22)$$

由式（4-22）可知，$\varepsilon(\lambda, T)$ 越接近1，物体亮度温度 T_r 越接近目标物体的绝对温度 T。因为 $0 < \varepsilon(\lambda, T) < 1$，所以 $1/\varepsilon(\lambda, T) > 1$，物体的亮度温度 T_r 始终小于真实温度 T。当已知目标物体在特定波长下的发射率 $\varepsilon(\lambda, T)$ 及其亮度温度 T_r 时，即可以通过式（4-22）得到物体的实际温度 T。

单色测温法具有灵敏度高的特点，适用于一般目标，但该方法需要依赖已知物体在特定波长下的发射率。因为发射率的影响因素众多，且难以准确测量，这将影响测温精度。

（3）双光谱测温法。双光谱测温法又称为双波段测温法，属于比色测温法，适用于黑体或者灰体目标的温度测量，在满足一定条件下也可应用于一般物体的温度测量。运用双波段测温法的前提条件是需要知道目标在红外辐射探测器上两个不同波段的红外辐射强度。红外探测器在接收到的目标红外辐射信号后将其转化为电信号，并依据探测器所测得的两个不同波段的信号强度来计算出目标的温度。

若两个光谱的波段带宽 d_{λ_1} 和 d_{λ_2} 足够小，则此两个波段可以简化为波长分别为 λ_1 和 λ_2 的

两个单色光。当 $c_2/\lambda T > > 1$ 时，根据维恩公式，物体在不同波长下的单色辐射度之比为

$$R = \frac{M_1(\lambda_1,T)d\lambda_1}{M_2(\lambda_2,T)d\lambda_2} = \frac{\varepsilon_1(\lambda_1,T)d\lambda_1}{\varepsilon_2(\lambda_2,T)d\lambda_2}\left(\frac{\lambda_1}{\lambda_2}\right)^5 e^{\left[\frac{c_2}{T}\left(\frac{1}{\lambda_2}-\frac{1}{\lambda_1}\right)\right]} \tag{4-23}$$

假设两波长处的带宽相等，即 $d\lambda_1 = d\lambda_2$，则由式（4-23）可求得待测目标的温度，为

$$T = \frac{c_2\left(\frac{1}{\lambda_2}-\frac{1}{\lambda_1}\right)}{\ln R + 5\ln\left(\frac{\lambda_1}{\lambda_2}\right) - \ln\left[\frac{\varepsilon_1(\lambda_1,T)}{\varepsilon_2(\lambda_2,T)}\right]} \tag{4-24}$$

双波长测温的应用条件是假设两个波长相距足够近，可以近似认为物体的发射率在 λ_1、λ_2 处相等，即 $\varepsilon(\lambda_1,T) = \varepsilon(\lambda_2,T)$。此时，式（4-24）可简化为

$$T = \frac{c_2\left(\frac{1}{\lambda_2}-\frac{1}{\lambda_1}\right)}{\ln R + 5\ln\left(\frac{\lambda_1}{\lambda_2}\right)} \tag{4-25}$$

如果波段带宽较大，此时的双波段比色法具体描述如下：两个窄带波段的辐射输出度之比是与温度相关的线性函数。因为两者之间具有一一对应的关系，可通过两个窄带波段的辐射之比反演出温度，即

$$R = \frac{\int_{\lambda_1-\frac{w_1}{2}}^{\lambda_1+\frac{w_1}{2}} \varepsilon_1(\lambda_1,T) L_1(\lambda_1,T)\,d\lambda}{\int_{\lambda_2-\frac{w_2}{2}}^{\lambda_2+\frac{w_2}{2}} \varepsilon_2(\lambda_2,T) L_2(\lambda_2,T)\,d\lambda}$$

$$\approx \frac{\varepsilon_1(\lambda_1,T)\int_{\lambda_1-w_1/2}^{\lambda_1+w_1/2} L_1(\lambda_1,T)\,d\lambda}{\varepsilon_1(\lambda_1,T)\int_{\lambda_2-w_2/2}^{\lambda_2+w_2/2} L_2(\lambda_2,T)\,d\lambda} = \frac{M_1(\lambda_1,T)}{M_2(\lambda_2,T)} \tag{4-26}$$

式中　λ_1、λ_2　——分别为两个滤光片的中心波长；

$\quad\quad w_1$、w_2　——分别为两个滤光片的带宽；

$\quad\quad \varepsilon_1$、ε_2　——分别为物体在不同波段范围的辐射率；

$\quad\quad L(\lambda,T)$——物体的辐射通量密度函数；

$\quad\quad M(\lambda,T)$——透过滤光片后的辐射通量密度积分。

假设所选取的两个辐射波长的间距足够小，此时可以认为 $\varepsilon_1(\lambda_1,T) = \varepsilon_2(\lambda_2,T)$。从式（4-26）中可知，温度 T 是两波段热辐射输出度之比 R 的单值函数。如果温度 T 在 $300 \sim 600K$ 范围内，可以每 $1K$ 递增，将温度 T 与辐射输出度之比 R 的关系记录，再通过查表法或曲线拟合方法反演出相应的温度。

双光谱辐射测温法较之单光谱测温法优点在于可以在算法中把发射率抵消，从而避开了需要测定目标发射率这一难题，相对于全波段辐射测温法和单亮度测温法而言，能有效地降低由于待测目标发射率所带来的测温误差。

双光谱测温法最重要的假设是可以近似认为有 $\varepsilon_1(\lambda_1,T) = \varepsilon_2(\lambda_2,T)$ 成立。对于灰体，这一假设是成立的，但自然界中大多数物体是选择性辐射体，只有在这两个波长间隔足够小的情况下方能满足假设条件。当满足不同波段的发射率近似相等前提条件下，两波长

的间隔越大，其对于温度分辨越有利。此外，带宽 W 的选取对温度分辨率的影响相对较小。然而若滤光片太窄时，所能接收的辐射能量也太少，这将导致测温系统的信噪比太小。因此，在满足该波段发射率近似相等的条件下，带宽 W 的选择以满足可被探测要求为准。

4. 红外辐射测温系统

红外辐射测温系统的原理如图 4 – 30 所示。

图 4 – 30   红外辐射测温系统原理

红外光学系统负责获取目标发出的红外光线，并将辐射汇聚到红外探测器的感光面上，光学系统的使用可以极大地提升辐射与红外探测器匹配的灵敏度，从而提高设备的信噪比，增大系统的探测能力。红外探测器作为光电转换器件，可以将红外辐射转换为电信号，再经后续的信号处理模块，完成对信号的滤波、放大等操作，并将模拟电信号转换为数字信号，再由信号采集模块输入至数据处理模块，数据处理模块将根据所选择的红外辐射测温法，经过相关的数值计算，最终完成对目标的温度检测。

根据测温技术及测温类型的不同，红外测温系统各模块的构成也不尽相同。比如，如果采用全波段辐射测温法，则不需要选择特定的红外光谱，其光学通道结构简单。而若采用双波段测温法或亮度测温法，则需要选择特定的红外光谱，使该波长的红外线能尽可能无损地通过光学通道，因此通常需要采用红外光学镜、带通滤光片、分光滤镜等光学器件。光学镜头的作用是将目标物体的红外辐射汇聚到红外探测器的感光部件上进行成像。带通滤光片的作用是只允许特定的窄带波段辐射传输到红外探测器的感光部件。如果采用点测温方式，则红外探测器可以由单体光电元件所组成；而若采用红外成像测温，则红外探测器通常采用由众多的光电元件所构成的阵列模块，由此构成所谓的红外焦平面探测器或 CCD 数码相机等。

4.4.4　分布式光纤温度监测技术

众所周知，光纤本身具备良好的电绝缘性，这就使得光纤温度传感器能够突破电调制温度传感器的对于传感器安装电气绝缘的限制。光纤温度传感器多采用石英光纤，其工作时温度信号被光信号调制，传输的信号幅值损耗低，可以远距离传输，因此温度传感器的光电器件可以远离现场布置，从而可以有效地避开某些条件恶劣的使用环境。在辐射测温中，光纤代替了常规测温仪的空间传输光路，使干扰因素如尘雾、水汽等对测量结果影响很小。在特殊工作情况和环境下，如高电压、强电磁场、易燃、易爆、具有腐蚀性气体、液体等场合，光纤温度测量技术具有独到的优越性。

基于光纤温度传感器的测温法一方面将光纤作为温度传感器，另一方面将其作为信号传输介质，并可起到电气绝缘作用。目前研究的光纤温度传感器主要有外差干涉温度传感器、光纤荧光温度传感器、辐射式温度传感器、半导体吸收式温度传感器、分布式光纤温度传感器、光纤光栅传感器等。

1. 光纤光栅温度传感原理

光纤光栅传感器测量温度的原理是温度能引起光纤布拉格光栅（FBG）波长的变化。作为温度传感器的光纤光栅，利用光纤材料的光敏性将入射光相干场图样写入纤芯，在芯内产生折射率周期性变化，从而形成空间的相位光栅，其作用实质上是一个窄带的反射滤波器。宽带光源发出的连续光通过传输光纤入射到光纤光栅，光栅有选择地反射一个窄带光，此窄带光的中心波长 λ_B 满足布拉格条件，有

$$\lambda_{B} = 2\,n_{eff}\varLambda \tag{4-27}$$

式中　n_{eff}——光栅的有效折射率；

　　$\varLambda$——光栅的周期。

式（4-27）表明，光纤光栅反射的窄带光中心波长 λ_B 是由光栅的有效折射率 n_{eff} 和光栅的周期 $\varLambda$ 所决定，而光栅的有效折射率 n_{eff} 和光栅的周期 $\varLambda$ 又随着温度和应变变化。因此，如果经过适当的封装处理，大大降低 n_{eff} 和 $\varLambda$ 随应变变化的属性，从而表现为主要随温度而变化，这就是光纤光栅温度传感的测温原理。

由于电气设备中的被测对象往往不是一个点，而是在空间广泛分布。为了实现对被测对象温度的在线监测及降低成本，需要采用分布调制的光纤传感系统，而波分复用技术的运用实现了对被测对象的分布式监测。

在一根传感光纤上串接多个 FBG 传感器，宽带光源照射光纤时，每一个 FBG 反射回一个布拉格波长的窄带光波。多点分布式光纤光栅监测系统原理如图 4-31 所示。该系统运用波分复用技术实现了对被测对象温度的分布式监测。只要通过对波长的测量，就可以知道空间不同点的温度变化的准确值（对应的布拉格波长线性漂移），而且可以对空间位置进行准确定位（对应不同的布喇格波长）。足够多个光栅的排列即可形成连续的具有高水平的空间定位精度和高分辨率温度检测性能的光纤测温系统。

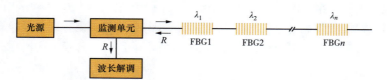

图 4-31　多点分布式光纤光栅监测系统原理

2. 光纤光栅解调技术

光纤光栅解调器主要用来解调光信号，通过检测光纤光栅传感器反射光谱，对波长进行解析，获取传感信息，实现信息的转换和传递。准确获取光纤光栅传感器波长信息直接关系到测量结果准确性，解调过程是将获取到的光纤光栅传感信号转换为电信号后再转换成数字信号，最后得到所需数据。光纤光栅解调技术主要包括光谱仪解调法、可调谐 F-P 滤波法、匹配光栅滤波法、边缘滤波法及干涉法。

（1）光谱仪解调法。光谱仪解调法通过直接测量光谱特性将波长显示出来，其由宽带光源发射出光波经过光环行器传输到栅区，栅区筛选出特定波长后将其反射回光谱仪。其组成结构简单，容易操作，但体积大，难以实现在线监测，因此一般用于实验室检测光栅光谱参数，不适用于工程实际监测。

（2）可调谐 F-P 滤波法。可调谐 F-P 滤波法具有扫描速度快，分辨率高、可调谐范围宽等优点，是使用最广泛的一种解调方法。可调谐 F-P 滤波法的关键设备是由两个具有

高反射率的物体组成的 F－P 滤波器谐振腔体，腔体相互平行，其中一个是固定不动，另外一个在外力的推动下发生移动来改变腔体间的距离。由宽带光源发射出光波，经过由电压控制的 F－P 谐振腔体后，由于多次反射和透射相干叠加，形成特定波长的光，经过光环行器传输到栅区，进而通过分析时间域光强信号获得光纤光栅光谱。

（3）匹配光栅滤波法。光栅匹配滤波法含有参考光栅，提前设定好参考光栅的中心波长范围，受压电陶瓷作用，参考光栅的反射波长在设定范围内不停变化，而此时受外界条件影响的传感光栅反射的中心波长产生一定的红移或蓝移，光电探测器会探测到不同的信号强度，当参考光栅与传感器反射的波长相同时，光电探测器检测到的最大信号强度。通过分析光强信号获得光纤光栅光谱。光栅匹配滤波法具有检测速度快、信噪比较高、操作简单以及抗干扰能力强等优点，但分辨率相对较低、波长监测范围较窄。

（4）边缘滤波法。边缘滤波法是一种通过光功率变化情况计算传感信息变化量的一种解调技术，利用光纤光栅中心波长的变化量与传感信号的功率改变量呈线性变化的关系实现解调。其解调过程是宽带光源发出的光经耦合器到达传感光栅后，反射回窄带光再经耦合器分成两路，一路流入边缘滤波器，另一路流入光电探测器，最后进入信号处理器做数据处理分析，最终输出由外界环境导致的物理参数变化量。边缘滤波法采用了较好的补偿措施，能够有效地消除光源波动和各处附加损耗对信号的影响，使后续的电子处理电路极为简单；能有效抑制噪声、提高信噪比，且系统反应迅速、成本较低、使用方便，适用于静态、动态检测。边缘滤波法的不足之处在于其系统的分辨率是由滤波器的滤波曲线斜率决定的，而滤波曲线的线性近似也会造成一定的误差，这就导致系统的分辨率相对其他解调系统不高，动态应变测量响应速度也不快。

（5）干涉法。干涉法的核心器件是由两个非等长的耦合器组成的非平衡干涉仪，基于变量转换思维，将测量波长变化量转换为测量相位差变化量，当测量的稳度发生变化时，传感光纤的中心波长产生的漂移会引起上述两个耦合器组成的干涉仪的相位发生变化，根据相位与波长之间的函数的关系，从而实现光纤光栅解调。干涉法具有检测灵敏度高、可用于动态监测，但是抗电磁干扰能力差、易受外界环境影响。

3. 光纤测温技术应用前景

光纤光栅测温法中，光纤光栅体积小、重量轻，它以波长作为温度的间接监测量，具有良好的抗干扰性和绝缘特性，在光纤光栅不封装的情况下，波长容易受到温度和应力的交叉影响，光纤光栅解调仪价格也偏高，高压开关柜内部触点多，结构复杂，光纤布线时走线弯折较多，导致光损耗增加，引起测量精度降低。

分布式光纤测温技术具有绝缘性能好、抗电磁干扰强、只对温度敏感、可实现大范围分布式测量等优点。但同时也存在空间分辨率不够高、无法分辨具体到测温点、光纤安装易弯折导致光损耗等缺点。目前，分布式光纤测温技术在开关柜内的应用尚不成熟。

4.5　断路器机械特性在线监测技术

高压断路器（以下简称断路器）是配电系统中最重要的电气设备之一，其运行的可靠性将直接影响到配电系统运行的可靠性。断路器的可靠性在很大程度上取决于其机械操作系统的可靠性。国际大电网会议对高压断路器的运行状态进行的两次普查以及国家电网公司运维检修部门的《高压开关设备典型故障案例汇编（2006—2010 年）》显示，在高压断路器的故障中，机械故障（包括操动机构和控制回路）占总体故障的 80% 以上。断路器由于机械原因所造成的事故无论是在次数上，还是在事故所造成的停电面积上都占据总量的 60% 以上。因此，制造产品出厂检验和用户检验试验，都把机械特性参数的测试作为重要的试验项目。随着断路器在网运行时间的增长，断路器操作机构的零部件磨损程度增大，机构配合可能发生变化，再加上其他偶发原因，有可能导致断路器操动机构的机械特性偏离规定的标准要求，极易造成断路器操作失败，严重影响配电系统的安全运行。因此，加强对高压断路器机械特性的在线监测对保证高压断路器的安全运行具有重要的现实意义。

4.5.1　断路器的机械特性参数

高压断路器的机械特性参数主要包括：合、分闸时间，合、分闸同期，触头行程、开距、超行程，刚合速度、刚分速度，合、分闸最大速度以及合、分闸平均速度等。

（1）合闸时间。指从接到合闸指令后到触头刚接触的时间间隔。

（2）分闸时间。指从接到分闸指令后到所有极触头均分离的时间间隔。

（3）开距。指处于分闸位置的开关装置的一极的触头间或任何与其相连的导电部件间的总的间距。

（4）行程。指合/分闸操作过程中，动触头从起始位置到最终稳定分/合闸位置的总位移。

（5）合闸速度。不同厂家定义方式不同，一般有绝对距离法、绝对时间法、行程百分比法 3 种定义方式，详见 4.5.4 节。

（6）分闸速度。类似于合闸速度。

（7）弹跳时间。在合闸过程中，由于动静触头接触后相互碰撞而反复弹跳，这段持续的时间为弹跳时间。

（8）同期性。指断路器的三相刚合/分时间差值的最大值。

4.5.2　断路器机械特性在线监测内容

1. 配电网断路器操动机构类型

目前，在 10kV 配电网系统中广泛应用断路器为真空断路器，其操动机构主要有弹簧储能操动机构和永磁操动机构。

（1）弹簧储能操动机构。弹簧储能操动机构是通过电动机驱动机构，对操动机构的分/合闸弹簧进行储能，从而为断路器的分合闸提供动力源，一旦断路器的分合闸脱扣器动作，结果将会触发操动机构分/合闸弹簧的释放，并通过一定的连杆机构，驱动动触头的分/合闸运动，进而实现断路器的分/合闸操作。

（2）永磁操动机构。永磁操动机构又分为单稳态永磁操动机构和双稳态永磁操动机构。在单稳态永磁操动机构中，在开关合闸位置（触头闭合），其合闸保持力是由永久磁铁提供，而在分闸位置则由分闸弹簧提供。合闸操作是通过为励磁线圈提供合闸电流，由此产生电磁吸力驱动机构合闸运动，并带动动触头作合闸运动。在此期间，机构释放弹簧被压缩而储能，从而为分闸操作准备动力源。

采用双稳态永磁操作机构的开关，无论开关在合闸位置还是分闸位置，其保持力均由永久磁铁提供，而合闸、分闸动作需要相应的励磁线圈励磁，由此产生的电磁吸力驱动机构执行相应的分/合闸运动。

2. 断路器机械特性在线监测方法

断路器机械特性在线监测包括多个方面的内容，其中最核心的是对断路器动触头运动特性的在线监测，此外还包括其他辅助性的在线监测内容。图 4 – 32 所示为断路器机械特性在线监测系统结构如图 4 – 32 所示。其中不同类型的传感器将检测与此相关的机械或电参数，再经过适当的信号处理，将其转换为能够被 MCU 或 DSP 控制单元所能采集的信号，并被控制单元采集，完成必要的数据处理及结果诊断，最后通过串口通道将结果数据传输给诊断终端。

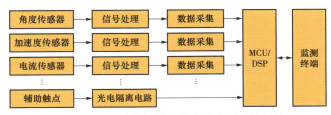

图 4 – 32　断路器机械特性在线监测系统结构

在线监测系统中包含多路电流检测通道，其具体监测内容可参见下列的检测参数。

（1）动触头位移（行程）的检测。分析上述断路器的机械特性参数定义可知，在监测时间参数的基础上，动触头位移的检测将是断路器机械特性监测的核心内容，比如，分/合闸速度特性参数，可以根据动触头的位移 – 时间特性，通过适当的运算获得。因此，断路器机械特性在线监测的一项核心任务是对动触头行程的在线监测。需要指出的是，这里的位移专指直线位移。

考虑到真空断路器触头系统被密封在真空灭弧室内部，工程上很难实现直接检测动触头的位移，通常只能通过检测动触头驱动机构某个连接件的位移，再通过相关的换算，间接地获取动触头的位移参数。这就要求合理的选择位移传感器及其安装位置，一方面不能对断路器操动机构产生影响，另一方面又必须确保所检测部件的位移与动触头位移具有可知的关系。考虑到流行的真空断路器结构特点，在实际应用中较难实现。除非操动机构是通过直线运动方式直接启动动触头运动的，在此情况下，可以选择直线位移传感器实现对被测部件位移的检测。

目前，常用的断路器操动机构采用四连杆机构，其中四连杆传动轴的旋转运动将驱动连杆运动，最终推动动触头连杆及动触头完成直线运动（位移）。由此可见，对动触头位移的检测可以通过检测操动机构转轴的转角检测来实现，即采用合适的角度传感器检测操动机构转轴的角度，再根据机构的机械参数计算出触头连杆及动触头的（直线）位移。

（2）断路器分/合闸线圈电流的监测。对于采用永磁操动机构的真空断路器而言，一般采用直流电磁铁作为操动机构的动力源。当分/合闸线圈中通过励磁电流时，将在电磁铁的磁路中感应出磁场，进而在磁极处产生电磁吸力，该电磁吸力作用于动铁芯，使其发生相应的运动，并启动动触头运动，进而完成断路器的分/合闸操作。从能量角度看，电磁铁的作用是把来自电源的电能转化为磁能，并通过动铁心的动作，再转换成机械功输出。根据能量守恒原理，电磁铁励磁线圈的电能与电磁铁动铁心运动做功所完成的机械能存在相关性。因此，通过监测电磁操动机构（包括永磁操动机构）分/合闸线圈的电流，在一定程度上可以实现对电磁铁动铁心运动特性做出分析与诊断，特别是当操动机构存在机械故障时，分/合闸线圈中的励磁电流特性曲线将偏离正常情况下的典型曲线类型，由此可以诊断出可能的机械故障信息。

工程上，通常采用补偿式霍尔电流传感器监测断路器分/合闸线圈信号。对电磁铁励磁线圈电流的监测主要是提取事件发生的相对时刻，根据时间间隔来判断故障征兆，对于诊断拒动和误动故障很有效。

注意：上述方法也适用于弹簧储能操动机构，只不过所监测的目标变为操动机构脱扣器的运动特性。

（3）机械振动信号监测。断路器操动机构动作过程中所产生的机械振动信息也可以作为诊断断路器操动机构机械特性的辅助手段。对断路器动作过程中的机械振动检测可采用固定在连杆上的压电式加速度传感器，以获取分辨率高的振动信号。压电式振动传感器输出电荷量，易受外界的干扰，因而在输出时与电荷/电压变换电路之间要采用同轴电缆，以屏蔽外界干扰。对振动的检测，也可采用非接触形式的光学振动传感器。

（4）辅助开关位置转换信号监测。辅助开关位置转换信号监测可以用来监视真空断路器的实际位置状态。通常采用中断的方式，将辅助开关的常闭或常开辅助触点接于带有中断功能的微处理器引脚，利用辅助触点产生中断指令获取辅助触点的位置信息。实际应用中，为了提高信号采集装置的可靠性，通常在辅助开关的输入回路中一次接点与采集电子器件之间使用光电耦合隔离器件，以实现信号采集装置与辅助开关回路的电气隔离。

（5）主回路相电流信号的测量。通过监测主回路相电流信号，可以检测断路器的三相刚合/分时间差值，进而对断路器三相动触头的同步性做出诊断。

（6）弹簧操动机构储能电动机工作电流监测。对于采用弹簧操动机构的断路器而言，断路器分/合闸操作的驱动动力源来自分/合闸储能弹簧。分/合闸弹簧的储能是通过储能电动机驱动、将电能转换为机械能而获得的，如果这种储能操作出现异常，分/合闸弹簧没有获得足够的储能，则会严重影响断路器的分/合闸操作。因此，可以通过监测储能电动机工作电流，来监测弹簧储能操作是否正常，以便能够及时发现弹簧操动机构储能操作异常情况，及时采取相应措施，避免由于断路器无法正常工作而造成事故的发生。

4.5.3 采用角度传感器的断路器操动机构机械特性在线监测

如上所述，断路器机械特性在线监测的一项最重要工作是对断路器动触头位移—时间特性的检测，考虑到真空断路器的结构特点，主要是通过采用合适的角度传感器检测操动机构转轴的角度，再根据机构的机械参数计算出触头连杆及动触头的（直线）位移。因此，选择合适的角度传感器对于断路器机械特性在线监测至关重要。

目前，常见的角度传感器根据信号采集原理分类主要有霍尔式、磁阻式、电容式、电感式几种类型。工程上，常用的角度传感器是按一定编码方式输出与角度参数相关的脉冲信号，因此，通常这种角度传感器又被称之为（旋转）编码器。从检测原理不同的角度进行考虑，可分为磁编码器、光电编码器等。光电编码器可按照信号输出方式的不同分为增量式和绝对式，磁编码器可按照磁敏感元件的不同分为磁敏电阻式和霍尔式。

1. 光电编码器

光电编码器主要是根据光电效应而设计的，可以有效地将位置信息转化成相对应的数字信号或者脉冲信号。光电编码器主要用来测量角度位置以及速度。光电编码器是市面上应用最广泛的传感器之一，其主要结构包含光电检测装置和光栅盘（码盘），其中码盘和被测对象是同轴转动的，当被测物旋转时，会同步带动编码器的光栅旋转，当光源通过光栅时被光敏元件接收，会输出一定的脉冲信号，因而脉冲的数量直接反映出被测对象的转速。

2. 磁编码器

磁编码器是一种采用磁敏感元件来检测位置变化的传感器装置。

（1）磁编码器组成及其工作原理。磁编码器主要是由磁码盘、磁敏传感器（磁敏元件）、信号处理和数据处理等部分组成，其原理结构如图4-33所示。其中磁码盘是能够以转轴为中心旋转的磁栅圆盘，磁码盘转轴固定在被测对象的转轴上，因此，将随着被测对象的转动而转动，从而磁栅产生周期性变化的磁场。磁敏传感器固定在距磁栅一定距离处，不随着被测对象的转动而转动，从而会感应到磁栅的磁场的周期性变化，并产生周期性变化的正余弦电压。信号处理电路部分对周期性变化的电压进行放大细分处理，并利用解算算法进行角度解算，从而得到磁编码的角度位置信息。

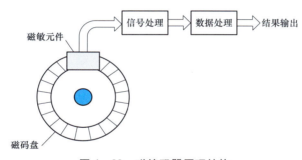

图4-33 磁编码器原理结构

1）磁栅。磁栅是磁编码器的最核心部分，多极对式环形磁栅磁栅由均匀分布的多组磁极对组成，一个磁极对包含一个N极磁极和一个S极磁极。多个N-S磁极对均匀分布形成一条磁栅。当磁栅绕轴转动时，磁极对轮流处于磁敏元件的正下方，磁敏感元件感应磁极对的电场周期性变化，并随着生成周期性变化的正弦信号。

2）磁敏传感器。磁敏传感器是磁编码器核心元件之一，较为常见的磁敏传感器有：①霍尔（Hall）传感器；②巨磁阻（Giant Magneto Resistance，GMR）传感器；③各向异性磁阻（Anisotropic Magnetoresistive Sensor，AMR）传感器；④隧道磁阻（Anisotropic Magneto Resistance，TMR）传感器。其中霍尔传感器是基于霍尔效应工作的磁敏传感器；GMR传感器是基于巨磁阻效应工作的磁敏传感器，即磁性材料的电阻率会随着材料的磁化状态的改变而改变，这个值大约比各向异性磁阻效应大一个数量级。AMR传感器是一种利用强磁合金薄膜材料中的磁敏电阻各向异性效应而制成的磁敏传感器，所谓的磁敏电阻各向异性效应是指在磁化方向上，磁合金薄膜材料导电电阻变大，而在垂直磁化方向上，导电电阻减小；TMR传感器基于磁性隧道结（Magnetic Tunneling Junctions，MTJ）在外磁场的控制下，磁性材料电阻进行切换的磁阻效应而构建的磁敏传感器。

3）磁敏元件。磁敏元件性能指标直接关系到磁编码器的性能，也是选择磁编码器类型的一项关键指标。常用磁编码器传感磁敏元件参数对比见表 4-2。

表 4-2 常用磁编码器传感磁敏元件参数对比

参数	Hall	AMR	GMR	TMR
功耗（mA）	5~20	1~10	1~10	0，001~0，01
尺寸（mm）	1×1	1×1	2×2	0.5×0.5
工作范围（Oc）	1~1000	0.001~10	0.1~30	0.001~200
分辨率（mOc）	500	0.1	2	0.1
响应时间（ns）	>1000	10	10	10
灵敏度（mV/V/Oc）	0.05	1	3	20
温度特性（℃）	<150	<150	<150	<200
温度漂移（PPM/K）	3000	3000	3000	3000

（2）磁编码器的分类。除了采用霍尔传感器的霍尔式磁编码器之外，其他 3 种磁敏传感器所构成的磁编码器均属于磁敏电阻式磁编码器。

1）霍尔式磁编码器。霍尔磁电编码器主要是利用霍尔元件来实现对磁场的采集，从而获得相应的位置和角度信息。输出的电压值会随着磁场位置或者角度的变化而相应地发生变化，通过微处理器对电压信号进行处理，然后输出相应的模拟量或者数字量，最终得到对应的测量结果。

2）磁敏电阻式磁编码器。磁阻效应是指某些材料的电阻值会随着磁场的变化而变化。磁阻编码器主要由永磁磁鼓，磁阻传感器和信号处理电路所组成。当被测物体旋转时，会带动编码器的磁鼓同步转动，进而使磁鼓外部的磁场发生规律性变化。磁敏电阻的阻值会随着磁场强度的变化而变化。阻值的改变会导致磁阻传感器输出电压的改变。最后将传感器的输出电压经过信号处理电路的处理，可以得到一定的脉冲信号，脉冲信号直接反映出物体转动的角度位置信息。

（3）磁编码器的优点。磁编码器主要是利用磁敏感元件来实现对变化磁场的采集，进而获得相应的位置和角度信息。同光电编码器相比较，磁编码器的可靠性更高、更耐污染、更抗震、结构更简单，但若是原始信号质量很差或者信号处理的方式不恰当，则会大大地影响其精度和分辨率。所以需要保证磁场的优良和稳定，然后经过严格的信号处理和准确的误差补偿来保证精度。磁编码器具有光电编码器所没有的如下优点。

1）采用具有高频特性的磁敏电阻，磁编码器响应速度快（可达 500~700kHz）。

2）耐环境性能好，不怕油、灰尘，可在气温变化激烈的地方使用，可靠性高。

3）由于不用发光二极管，所以使用寿命长，耗电少。

4）基本部件少，结构简单，适于大规模生产，价格便宜。

5）耐振动性、抗冲击性好。

3. 角度解析算法

由磁编码器原理可知，处于磁栅磁场中的磁敏传感器将输出与磁栅位置（角度）相关的模拟电压信号，经过信号调理电路后，输出两路相差为90°的正弦信号。在此基础上，再通过合适的角度解析算法对这两个信号进行角度解算，进而可获取磁编码器的角度数据。常用的角度求解方法有查表法、反正切算法和坐标旋转数字计算（Coordinate Rotation Digital Computer，CORDIC）算法等。

（1）查表法。查表法是应用比较多的一种求解角度的算法，其实质是通过将 AD 采样数据与角度数据进行一一映射，然后建表放置在控制器的内存中。之后，可以针对 AD 采样数据在数据表中查询，最终确定待求的角度数据。查表法计算量较小，但需要建立数据表，并进行表查询。当磁编码器分辨率要求较高的情况下，利用查表法将会消耗大量的存储单元，并且该算法对磁栅的质量和信号的准确度要求非常苛刻。

（2）反正切算法。反正切算法是一种通过计算反正切函数值而求得角度位置的角度解算法。磁敏感元件输出的两路正交正余弦信号，然后利用反正切函数计算出角度值，即

$$\theta = \arctan \frac{\sin x}{\cos x} \qquad\qquad (4-28)$$

式中 θ ——磁编码器旋转角度；

$\sin x$、$\cos x$ ——分别为磁敏感元件输出的两路正交正余弦信号。

反正切算法原理比较简单，但需要做反正切函数运算，这对控制器配置提出了较苛刻的要求。并且，由于正切函数的特性所决定，反正切算法无法直接获取 90°的角度数据。

（3）CORDIC 算法。CORDIC 算法主要用于三角函数、双曲线、指数、对数的计算。该算法通过基本的加和移位运算代替乘法运算，使得矢量的旋转和定向的计算不再需要三角函数、乘法、开方、反三角、指数等函数。利用 CORDIC 算法可以将反正切函数运算转换为一系列简单的加法和数据位移运算，非常适合在 MCU、DSP、FPGA 等场景中应用。

4. 磁编码器输出数据处理

基于上述角度解析算法，可以获得与动触头（或动触头推杆）的位移具有函数关系的转轴角度值，为了计算出动触头（或动触头推杆）的位移参数，首先需要确定二者的关系函数。通常情况下，动触头（或动触头推杆）的位移关于转轴角度的函数关系是由操动机构的结构构成及其参数所决定的。换言之，针对给定的操动机构，可以通过结构的结构参数推出反映位移－角度关系的函数关系。此外，习惯上通常将采用动触头的行程来表示位移，由此可以获取动触头的行程－时间关系函数（关系曲线）。

注意： 由于动触头的行程－时间关系函数与操动机构的结构参数有关。因此，不同型号、不同结构及其参数的操动机构具有不同的动触头的行程－时间关系函数，即使是同一个操动机构，如果其结构参数发生了改变，则动触头的行程－时间关系函数也将改变，需要重新确定。

动触头的行程－时间关系函数也可以通过相关的实验标定而获取，如此所得到的行程－时间关系函数通常呈现为隐式、离散函数形式。

4.5.4 机械特性的测量方法

对断路器特性参数的计算需要客观准确，根据断路器机械特性参数的定义，确定相关特性参数，系统需要测试与转换的量包括时间量、位移量、速度量等。首先确定各动作时刻在相应合、分闸操作时间序列中的相对位置，以便确定时间参量；然后再配合各序列点位移量

确定相应的位移参量，在通过位移量与时间量的配合即可计算出速度参量。

1. 时间参数测量方法

断路器机械特性的时间参数主要包括合闸时间、分闸时间、弹跳时间、不同期性等。如果在线监测项目中包括分/合闸回路信号、主回路三相电流信号等，可以依据上述时间参数的定义，通过相关信号求取其参数值。为此，首先需要确定断路器动静触头刚分、刚合换位时间点。

比如，合闸时间可以按式（4-29）计算，即

$$T_{h} = (N_2 - N_1)T \tag{4-29}$$

式中　　T_h——合闸时间；

N_1——线圈开始通电的采样序列号；

N_2——最后一相触头接触点的采样系列号；

T——AD 采样周期。

以此类推，分闸时间、弹跳时间、不同期性等与时间相关的特性参数，都是通过分析相关信息，提取特征点，计算时间间隔。

2. 速度参数的计算方法

在断路器的合/分闸过程中，任一点瞬时速度都可通过捕获全程中任一行程位置点对应的时刻来确定。其中，刚合、分速度对反应断路器的开断性能起决定性作用，根据不同厂商的规定，一般有绝对距离法、绝对时间法及行程百分比法 3 种定义方式。

（1）绝对距离法。是指合闸前/分闸后 6mm 的平均速度。

（2）绝对时间法。是指合闸前/分闸后 10ms 的平均速度。

（3）行程百分比法。是指刚合/分点到总行程 60% 位置的平均速度。

3. 触头刚分刚合点

对于断路器运动特性在线监测中，通过所测取的动触头行程－时间关系曲线，可以确定感兴趣的特性参数，如触头的刚分速度等。为此，需要能够在动触头行程－时间关系曲线中找出触头刚分、刚合点。

事实上，在断路器合闸过程中，动触头在刚合时刻时具有最大的运动速度。此后，由于动触头已经与静触头相接触，在触头弹簧力的作用下将作减速运动，直至合闸运动终止。因此，通过确定动触头合闸动作的最高速度时刻，即可确定触头刚合点。

触头刚分点的确定则需要考虑动触头在分闸时具有局部最大加速度，而且其速度并未达到最大值。

4. 基于小波变换模极大值刚分刚合时刻确定

如上所述，在触头刚分刚合点时刻，动触头的运动速度将发生一定程度上的突变，因此，可以通过确定动触头运动速度的突变时刻（即突变点）来确定触头刚分刚合时刻。动触头运动速度的突变点可以理解为速度曲线的奇异点，而小波变换算法适合对信号奇异点判定，即利用小波变换模极大值点检测信号的奇异点。

事实上，小波母函数具有平滑函数一阶导数和二阶导数的特点，而信号小波变换模的局部极大值点和过零点对应信号的突变点。因此，可以对信号进行小波变换处理，通过找寻小波变换重构信号的过零点或局部极值点，进而判断信号的突变。

第5章 基于Web的开关设备数据可视化技术

如前所述，智能化 KYN 开关设备（开关柜）最显著的特征是其配置了多种类型传感器（变换器），从而实现对开关柜运行状态的在线监测，由此所获得的大量开关柜运行状态参数可以被用来诊断或评估开关柜的运行状态，进而可以为制定开关柜的运维计划方案提供坚实的数据支撑。然而，由于智能化 KYN 开关柜所实现的在线监测参数众多，数据量相对较大。因此，如何能够快速有效地将开关柜运行状态数据传送到控制平台，以及如何能够从这些庞大而繁杂的数据中提取能够反映开关柜运行状态信息并能够以直观明了、易于理解的方式加以展示，得到了越来越广泛的关注。开关柜数据可视化技术主要包括开关柜相关数据（重点为在线监测数据）的采集与传输、数据与挖掘以及信息展示等相关技术。

5.1 Web 开发技术

基于 Web 的开关柜数据可视化应用是一种借助于互联网的 Web 服务技术。事实上，所谓的 Web 服务是组件技术在 Internet 中的延伸，是一个可以远程调用的类或组件。从另一个角度理解，可以将 Web 服务视为一些工作单元，每个单元处理特定的功能任务以及相关的数据。可以将这些任务组合成面向业务的任务，以处理特定的业务操作任务，从而使非技术人员去考虑一些应用程序，这些应用程序可以在 Web 服务应用程序工作流中一起处理业务问题。由此可见，Web 服务是基于互联网的一种新型软件开发模式，在该模式下，传统的软件功能模块不再以函数方式提供以实现二进制代码级的重用，而是被封装成 Web 服务，实现业务级的重用和集成，业务所需数据被封装在 Web 服务中，而无须在具体的各调用模块中复制同样的数据，使系统的维护更加简单。

5.1.1 Web 服务模式

Web 的出现使得一种围绕 Web 服务的计算模式成为当前计算机应用的主流模式，并使得软件开发、软件应用、应用集成方式等方面发生了重大改变。目前计算应用服务主要有主机集中模式、用户/服务器（Client/Serven，C/S）模式、浏览器/服务器（Browser/Server，B/S）模式 3 种。

1. 主机集中模式

大型主机通常是一台计算功能强大的计算机，众多远程用户终端本身没有任何计算能力。在主机集中模式下，所有的处理过程（包括程序的运行、访问数据、打印等）都是终端用户共享大型主机 CPU 资源和数据库存储功能来完成的。若在线用户变多，或者数据库的数据累计量变大，导致主机负担过重，则系统的伸缩性变小；若想改善整体运行效率，必须扩充内存或升级主机，这样就增加了设备费用。并且，由于采用主机集中，无疑也集中了设备故障的危险性，致使系统可靠性变差。

2. C/S 模式

在 C/S 系统中，应用程序分为服务器部分和用户部分两大部分。服务器部分是由多个用户共享的信息与功能，此部分称为服务器部分。服务器主要负责执行后台服务，如管理共享外设、控制对共享数据库的操纵、接受并应答用户机的请求等。用户部分是为每个用户所专用，负责执行前台功能，如管理用户接口、报告请求等。这种体系结构由多台计算机分别执行，能使服务器部分和有机地结合在一起，协同完成整个系统的应用，从而达到系统中软、硬件资源最大限度地利用。

C/S 模式的基本运行关系体现为"请求/响应"的应答模式。当用户需要访问服务器时，由用户机发出"请求"，服务器接受"请求"并"响应"，然后执行相应的服务，将执行结果送回给用户机，由它进一步处理后再提交给用户。

由于 C/S 模式被设计成两层模式，显示逻辑和事务处理逻辑部分均被放在用户端，数据处理逻辑和数据库放在服务器端，从而使用户端变得很"胖"，而服务器端的任务则相对较轻。

C/S 模式为实现信息共享起到举足轻重的作用，但随着应用规模的日益扩大，应用程序复杂程度的不断提高，传统的 C/S 结构也暴露出如下问题。

（1）系统软件和应用软件变得越来越复杂，这不仅给应用软件实现带来困难，还给软件维护造成不便。

（2）随着用户需求的改变，用户端应用软件可能需要增加新的功能或修改用户界面，那么该软件的应用范围越广，软件维护的开销也就越大。

（3）C/S 结构所采用的软件产品大都缺乏开放的标准，一般不能跨平台运行。当把 C/S 结构的软件应用于广域网时就暴露出更大的不足。

3. B/S 模式

B/S 模式可以视为 C/S 模式的扩展，其采用了 Browser/WebServer/DataBaseServer 组成了浏览器、Web 服务器和后台服务器的 3 层计算模式，其架构如图 5 – 1 所示。

图 5 – 1　B/S 模式架构

在 B/S 模式的 3 层架构中，第一层为用户端表示层，用户层只保留一个 Web 浏览器工具软件，不存放任何与业务相关的应用程序；第二层是应用服务器层，由一台或多台 Web 服务器组成，所有的业务逻辑都在应用层实现，对于不同人员的功能和权限分配，可以通过用户角色和权限分配来管理；第三层是数据中心层，安装数据库服务器，负责整个应用中的数据管理。

B/S 模式提供了一个跨平台的简单一致的应用环境，与传统的信息管理系统相比，实现了开发环境与应用环境的分离，使开发环境独立于用户的应用环境，这样不仅降低了开发者的工作量，减少了工作时间，节约了成本，同时在性能方面更优。今天的浏览器更是功能齐全的软件套件，可以解释和显示 HTML 网页、应用程序、JavaScript、AJAX 和其他承载在

Web 服务器上的内容。许多浏览器还提供插件，扩展软件的功能，使其能够显示多媒体信息（包括声音和视频），或者浏览器可以用来执行诸如视频会议、设计网页或向浏览器添加反钓鱼过滤器和其他安全特性等任务。

与 C/S 模式相比较，B/S 模式具有如下优点。

（1）相较于 C/S 模式的"胖"用户端，BS 模式的用户端只需要安装 Web 浏览器，无须安装不同的应用软件，属于"瘦"用户结构，系统维护简单。

（2）应用逻辑集中在 Web 服务器，具有集中管理的优势，同时 Web 程序具有更好的开放性。

（3）运行在互联网上，用户可以在任何地点访问系统，突破了局域网的限制。

（4）易于维护和升级。在传统的 C/S 模式中，服务器端应用程序和客户端应用程序需要同时升级才可以完成整个系统的升级。一旦需求功能发生变化，需要将每一个用户计算机上的用户端应用程序升级，当用户端量较大时，系统的维护性差，同时降低了系统的稳定性。在 B/S 模式下，系统的维护和升级不需要用户端的参与，只需在服务器端进行。降低了系统的维护费用和升级风险。

5.1.2　浏览器与客户端脚本程序

在互联网中，Web 浏览器是一种专门用于网页浏览的程序。用户在浏览器地址栏中输入网址，或在某个网页上单击一个超链接时，浏览器将和相应的 Web 服务器建立联系，发送网址给服务器，服务器将网页文件发送给用户浏览器，文件在浏览器中打开并显示。浏览器在对网页内容进行显示的同时，如果遇到用户端脚本程序，浏览器则执行所谓的用户端脚本程序。这里的用户端脚本程序是指在用户浏览器中运行的程序。事实上，用户端脚本程序不需要事先编译，如果浏览器从服务器上下载的网页中包含用户端脚本程序，浏览器将对脚本程序代码进行解释执行。浏览器之所以能够解释执行网页中的用户端脚本程序，是因为浏览器中内置了脚本引擎模块，从而可以对 HTML 文档中的脚本程序进行分析识别、解释并执行。

1. 用户端脚本程序与脚本引擎

用户端脚本程序通常是用脚本程序语言书写的，脚本程序语言和传统的编译型程序设计语言（如 C/C＋＋、Java 等）相比，在语法结构上类似，最大的不同是脚本程序不需要编译、连接过程，即不生成在操作系统下运行的可执行文件，而是直接在浏览器中，被浏览器解释执行。在解释执行过程中，如果程序存在错误，浏览器即停止程序的执行，并在浏览器窗口的状态栏中显示"网页存在错误"的提示。

由于安全方面的原因，在浏览器设置中，可以使浏览器禁止脚本程序的运行。比如，在 IE 浏览器的"Internet 选项"对话框中，包含"安全"选项卡，打开"自定义级别"，在安全设置列表中，可以在"活动脚本"中选择"禁用""启用"或"提示"。如果选择"禁用"，则浏览器在打开网页时将不执行网页中的用户端脚本程序。

2. 脚本语言的组成

在 ECMAScript 标准中，规定了脚本语言的基本组成，包括以下 3 个部分。

（1）语言语法和基本对象。这是一门程序设计语言的基本组成部分，包括语法、类型、语句、关键字、保留字、运算符、内置对象等。

（2）文档对象模型（DOM），描述处理网页内容的方法和接口。对于网页中的每一个标记，浏览器都为其在内存中创建一个对象，通过 DOM 编程来实现对网页的交互控制。

（3）浏览器对象模型（BOM），描述与浏览器进行交互的方法和接口，实现在客户端脚本程序中对浏览器的访问和控制。

注意：ECMAScript 不与任何具体浏览器绑定，它只是描述了有关脚本程序语言所具有的通用属性，这些具体内容需要由具体的浏览器实现。

目前，在 Web 浏览器中，主要的客户端脚本语言有 JavaScript 和 JScript，其中，JavaScript 是最早的客户端脚本语言，是浏览器默认的脚本程序语言。不同的浏览器对脚本语言的实现不完全一样，这就导致同样的网页在不同的浏览器中打开的效果可能不同，

3. 脚本程序

根据 HTML 规范，在网页中书写脚本程序，脚本程序应该书写在 < script > … < /script > 标记对内。在网页中包含脚本程序的一般形式如下。

```
< script type = "    " >
      语句部分
< /script >
```

Script 标记包括一个必选属性 type 和若干可选属性。必选属性 type 规定脚本的多用途互联网邮件扩展类型（Multipurpose Internet Mail Extensions，MIME），它是设定某种扩展名的文件用一种应用程序来打开的方式类型，当该扩展名文件被访问的时候，浏览器会自动使用指定应用程序来打开，多用于指定一些客户端自定义的文件名，以及一些媒体文件打开方式。对于 JavaScript 来讲，其 MIME 类型为 "text/javascript"。

Script 标记还包括若干可选属性，比如：language 属性（用于设定脚本程序语言，也可以包含版本号，一般不设，由 type 属性设定）、src 属性（外部脚本文件 URL）、charset 属性（外部脚本文件中使用的字符编码）、defer 属性（是否对脚本执行进行延迟，直到页面加载为止）等。

与传统的程序设计一样，在 JavaScript 编程中，也可以将一些公用的函数保存为独立的文件（扩展名为 . js），然后在其他网页的头部（ < head > < /head > ），把其他 JavaScript 文件包含进来，一般形式如下：

```
< script src = "脚本文件 url" > < /script >
```

脚本程序可以出现在网页的头部，也可以出现在网页的文档体中。出现在文档头部的脚本程序通常是一些函数，这些函数只有在显式地调用时才被执行。

5.1.3 Web 开发技术

Web 是一种典型的分布式应用结构。Web 应用中的信息交换与传输都要涉及客户端和服务器端。因此，Web 开发技术分为客户端开发技术（又名 "Web 前端开发技术"）和服务器端开发技术两大类。

1. 客户端开发技术

Web 前端（客户端）的主要任务是信息内容的呈现和用户界面（User Interface，UI）设计。Web 前端开发技术主要包括 HTML、XML、CSS、JavaScript、DOM、BOM、AJAX、jQuery 及其他插件技术。

（1）超文本标记语言（Hypertext Markup Language，HTML）。HTML 是一种标记语言，而不是编程语言。HTML 文件包含了文档数据和显示样式两部分，其中文档数据是显示在 Web 浏览器中的数据内容，显示样式则规定了这些内容在浏览器中以何种格式、样子呈现给用户。通过统一使用支持 HTML 的浏览软件，用户可以在任意异构的网络环境中，阅读同一个文件，得到相同的显示结果，并可以对文件进行跳跃式阅读，展现了很强的表现力。由此可见，HTML 提供了 Web 页面的结构，或者说 HTML 使用标记来描述网页，其中包括：标题、副标题、段落、无序列表、定义列表、表格、表单等网页内容。

HTML 是标准通用标记语言（Standard Generalized Markup Language，SGML）下的一个应用（也称为一个子集），也是一种标准规范，它通过标记符号来标记要显示的网页中的各个部分。而 SGML 是一种定义电子文档结构和描述其内容的国际标准语言，是所有电子文档标记语言的起源。

（2）可扩展标记语言（extensible Markup Language，XML）。采用 HTML 技术可以实现数据的显示。然而，对互联网数据的挖掘利用却遇到了重要的难题，因为 HTML 数据是没有语义的。比如，人们使用搜索引擎搜索信息，主要还是靠关键词搜索，这种依赖字符串匹配进行的搜索导致的结果就是查全率高而查准率很低，搜索得到的信息是不准确的。为了解决文档的语义问题，XML 概念出现了。虽然 XML 和 HTML 都称为标记语言，但 XML 和 HTML 的定位完全不同，HTML 标记的是内容的展示形式，XML 则是对内容做的语义标记，其目的是数据的组织和使用，是为计算机应用系统之间进行跨平台数据交换的重要手段。HTML 是一种数据展示技术，它对内容加以标记，使得内容以特定的方式在 Web 浏览器中显示。但是，XML 的基本动机则是对数据结构的表达，实现内容和内容展示的分离，其追求的目标是 XML 文档的结构良好以及内容的有效性约束。XML 文档内容的显示需要其他相应的 XML 规范，如 XML 扩展样式语言 XSL 等。

（3）层叠样式表（Cascading Style Sheet，CSS）。在 HTML 中，大多数标记都包含了默认的显示样式，默认显示样式定义了所标记内容在浏览器中默认的布局和显示外观。同时，HTML 还提供修改标记默认显示样式的手段，这就是设置标记的属性值，但是这种修改是有限的。如果要对标记的显示做详细的定制，通过修改标记属性的方法并不理想，因为这需要设置更多的标记属性。随着 HTML 的成长，为了满足页面设计者的要求，HTML 不断地添加新的显示功能，如标记属性。但是，随着这些功能的增加，使得 HTML 变得越来越杂乱，HTML 页面越来越胶肿。在这样的情况下，催生了 CSS 概念的产生和发展。

在设计 Web 网页时采用 CSS 技术，可以有效地对页面的布局、字体、颜色、背景和其他效果实现更加精确地控制。只要对相应的代码做一些简单的修改，就可以改变同一页面的不同部分，或者同一个网站的不同页面的外观和格式。采用 CSS 技术是为了解决网页内容与表现分离的问题。

CSS 语言是一种标记语言，不需要编译，属于浏览器解释型语言，可以直接由浏览器解释执行。CSS 标准由 W3C 的 CSS 工作组制定和维护。

（4）JavaScript。在为数不多的客户端脚本语言中，JavaScript 脚本语言是使用最为广泛的客户端脚本程序设计语言，得到了所有浏览器的支持，是各种浏览器首选的默认脚本程序语言。与传统的 C/C++、Java 等程序设计语言不同，作为脚本语言，JavaScript 具有以下特点：①是一种弱类型的语言，对使用的数据类型未做出严格要求，语法类似 C/C＋＋ 和 Java 语言，语言简单；②是一种基于对象的脚本语言，它不仅可以创建对象，还定义了一系列内置对象。③采用事件驱动方式，使客户端具有强大的编程能力；④因为 JavaScript 脚本程序在浏览器中执行，所以不依赖于操作系统，具有跨平台性和良好的兼容性。

在 HTML 基础上，使用 JavaScript 可以开发交互式 Web 页面。JavaScript 的出现使得网页和用户之间实现了一种实时性的、动态的、交互性的关系，使网页包含更多活跃元素和更加精彩的内容。这也是 JavaScript 与 HTML DOM 共同构成 Web 网页的行为。

JavaScript 是一种基于对象和事件驱动并具有相对安全性的客户端脚本语言。同时也是一种广泛用于客户端 Web 开发的脚本语言，常用来给 HTML 网页添加动态的功能，例如响应用户的各种操作。

一个完整的 JavaScript 实现由核心（ECMA Script）、文档对象模型（Document Object Model，DOM）及浏览器对象模型（Browser Object Model，BOM）3 个不同部分组成。

（5）文档对象模型（Document Object Model，DOM）。当浏览器打开一个网页时，不管是 HTML 还是 XML 文档，浏览器在显示文档的同时，浏览器中的 JavaScript 运行时引擎同时还为每一个元素在内存中创建一个内存对象，称为文档对象。在 JavaScript 中，文档对象构成了网页的编程接口，通过对这些可访问的内存对象进行编程，从而实现对网页中元素及其属性的访问和修改，增强网页的交互功能。文档对象（Document Object）是浏览器在打开网页的过程中，对每一个元素在内存中创建的对象，它封装了网页元素的属性和方法。对应网页元素的层次结构，文档对象也形成一种对应的层次关系，以树状结构组织，构成一棵文档树。为了更好地规范文档对象编程，W3C 发布了 DOM 规范，以解决不同的浏览器厂商在脚本语言实现中的冲突和标准化问题。DOM 为 Web 应用的前端开发提供了一套标准方法，遵循 DOM 规范，用户端脚本程序将具有更好的兼容性，从而保证网页在不同浏览器中的显示更加一致。由此可见，HTML DOM 是一种与浏览器、平台语言无关的接口，使得用户可以访问页面上其他的标准组件。DOM 与 JavaSeript 结合起来实现了 Web 网页的行为与结构的分离。DOM 为 Web 设计师和开发者提供了一个处理 HTML 或 XML 文档标准的方法，方便访问站点中的数据、脚本和表现层对象。

借助于 JavaScript 可以重构整个 HTML 文档，可以添加、移除、改变或重排页面上的元素。JavaScript 需要获得对 HTML 文档中所有元素进行访问的入口，这个入口连同对 HTML 元素进行添加、移动、改变或移除的方法和属性，都是通过文档对象模型 DOM 来获得的，HTML DOM 定义了访问和操作 HTML 文档的标准方法。

（6）浏览器对象模型（Browser Object Model，BOM）。所谓 BOM，就是当用户打开浏览器时，浏览器中的 JavaScript 运行时引擎将在内存中自动创建一组对象，用于对浏览器及 HTML 文档对象模型中数据的访问和操作。因为这些对象是和浏览器本身紧密相关的，故称为浏览器对象。由此可见，浏览器对象模型定义了 JavaScript 可以进行操作的浏览器的各个功能部件的接口，提供访问文档各个功能部件（如窗口本身、屏幕功能部件、浏览历史记录等）的途径以及操作方法。

使用 BOM，开发者可以移动窗口、改变状态栏中的文本以及执行其他与页面内容不直接相关的动作。由于没有相关的 BOM 标准，每种浏览器都有自己的 BOM 实现的方法。有一些事实上的标准，如具有一个窗口对象和一个导航对象，不过每种浏览器都可以为这些对象或其他对象定义自己的属性和方法。

BOM 主要处理浏览器窗口和框架，不过通常浏览器特定的 JavaScript 扩展都被看作 BOM 的一部分。这些扩展包括：①弹出新的浏览器窗口；②移动、关闭浏览器窗口以及调整窗口大小；③提供 Web 浏览器详细信息的定位对象；④提供用户屏幕分辨率详细信息的屏幕对象；⑤对 cookie 的支持。

常见的 BOM 对象有 Window（窗口）对象、Navigator（浏览器）对象、Screen（显示屏）对象、History 对象、Location（地址）对象等。

（7）异步 Javascript 和 XMLJ（Asynchronous Javascript and XML，AJAX）。在 Web 系统中，前端和后端的交互是通过提交表单完成的。当提交表单后，客户端表单数据被发送到服务端，由服务端程序进行处理，并返回处理结果，在客户端显示。这个过程是在 form 元素中设定的，其 action 属性指定了接收客户端数据的服务端程序页面，target 属性则指定了服务端程序输出的显示窗口，这些输出被发送到客户端指定的窗口显示。

在两个页面的交互中，传统的服务端输出的目标窗口通常是当前窗口，即覆盖客户端页面，当然也可以指定其他的输出窗口。有时候，我们不能覆盖客户端的整个窗口，而需要仅仅更新客户端页面的局部，AJAX 技术就是为此目标而设计的，它广泛应用于许多需要实时刷新页面局部的应用中。

AJAX 是多种技术的综合，它使用 XHTML 和 CSS 标准化呈现，使用 DOM 实现动态显示和交互，使用 XML 和 XSTL 进行数据交换与处理，使用 XMLHttpRequest 对象进行异步数据读取，使用 JavaScript 绑定和处理所有数据。更重要的是它打破了使用页面重载的惯例技术组合，可以说 AJAX 已成为 Web 开发的重要武器。

传统的网页（不使用 AJAX）如果需要更新内容，必须重载整个网页页面，而使用 AJAX 则可以部分更新网页内容。通过 AJAX，可以使用 JavaScript 的 XMLHttpRequest 对象来直接与服务器进行通信，不再需要重载页面与 Web 服务器交换数据。AJAX 在浏览器与 Web 服务器之间使用异步数据传输（HTTP 请求），这样就可使网页从服务器请求少量的信息，而不是整个页面。

AJAX 具有以下技术特点。

1）回调。AJAX 用于执行回调，快速往返于服务器以检索和保存数据，不用将整个页面返回到服务器。通过不执行完整的回调和将所有表单数据发送到服务器，网络利用率被最小化。在带宽受限的站点和位置，这可以大大提高网络性能。通过使用回调，发送到服务器和从服务器发送的数据是最少的，服务器不需要处理所有表单元素和属性元素，不需要将图像或者将整个页面发送回客户端。

2）进行异步调用。AJAX 允许对 Web 服务器进行异步调用，这使得客户端浏览器允许用户在所有数据到达再次操作，避免等待，提高了用户体验。

3）用户友好。由于 AJAX 取消了一个页面回发，因此使用 AJAX 应用程序将始终响应更快、更方便。

4）提高速度。AJAX 的主要目的是提高 Web 应用程序的速度、性能和可用性。AJAX 的一个很好的例子就是 Netflix 上的电影分级功能。用户对电影的评分和他们的个人评价将被保存到数据库中，而无需等待页面刷新或重新加载。这些影片的评级被保存到数据库中，而不会把整个页面都放回服务器。

（8）jQuery。在 JavaScript 客户端脚本语言出现后，在 JavaScript 中，虽然提供了一组标准的内置对象、浏览器对象和 DOM 对象，但这些对象的功能有限，许多功能实现依然需要大量的用户编码。在 JavaScript 语言基础上，一大批 JavaScript 编程高手开始积极地研发 JavaScript 程序库，以扩展 JavaScript 的功能，从而提高开发人员的编程效率，简化 HTML 与 JavaScript 之间的操作。Query 是一套跨浏览器的 JavaScript 库，和传统程序设计语言的函数库，类库不同，作为 JavaScript 脚本语言的程序库，jQuery 是以源码的形式提供的。jQuery 是一个 JavaScript 函数库，保存为一个 JavaScript 文件（扩展名为 .js），其中包含了所有的 jQuery 函数。要使用 jQuery 库函数，需要下载相应的 JS 文件保存到本地服务器直接引用，也可以从多个公共服务器 CDMN 中引用。

在 jQuery 库文件中有大量的库函数，包括：①HTML 元素选取；②HTML 元素操作；③DOM 遍历和修改；④CSS 操作；⑤HTML 事件函数；⑥JavaScript 特效和动画；⑦AJAX；⑧Utilities。

在 Web 前端开发中，与传统的 JavaScript 原始编码相比，使用 jQuery 库更加简便高效，且 jQuery 兼容多种浏览器。本质上讲，jQuery 也是 JavaScript，只是把前端开发中大量的公共功能进行了封装，构成了一个 JavaScript 开发框架。jQuery 是一个轻量级的 JavaScript 库，它封装了大量的基础函数，这些函数本身需要用大量的 JavaScript 代码才能完成，而使用 jQuery 只需调用一行代码即可完成这些任务，比如 DOM 的操作，CSS 的操作，HTML 事件的方法、效果和动画等。

jQuery 的核心是对于 DOM 文档对象模型的操作。DOM 是 Web 页面所有元素的树状结构表示。jQuery 封装了很多有关 DOM 的函数，这些函数可以方便地获取和操作 DOM，简化了查找、选择和操作这些 DOM 元素的语法。jQuery 使用 CSS 选择器来选取 HTML 元素。

jQuery 还封装了 AJAX，jQuery 对于 AJAX 的封装解决了不同浏览器对 AJAX 实现方法不同的麻烦，如果用原生 JavaScript 需要判断不同浏览器的响应方式，再根据不同浏览器的响应方式书写不同的代码。而 Query 只需一行代码即可匹配所有的浏览器。

应用 jQuery 开发客户端程序具有以下优点。

1）跨浏览器兼容性。AJAX/JavaScript 编程最大的挑战之一是跨浏览器的不一致性。jQuery 把浏览器兼容性的问题均作出适应，所以编写的大多数代码在所有主流浏览器上都将运行完全相同。

2）快速和占用空间小。jQuery 核心库中省略了许多相当常见的功能，并将其降级到插件的领域。任何附加的功能都可以轻松地包含在页面的基础上，以保证带宽和代码膨胀达到最小值。jQuery 核心库的大小（缩小和压缩）只有大约 24KB，所以很容易在应用程序中包含，而且非常快。

3）包含大量插件。Query 通常只提供一组核心功能，同时提供了扩展库的框架，jQuery 团队使创建插件变得容易，所有人都可以在 jQuery 项目中重用这些插件，并与其他开发人员共享。很多人都利用了 jQuery 的可扩展性，并将之共享，因此 jQuery 插件库中已经有了数百个优秀的可下载插件，新的插件一直在增加。

4）jQuery 的动画应用程序就像 Flash 一样。一个真正的 Flash 动画的开发人员学习成本会很高，而 jQuery 包含了很多可调用的动画函数，简单易懂。开发人员可以通过简单的 HTML5 和 jQuery 就能实现的与 Flash 具有同等效果的有趣的动画例子。而且对于不支持 Flash 的浏览器和平台来说，jQuery 使用了基础的 CSS、HTML、JavaScript 和 AJAX 的组合。这些都是基础的结构化标志性技术，这些技术都意味着可以很好地协同工作。这意味着可以在网站上应用优化策略，而不必对 Flash 等技术进行特殊的调整。

5）搜索引擎优化。jQuery 的最大优点是文件非常小，并且可以很容易地为站点速度优化。这对移动友好的网站也特别有利。有插件可以在页面上轻松显示图像和音频文件，而不是直接键入。

2. 服务器端开发技术

一个 Web 应用系统，总是分成两部分，即用户端程序和服务端程序。用户端程序在用户的浏览器中运行，展示应用逻辑和负责数据的输入及验证。服务端程序是在 Web 服务器上运行的，用户端提交数据后，服务端程序负责数据的处理和存储操作。Web 服务器上配置了不同的服务器脚本程序解释引擎，以执行相应的服务器脚本程序。目前，常用的 Web 服务器脚本程序有 JSP（Java Server Page）、ASP（Active Server Page）及 PHP（Hypertext Preprocessor）。服务器脚本程序语言的选择是由服务器操作系统所决定的，在 Web 应用的开发中、Jaya 技术以其平台无关性受到开发人员的欢迎，作为 Java 技术的一种实现，结合 Servlet 和 JavaBean，使得 JSP 成为众多 Web 应用首选的编程语言。

严格地讲，服务端程序是指在服务器上运行的程序，服务端程序接收客户端发送的数据，对数据进行处理。服务端程序是多种多样的，并不局限于特定的编程语言。但是，从程序运行的角度讲，服务端程序的运行依赖于服务器计算机操作系统、Web 服务器和应用服务器的配置。不同的 Web 服务器，配置的服务器脚本引擎不同，就决定了服务端程序的编程语言。比如，如果 Web 服务器采用 Apache 服务器，一般需要配置 Tomcat 应用服务器，此时就决定了服务端程序是基于 Java 的程序。如果是 Windows 服务器，使用内置的 IIS 作为 Web 服务器，则内置了 ASP 引擎，就决定了服务器程序是 ASP 程序，而不是其他程序。

所谓的脚本引擎就是指脚本程序的运行环境，负责脚本程序的解释，用于具体处理采用相应脚本语言书写的脚本命令。常用的脚本引擎有 WindowsServerIIS 中 ASP 解释器，开源的 Tomcat 等。其中，ASP 脚本引擎是内置的，只能在 Windows 服务器上运行。Tomcat 有多个版本，可安装在 Linux、Windows 和 MacOS 中，它是 JavaServlet 和 JSP 的容器，负责 Java 程序的运行。

在 Web 服务器上安装了服务端脚本引擎后，进行简单的配置，然后就可以在网页中编写服务端脚本程序了。和用户端脚本程序书写在 < script > </script > 标记对内不同，服务端脚本程序一般书写在定界符"< %"和"% >"内，包含服务器脚本程序的网页称为服务器页。

5.1.4　远方 Web 访问技术

KYN 开关柜的运行状态不仅可以在本地实现，还可以远程实现，即用户可以在异地调取开关柜运行状态数据。目前，工程上流行的是应用远方 Web 访问技术来实现。

Web 技术包括 3 个要素，分别是用于定位资源的 URL 定位器、浏览器与服务器之间的采用的通信协议－超文本传输协议 HTTP 以及通信语言超文本标记语言 HTML。Web 网络信息服务采用 B/S 模式。基于 Web 服务的信息交换流程如图 5－2 所示。

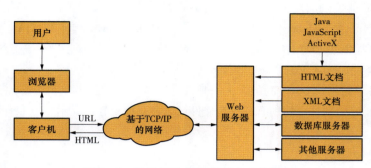

图 5－2　基于 Web 服务的信息交换流程

用户若要访问一个网站，首先，用户在浏览器上输入一个 URL 地址，用户浏览器与域名服务器连接，获得目标网址的相应 IP 地址，这个过程称为 IP 地址查询；浏览器和这个 IP 的 80 端口建立一条 TCP 连接，接着浏览器使用这个 IP 地址访问目标 Web 服务器找到目标网址，该网站将对应的 Index. html 文件送到用户浏览器上，用户端的浏览器将网页的内容显示在用户面前。

Web 的浏览器一般有一个主页面，实现用户和服务器的连接。Http 格式的动态请求就是通过主页面与服务器的小程序 CGI 连接通信，CGI 会对服务器收到的请求做相应的处理，服务器再把处理结构反馈给 Web 浏览器，实现请求。

Web 浏览器是网络化桌面的一种常见设备，可以提供与远程设备进行通信和展示数据的丰富功能。用户通过嵌入式装置对 HTTP 服务器进行访问，HTTP 服务器提供从设备导出信息的手段，以便进行远程监视，通过公共网关接口（CGI）的表单允许修改设备参数。

5.2　数据可视化技术

数据可视化是指将源自某种应用场景所获取的量大而晦涩的数据通过可视的、交互的方式进行展示，从而形象、直观地表达数据蕴含的信息和规律。在大数据时代，各行各业对数据的重视程度与日俱增，随之而来的是对数据进行一站式整合、挖掘、分析、可视化的需求日益迫切，数据可视化呈现出愈加旺盛的生命力。所应用的视觉元素越来越多样，从朴素的柱状图/饼状图/折线图，扩展到地图、气泡图、树图、仪表盘等各式图形。此外，可用的开发工具越来越丰富，相应的使用技术门槛也越来越低。

事实上，数据可视化不仅仅是简单的展现统计图表。本质上，任何能够借助于图形的方式展示事物原理、规律、逻辑的方法都属于数据可视化。

5.2.1　数据可视化流程

数据可视化不仅是一门包含各种算法的技术，还是一个具有方法论的学科。通常情况下，一个数据可视化实现流程是先对数据进行加工过滤，将原始数据转变成视觉可表达的形式（Visual Form），然后再渲染成用户可见的视图（View），这一数据可视化流程包括以下内容。

（1）可视化输入。包括可视化任务的描述，数据的来源与用途，数据的基本属性、概念模型等。

（2）可视化处理。对输入的数据进行各种算法加工，包括数据清洗、筛选、降维、聚类等操作，并将数据与视觉编码进行映射。

（3）可视化输出。基于视觉原理和任务特性，选择合理的生成工具和方法，生成可视化作品。

综上所述，数据可视化设计主要包括数据处理与分析和视觉设计。

1. 数据处理与分析

针对一定的数据可视化应用，首先需要对数据进行一个全面而细致的分析，通过数据的特点来决定着可视化的设计原则。事实上，每项数据都有其特定的属性（或称特征、维度）和对应的值，一组属性构成了数据的特征列表。在对数据做过预处理和分析之后，就能够观察出待处理数据的分布和维度，再结合业务逻辑和可视化目标，有可能还要对数据做某些变换。

（1）标准化。常用的手段包括（0，1）标准化或（-1，1）标准化，分别对应的是 sigmoid 函数和 tanh 函数，这么做的目的在于使数据合法和美观，但在这一过程中可能丢失影响数据分布、维度、趋势的信息，应该予以特别注意。

（2）拟合/平滑。为表现数据变化趋势，使受众对数据发展有所预测，我们会引入回归来对数据进行拟合，以达到减少噪声，凸显数据趋势的目的。

（3）采样。有些情况下，数据点过多，以至于不易可视化或者影响视觉体验，我们会使用随机采样的方法抽取部分数据点，抽样结果与全集近似分布，同时不影响可视化元素的对比或趋势。

（4）降维。一般而言，同一可视化图表中能够承载的维度有限（很难超过 3 个维度），必须对整个数据集进行降维处理。

2. 视觉设计

在开始设计之前，需要对人类视觉以及注意力作简要分析，以便确定如何使得所要展示的信息能够在第一时间引起受众的注意力。

（1）人类视觉的特点。人类视觉感知到心理认知的过程要经过信息的获取、分析、归纳、解码、储存、概念、提取、使用等一系列加工阶段，每个阶段需要不同的人体组织和器官参与。简单来讲，人类视觉的特点如下。

1）对亮度、运动、差异更敏感，对红色相对于其他颜色更为敏感。

2）对于具备某些特点的视觉元素具备很强的"脑补"能力，比如空间距离较近的点往往被认为具有某些共同的特点。

3）对眼球中心正面物体的分辨率更高，这是由于人类晶状体中心区域锥体细胞分布最为密集。

4）人们在观察事物时习惯于将具有某种方向上的趋势的物体视为连续物体。

5）人们习惯于使用"经验"去感知事物整体，而忽略局部信息。

（2）数据可视化。数据可视化是数据到视觉元素的映射过程（这个过程也可称为视觉编码，视觉元素也可称为视觉通道）。在数据可视化技术中，利用可视编码技术，将数据信息映射为可视化元素，其通常具有表达直观、易于理解和记忆的特性。类似于数据包含属性和值，相应的可视编码也由两部分组成：标记和视觉通道。标记代表数据属性的分类，视觉通道表示人眼所能看到的各种元素的属性，包括大小、形状、颜色等，往往用来展示属性的定量信息。比如，对于柱状图而言，标记就是矩形，视觉通道就是矩形的颜色、高度或宽度等。数据可视化的设计目标和制作原则在于信、达、雅。一要精准展现数据的差异、趋势、规律；二要准确传递核心思想；三要简洁美观，不携带冗余信息。结合人的视觉特点，很容易总结出好的数据可视化作品的基本特征如下。

1）让用户的视线聚焦在可视化结果中最重要的部分。

2）对于有对比需求的数据，使用亮度、大小、形状来进行编码更佳。

3）使用尽量少的视觉通道编码数据，避免干扰信息。

（3）可视编码的选择。数据可视化应用中常用的视觉编码通道，针对同种数据类型，采用不同的视觉通道带来的主观认知差异很大。数值型适合用能够量化的视觉通道表示，如坐标、长度等。相反，如果使用颜色来展示，则其效果将大打折扣，且容易引起歧义。类似地，序列型适合用区分度明显的视觉通道表示，类别型适合用易于分组的视觉通道。

（4）色调与明度的选择。对于包含多种信息的数据可视化，所采用的不同信息通道的视图色调与明度的跨度都要大，要确保配色非常容易辨识与区分，它们的明度差异一定要够大。明度差异需要全局考虑。但是，有一组明度跨度大的配色还不够。配色越多样，用户越容易将数据与图像联系起来。如果能善加利用色调的变化，就能使用户接受起来更加轻松。对于明度与色调，跨度越大，就能承载越多的数据。

5.2.2 数据可视化的工具

随着大数据应用的广泛应用，数据可视化工具（也称可视化库）也层出不穷，基本上各种语言都建立了自己的可视化库。因此，在实际应用中可以根据应用环境配置，采用合适的数据可视化工具，可以在完成少量的自编程甚至是不必编程的情况下，实现应用数据的可视化展示，这极大地方便了非数据可视化专业人员在其应用领域的数据可视化应用。

1. 对数据可视化工具的要求

实际应用中，所选择的可视化工具应满足互联网爆发的大数据需求，必须能够快速地收集、筛选、分析、归纳、展现决策者所需要的信息，并根据新增的数据进行实时更新。

（1）实时性。数据可视化工具必须适应大数据时代数据量的爆炸式增长需求，必须快速地收集分析数据、并对数据信息进行实时更新。

（2）简单操作。数据可视化工具满足快速开发、易于操作的特性，能满足互联网时代信息多变的特点。

（3）更丰富的展现。数据可视化工具需具有更丰富的展现方式，能充分满足数据展现的多维度要求。

（4）多种数据集成支持方式。数据的来源不仅仅局限于数据库，很多数据可视化工具都支持团队协作数据、数据仓库、文本等多种方式，并能够通过互联网进行展现。

2. 主流的数据可视化工具

目前，主流的基于 Javascript 的数据可视化工具（可视化库）有 ECharts. js、D3. js 和

Highcharts. js 等。

（1）Echarts。Echarts 是百度开发的一款基于 Javascript 的轻量级图表框架，使用方式非常简单，而展现的图表形式很丰富，而且展现的图表集成了很多实用的交互展示，如可以根据需要对图表中的数据项进行隐藏，支持对数据进行拖拽、可以到处为图片格式等。

Echarts 作为一款国产纯 Javascript 图表库开源项目，可以流畅地运行在 PC 和移动设备上，兼容当前绝大部分浏览器，底层依赖轻量级的 Canvas 类库 ZRender，提供直观，生动，可交互，可高度个性化定制的数据可视化图表。3.0 版本中更是加入了更多丰富的交互功能以及更多的可视化效果，并且对移动端做了深度的优化。Echarts 最令人心动的是它丰富的图表类型，以及极低的上手难度。

（2）数据驱动文件（Data Driven Documents，D3）。D3 是支持 SVG 渲染的另一种 JavaScript 库。但是 D3 能够提供大量线性图和条形图之外的复杂图表样式，例如 Voronoi 图、树形图、圆形集群和单词云等。D3. js 通过使用 HTML \ CSS 和 SVG 来渲染精彩的图表和分析图。D3 对网页标准的强调足以满足在所有主流浏览器上使用的可能性，可以将视觉效果很棒的组件和数据驱动方法结合在一起。但是 API 太底层，复用性低，学习与使用成本高。

（3）Highcharts。HighCharts 是一款国外的前端数据可视化库，非商用免费。采用纯 JavaScript 编写的图表库，能够简单便捷地在 Web 应用上添加交互性图表。这是在 Web 上使用最广泛的图表，企业使用需要购买商业授权。Highcharts 系列软件包含 Highcharts JS，Highstock JS，Highmaps JS 共 3 款软件，均为纯 JavaScript 编写的 HTML5 图表库。Highcharts 是一个用纯 JavaScript 编写的一个图表库，能够很简单便捷地在 Web 网站或是 Web 应用程序添加有交互性的图表。

5. 2. 3　Echarts 应用

应用 Echarts 开发数据可视化应用十分简便，可以调用 Echarts 可视化引擎库，通过适当的配置，便可实现理想的可视化展示。

1. Echarts 使用步骤

（1）Echarts 官网下载 Echarts 插件，再将插件导入可视化应用工程。之后，便可以通过插件开始创建可视化应用。

（2）建立一个具有大小的 DOM 容器。通常情况下，需要在 HTML 中先定义一个 < div > 节点，并且通过 CSS 使得该节点具有宽度和高度。初始化的时候，传入该节点图表的大小默认即为该节点的大小。比如，指定一个标记为"main"的宽 × 高为 600px × 400px 的 DOM 容器：

```
< div id = "main" style = "width: 600px;height:400px;" > < /div >
```

（3）初始化 echarts 实例对象。比如，初始化"main"实例对象：

```
var myChart = echarts.init(document.getElementById('main'));
```

（4）指定配置项和数据（Option）。事实上，配置项和数据指定了所要展示的数据及展示的样式或格式。下列代码将设定一个名为"option"的配置项及其数据：

```
var option = {
    xAxis: {
        type: 'category',
```

```
        data:[ ]
    },
    yAxis:{
        type:'value'
    },
    series:[{
        data:[ ],
        type:'line'
    }]
};
```

（5）将配置项设置给 echarts 对象。代码如下：

```
myChart.setOption(option);
```

2. Echarts 基础配置

（1）series（系列列表）。应用中每个系列通过 type 决定自己的图表类型，可以多个图表重叠。

（2）xAxis。直角坐标系 grid 中的 x 轴。

（3）yAxis，直角坐标系 grid 中的 y 轴。

（4）grid。直角坐标系内绘图网格。

（5）title。标题组件。

（6）tooltip。提示框组件。

（7）legend。图例组件。

（8）color。调色盘颜色列表。

3. Echarts 应用示例

新建一个 html 文件，基本的页面代码如下：

```
<! DOCTYPE html >
<html >
  <head >
    <meta charset = "utf -8" />
    <! -- 引入刚刚下载的 ECharts 文件 -- >
    <script src = "./dist/echarts.js" > </script >
  </head >
<body >
    <! -- 为 ECharts 准备一个定义了宽高的 DOM -- >
    <div id = "main" style = "width: 600px;height:400px;" > </div >
</body >
    <script type = "text/javascript" >
      //基于准备好的 dom,初始化 echarts 实例
      var myChart = echarts.init(document.getElementById('main'));
```

```
//指定图表的配置项和数据
var option = {
  title: {
    text: '局部放电次数'
  },
  tooltip: {},
  legend: {
    data: ['放电次数']
  },
  xAxis: {
    data : [0,10, 20,30,40,50,60,70,80,90,100,
        110,120,130,140,150,160,170,180,190,200,
        210, 220,230,240,250,260,270,280,290,
        300,310, 320,330,340,350,360]
  },

  yAxis: {
        type: 'value',
        name: '放电次数',
  },

  series: [
    {
    name: '放电次数',
    type: 'bar',
    data: [0,0,0,0,0,0,1,2,5,1,0,0,0,0,0,0,0,0,0,0,0,0,0,0,
        0,0,1,2,4,3,0,0,0,0, 0,0,0,0,0,0]
    }
  ]
};
//使用刚指定的配置项和数据显示图表。
myChart.setOption(option);
</script>
```

```
</html>
```

　　在浏览器中访问这个 html 文件,浏览器将展示所设计的可视化内容,如图 5 - 3 所示。
由此可见,应用 Echarts 实现数据可视化非常方便,甚至都不需要应用服务器、web 服务器
的支持,可见 Echarts 可视化属于一个超级轻量级插件。

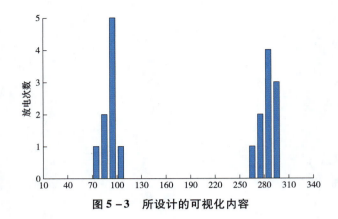

图 5 – 3　所设计的可视化内容

5.3　开关柜数据的实时交互

在开关柜数据可视化系统中，通常采用浏览器/服务器（B/S）模式实现数据展示任务。通常情况下，开关柜在线监测系统中的数据采集终端作为服务器，而开关柜运行监控平台则作为用户端采用浏览器方式与开关柜在线监测系统中的数据采集终端进行数据传输，二者之间需要采用实时通信技术来实现数据的传输。当服务器端数据发生改变时，用户端应及时获取服务器端数据（更新数据），并将新数据展示给用户。

5.3.1　常用的实时 Web 通信技术

采用 Web 浏览器访问服务器，并不能直接实现实时通信，这是因为 Web 通信都是由浏览器发送请求到服务器，服务器再根据请求返回数据。因此，需要借助其他的一些方法来实现实时通信。目前常用的实时通信技术包括短轮询、长轮询（Comet）、长连接（SSE）、WebSocket 等技术。

1. 短轮询

短轮询（简称轮询）的基本思想是，既然只能客户端先发送请求，那就让客户端每隔一段时间就向服务端发送 HTTP 请求，服务器不论数据是否有变化，都会对请求作出响应。这种方式虽然简单，便于理解实现，但是服务器和客户端需要不断地建立 HTTP 连接，浪费通信资源。尤其是对于多个客户端而言，每一个客户端都不断地向服务器发送请求，这极大地增加了服务器的压力。短轮询工作原理如图 5 – 4 所示。

2. 长轮询（Comet）

长轮询是为了解决短轮询出现的问题而出现的一种技术。长轮询数据通信模式是通过减少客户端请求次数来提高通信性能，其基本原理是：当服务器收到客户端发送的请求后，服务器不会马上响应，它相比短轮询而言多了一个判断，收到请求后会判断服务器是否有数据需要更新。如果没有，则达到一定时间后关闭这个连接；如果有数据需要更新，则进行响应。由此可见，相比短轮询而言，长轮询性减少了请求次数，提高了通信性能。然而，当长轮询频繁连接时，也会导致资源的浪费。长轮询工作原理如图 5 – 5 所示。

3. 长连接

长连接（Server – SentEvents，SEE），它是 HTML5 新增的一种实现实时通信的技术。

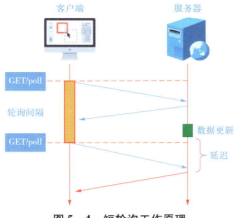

图 5 - 4　短轮询工作原理

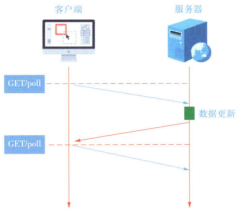

图 5 - 5　长轮询工作原理

SSE 在本质上与之前的长轮询、短轮询不同，虽然都是基于 HTTP 协议的，但是长、短轮询均需要客户端先发送请求，而 SSE 最大的特点就是不需要客户端发送请求，可以实现只要服务器端数据有更新，就可以马上发送到客户端。

SSE 的优势很明显，它不需要建立或保持大量的客户端发往服务器端的请求，节约了很多资源，提升应用性能。并且其实现非常简单，不需要依赖其他插件。但是，服务器和客户端需要一直保持连接，这必然会消耗资源，而且返回的数据顺序不确定，不便于用户管理。

4. WebSocket

短轮询与长轮询都是基于 HTTP 的，两者都是"被动型服务器"的体现，即服务器不会主动推送信息，而是在客户端发送请求（Request）后进行返回的响应（Response）。长连接则有了改进，则在服务器端数据有了变化后，可以主动推送给客户端。

但是无论是短轮询、长轮询（comet）还是长连接（SSE）通信技术，都是基于 HTTP 单向通信协议的，信息传输过程会有较大的延迟，本质上并没有实现真正的实时通信。因此，在 2008 年，WebSocket 协议诞生了，并在 2011 年被 IEIF 定为国际标准。WebSocket 提供了一种全新的通信方式——全双工通信机制，与 HTTP 单向通信技术不同，客户端不用先请求，服务器可主动发送数据到客户端，而且，客户端和服务器只需要建立一次连接就可以一直保持通信。由此可见，WebSockets 属于一种"主动型服务器"的方案，其运行原理如图 5-6 所示。

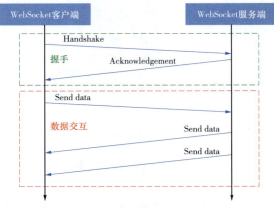

图 5-6 WebSocket 运行原理图

WebSocket 作为 HTML5 定义的一个新协议，与传统的 HTTP 协议不同，该协议可以实现服务器与客户端之间全双工通信。简而言之，首先需要在客户端和服务器端建立起一个连接，即客户端和服务器端的"握手"，这部分仍然采用 HTTP。连接一旦建立（握手成功），客户端和服务器端就处于平等的地位，可以相互发送数据（数据交互），不存在请求和响应的区别。此阶段采用的不再是 HTTP 协议，而是 WebSocket 协议。

WebSocket 的优点是实现了双向通信，缺点是服务器端的逻辑非常复杂。WebSocket 具有如下特点。

（1）建立在 TCP 协议之上，服务器端的实现比较容易；

（2）与 HTTP 协议有着良好的兼容性。默认端口也是 80 和 443，并且握手阶段采用 HTTP 协议，因此握手时不容易屏蔽，能通过各种 HTTP 代理服务器；

（3）数据格式比较轻量，性能开销小，通信高效；

（4）可以发送文本，也可以发送二进制数据；

（5）没有同源限制，客户端可以与任意服务器通信；

（6）协议标识符是 ws（如果加密，则为 wss），服务器网址就是 URL。

5.3.2 实时 Web 通信技术比较

上述 4 种实时 Web 通信技术比较见表 5-1。

表 5-1 4 种实时 Web 通信技术比较

项目	短轮询	长轮询	长连接	WebSocket
通信方式	HTTP	HTTP	HTTP	基于 TCP 长连接通信
触发方式	轮询	轮询	事件	事件
优点	兼容性好容错性强，实现简单	兼容性好容错性强，实现简单	实现简便，开发成本低	全双工通信协议，性能开销小、安全性高，有一定可扩展性

项目	短轮询	长轮询	长连接	WebSocket
缺点	安全性差，占较多的内存资源与请求数	安全性差，占较多的内存资源与请求数	只适用高级浏览器	传输数据需要进行二次解析，增加开发成本及难度
适用范围	B/S 服务	B/S 服务	服务端到客户端单向推送	网络游戏、银行交互和支付

5.4　开关柜数据可视化应用

开关柜数字可视化的目的是能够将数量大、种类多的开关柜运行状态数据以直观明了的方式展现给用户，使用户能够方便地获取开关柜的运行状态信息，以便采取必要的开关柜运维工作。通常情况下，可以根据需要展示的开关柜运行状态种类及数据类型，建立合适的显示方式或模块，采用曲线图、柱状图、饼状图以及实时数据等不同界面显示模式，实现数据的可视化。

5.4.1　可视化功能模块

依据开关柜数据可视化系统的功能需求，设计相应的可视化功能模块，实现对不同种类及类型的数据的可视化展示。针对工程上较常用的开关柜运行状态参数检测，通常构建实时告警模块、温度监测模块、局部放电图谱可视化模块、断路器机械特性监测模块以及环境温湿度监测模块等 5 类可视化监测模块。开关柜数据可视化系统功能模块如图 5-7 所示。

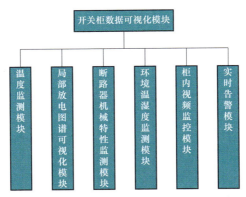

图 5-7　开关柜数据可视化系统功能模块

1. 温度监测模块

温度监测模块主要使用折线图显示开关柜断路器三相的实时温度，包括 A、B、C 三相的上下两接线端子，共 6 条折线，同时在温度监测模块中设定了温度阈值，当某相温度超过阈值时，会将详细信息传输至实时告警模块中。

2. 局部放电图谱可视化模块

当开关柜发生局部放电时，局部放电图谱可视化模块会显示放电图谱信息，主要显示 PRPS 图谱和 PRPD 图谱。关于局部放电图谱的内容详见本书 4.3.7 节。

3. 断路器机械特性监测模块

断路器机械特性是影响断路器开断性能的关键因素之一，其中最受关注的是断路器操动机构的机械特性，通过断路器机械特性的监测，可以尽早发现影响断路器正常工作的隐患，及时采取必要维护措施，确保断路器的可靠运行。

通常情况下，断路器机械特性监测模块包括动触头位移（行程）监测、断路器分/合闸线圈电流监测、机械振动信号监测、辅助开关位置转换信号监测、弹簧操动机构储能电动机工作电流等。此外，基于动触头位移（行程）数据，可以获取动触头的运动速度，从而可以掌握诸如断路器分/合闸速度等影响断路器开断性能的机械特性参数。

4. 环境温湿度监测模块

开关柜的绝缘能力是决定开关柜能否安全稳定运行的重要因素，而开关柜运行环境的温度、湿度对开关柜的绝缘能力有一定影响。习惯上，可以采用数字显示以及仪表盘显示方式来展示开关柜运行环境的温度、湿度等环节参数，设备管理人员可直观清晰地在可视化监测界面观察到开关柜运行时的环境温湿度。

5. 柜内视频监控模块

KYN 开关柜属于一种金属铠装开关设备，其一次设备均封装在接地的金属箱体内部。正常供电运行期间，通常很难直接观测到箱体内部状况，特别是接地开关刀闸位置及状态、小车位置及状态、母线及绝缘支柱的状态等。为了能够了解开关柜运行时的内部状态，需要通过柜内视频监控模块，在柜体外部或远程实时监控开关柜的内部状态。

6. 实时告警模块

为了对开关柜实时监测，当开关柜发生故障时，系统能够及时提醒管理人员进行维护。实时告警模块主要是显示开关柜的告警信息，主要包括温度告警信息和局部放电告警信息两部分。

（1）温度告警信息。当开关柜测温点温度超过设定阈值时，系统会使开关柜高亮，以提醒管理人员开关柜温度过高。

（2）局部放电告警信息。当开关柜发生局部放电时，系统会显示局部放电图谱，同时系统界面进行弹窗，提示管理人员开关柜发生局部放电类别。

5.4.2 开关柜数据可视化案例

实际应用中，依据上述开关柜数据可视化模块设计要求，可以建立起不同风格的可视化界面。这里仅通过一个应用案例，介绍开关柜数据可视化的实现，该案例集成了局放、测温、机械特性、柜内可视化等模块，其中包括开关柜台账、开关柜数据点位信息、开关柜实时数据、开关柜历史数据、开关柜柜内视频可视化、设备诊断、设备巡检，以及设备告警等可视化界面，通过点击相关的导航菜单，可以方便地进入相关的应用界面。

1. 开关柜台账

一个 Web 可视化系统，设备台账清单是必须的。台账的主要作用是：对下设备数据能对号入座，对上数据能按柜按点位展示。点击"设备统计"菜单，进入图 5-8 所示的应用案例中的开关柜台账可视化界面，其中包含了台账的关键信息，如系统所接入的 KYN 开关柜信息（类型与数量）以及监测点位信息（监控对象与数量）。

图 5 - 8　开关柜台账可视化界面

2. 开关柜数据点位信息

点击"设备管理"菜单，进入开关柜数据点位信息可视化界面，如图 5 - 9 所示。数据点位信息可视化界面重点显示了所观察的开关柜数据点位信息。在一个站内，不同柜所配备的传感器不同，所要配置的台账就会有所不同，数据诊断、数据分析也不相同，所以需要专柜专配。

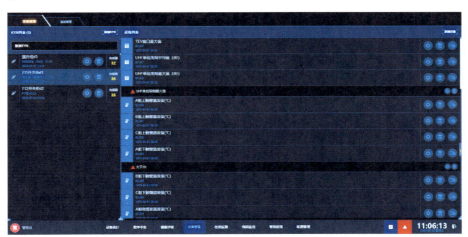

图 5 - 9　开关柜数据点位信息可视化界面

3. 开关柜实时数据

点击"数字孪生"菜单，进入开关柜实时数据可视化界面，如图 5 - 10 所示。界面展示了具体开关柜的点位实时数据、温度曲线、柜内视频可视化等内容，从中可以实时监控柜内的运行情况，如接地开关位置、断路器位置及放电情况。

4. 开关柜历史数据

点击"在线监测"菜单，进入到开关柜历史数据可视化界面，如图 5 - 11 所示。界面清晰地展示了开关柜内每个点位的历史数据情况，及大地方便了运行人员对开关柜运行状态的了解与掌控，以及对可能出现的问题的检查与分析。

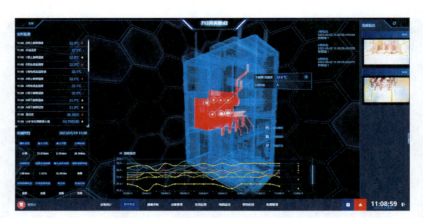

图 5 - 10　开关柜实时数据可视化界面

图 5 - 11　开关柜历史数据可视化界面

5. 视频可视化

点击"视频监控"菜单，进入柜内视频可视化界面，如图 5 - 12 所示。柜内视频可视化是一个相当有用的功能，它可以通过远方拉流的方式，使得运维操作人员远程查看开关柜的内部情况，特别断路器手车的摇入/摇出状态，以及接地开关分/合状态。

图 5 - 12　柜内视频可视化界面

6. 设备诊断

点击"健康诊断"菜单，进入设备诊断可视化界面，如图 5 – 13 所示。界面显示了一定时间内系统告警总次数、告警设备累计数/警设备累计占比、最低/最高监测温度（监测点位与时间）。事实上，诊断功能是开关柜可视化系统一个比较重要的功能。传统的做法是采集数据后，通过人工分析来诊断所监控设备的运行状况，此种方式不但耗时、费力，而且准确度也较差。而采用开关设备的在线监测技术以及后续将要介绍的开关设备运行及故障智能诊断技术，可以由智能诊断系统实现开关设备的异常或故障状态的机器诊断，无需或极少地人工的介入，便可方便、及时地发现开关设备出现的异常或故障，并给出相应的诊断，例如，如果诊断出开关柜出现局部放电，则可以通过智能诊断系统可以初步诊断出放电类型。

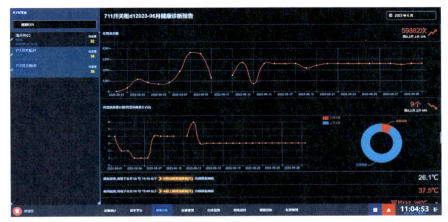

图 5 – 13　设备诊断可视化界面

7. 设备巡检

点击"智能巡检"长度，进入设备巡检可视化界面，如图 5 – 14 所示。由此可以制定设备的巡检计划，其中包括计划名称、巡检时间、巡检执行间隔、计划所关联的 KYN 设备、以及设备中需要巡检的点位等信息。

图 5 – 14　设备巡检可视化界面

8. 设备告警

在开关柜实时监控界面中，除了实时显示开关柜点位的所示监测数据外，如果出现异常点位信息，则设备告警可视化界面将发出警告，提醒运维人员及时采取措施，确保配电系统的安全运行。设备告警可视化界面如图 5 – 15 所示。

图 5 – 15　设备告警可视化界面

第6章 开关设备运行及故障状态的智能诊断技术

开关设备是电力系统中的关键设备，其运行的安全可靠性将直接影响到电力系统的可靠运行。因此，利用前述的在线监测技术实现监测在线的开关设备，实时测取开关设备的运行状态参量，并据此获取开关设备的运行状态，特别是对可能发生或将要发生的，而且可能会导致开关设备出现故障的异常状态实现早期诊断与预警，及时采取必要的运维措施，能够避免因开关设备故障而影响电力系统的安全可靠运行。

开关设备是一种集机、电和磁一体的复杂装置，实际运行时，影响其状态变量的因素众多，而且很多呈现模糊与不确定性，难以运用准确的数学模型予以分析。因此，对开关设备运行状态的诊断是复杂的，需要采用先进的诊断技术实现对开关设备运行状态的诊断。随着人工智能技术的普及应用，基于智能算法的开关设备运行及故障状态的智能诊断技术也越来越得到了应用，本章将重点介绍基于支持向量机和人工神经网络的故障诊断算法，实现对KYN开关柜局部放电类型的智能诊断技术，以及其他开关柜运行及故障状态的智能诊断技术。

6.1 开关设备运行及故障状态诊断模式及流程

6.1.1 开关设备运行及故障诊断模式

随着开关设备本身技术的进步，以及相关工程应用科学技术的发展，开关设备运行及故障诊断技术及诊断模式也是从最初的基于硬件冗余的故障诊断，逐步演变到基于解析模型的故障诊断，以及基于数据的故障诊断模式。

1. 基于硬件冗余的故障诊断

基于硬件冗余的故障诊断模式是建立在硬件冗余运行基础上的一种诊断方式，通常情况下配置多台相同类型的设备，采用并行运行方式，并提供相同的输入。如果并行运行的设备的输出存在差异，即判定该设备出现故障。此时，采用投票表决的方式最终确定故障设备，且选择无故障设备作为系统运行的组件。事实上，这种故障诊断模式仅能够诊断多台并行运行的同类设备是否出现运行特性的不一致性，而且是基于在大概率条件下、某时刻仅有一台可能出现某种故障这种假设条件，如果同一时刻多数设备均出现故障，则诊断可能出现误判。而且，故障诊断框模式属于硬件冗余模式，这就使得这种故障诊断模式的应用成本高，同时也增加了额外的维护费用和能耗。因此，这种故障诊断模式仅适用于结构相对简单的早期电力设备的故障诊断。基于硬件冗余的故障诊断模式框架如图 6 - 1 所示。

2. 基于解析模型的故障诊断

基于解析模型的故障诊断模式本质上是利用了精确的分析模型，而不是传统的硬件模型方法。这种故障诊断模式是通过为被诊断设备建立解析模型，该解析模型能够模拟被诊断设备的运行特性，由此通过分析模型的输出和被诊断设备的输出之间的差异，实现故障诊

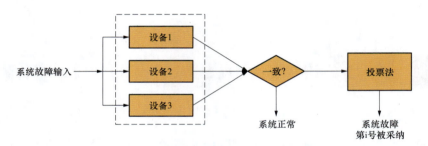

图6-1 基于硬件冗余的故障诊断模式框架

断。由于开关设备是一种集机、电和磁一体的复杂装置，其结构较复杂，很难建立能够准确描述开关设备运行特性的解析诊断模型，因此也就限制了这种基于解析诊断模型的诊断技术的普及应用。基于解析模型的故障诊断模式框架如图6-2所示。

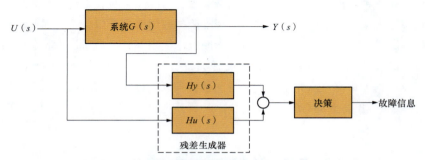

图6-2 基于解析模型的故障诊断模式框架示意图

3. 基于数据的故障诊断

随着计算机技术的普及应用以及传感技术的发展进步，一种基于数据驱动的故障诊断模式被越来越广泛地应用于电力设备的故障诊断中。这种故障诊断模式可以在缺乏对被诊断设备准确描述的数学模型的情况下，通过对大量历史数据进行处理与分析，采用适当的数学方法，实现对设备的运行状态做出诊断。这种诊断模式的显著特点在于无需诊断设备的精确建模，仅通过设备的运行数据即可实现对设备的运行状态诊断。基于数据的故障诊断模式框架如图6-3所示。

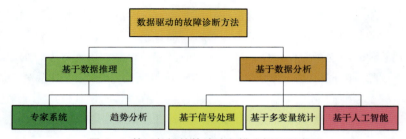

图6-3 基于数据的故障诊断模式框架示意图

综上可知，基于数据的故障诊断模式更能适合开关设备故障诊断的需求，具有非常优秀的工程应用前景。特别是随着人工智能及机器学习技术的普及与应用，基于数据的故障诊断必将成为开关设备运行和故障状态的主流诊断模式，本书将阐述的开关设备运行及故障状态诊断采用的是基于数据的故障诊断模式。

6.1.2　开关设备运行及故障诊断流程

通常情况下，KYN 开关设备运行及故障状态的诊断技术上主要包括数据的采集、数据处理、特征提取以及状态识别与故障诊断等内容。

1. 数据的采集

目前，主流的开关设备运行及故障状态诊断采用的是基于数据的诊断模式，因此采集能够反映开关设备运行状态的数据是实现故障诊断的基础。实际应用中，通过各种类型传感器或变换器，可以测取能够反应开关设备运行状态的参数，如开关柜关键部位的温度、局部放电、断路器机械特性以及环境温湿度等。数据采集的功能是采集来自传感器的各种电信号，并将其送往数据处理和诊断系统，以对监测到的数据进行进一步的分析处理。

数据的采集是指对所关心的开关设备运行状态参数数据的检测，包括传感器信号的采集以及信号的预处理。通常情况下，实际采集的信号中都或多或少带有一些噪声，这些噪声一般存在于周围环境中，如开关设备运行环境存在的电磁污染等，加之信号采集系统本身所造成的干扰。因此，采集的信号将被噪声所污染，有必要对信号进行降噪处理，以便提高信号的信噪比。

2. 数据处理

实际应用中，所采集的单台开关设备的运行状态数据种类多、数据量大，而且通常情况下变电站/所配置的开关设备数量较多，这就使得所采集的数据量十分可观，这极不利于后续的诊断处理工作。并且，尽管在数据采集过程中以及进行了必要的降噪处理，但通常情况下所采集的数据仍然存在着干扰信息，这些干扰可能会影响到后续的诊断准确性，因此需要采取必要的数据处理。

一般而言，数据处理的目的是尽可能地降低信号噪声的影响，并尽可能地提高数据的应用性价比。在能够描述数据所代表的特性指标条件下，应用性价越高的数据，其数据量就越少。因此，通过适当的数据处理方法，尽可能地剔除干扰以及对诊断处理而言属于冗余的数据，将非常有利于后续的诊断工作。

3. 特征提取

特征提取是指在上述数据采集与处理的基础上、提取出最能够反应或描述开关设备运行状态的特性参数。换言之，提取特征就是确定能够描述开关设备运行状态的特性参数，也是实现开关设备状态识别与故障诊断的关键步骤之一。

为了实现开关设备的运行及故障状态的智能诊断，首先需要获取开关设备的运行状态参量，在此基础上通过一定的算法，提取开关设备运行及故障状态的信号特征，最终应用智能算法实现对开关设备运行及工作状态的智能诊断。在模式识别的过程中，需要对千差万别的样本形式进行处理，为了找到一个统一的处理方法对样本进行数据处理，通常将一个样本用向量来加以表示。故引入了特征参数的提取，它的主要目的是研究怎么把几个甚至几十个对分类模式识别最有效的特征参数从原始样本数据集里筛选出来，从而达到特征参数的提取。

实际应用中，应根据诊断目标以及所采用的诊断方式，确定合适的状态特征参数。不同的诊断目标所需的状态特征也不尽相同；甚至是同一诊断目标，如果采用不同的诊断方法，其所采用的状态特征也可能存在差异。特别需要指出的是，对于某些机器学习或智能算法而言，上述的特征提取可能根本就不需要技术人员的介入，而是算法自身在诊断过程中自动处理完成。比如，采用人工神经网络方法实现的图像识别即可以直接通过输入图像信息，而无需事先确定特征，算法在迭代过程中将自动确定出相关特征，并最终给出识别结果。

4. 状态识别与故障诊断

在基于数据特征的基础上，采用合适的智能诊断算法，最终可以实现对开关设备的状态识别与故障诊断。由此可见，状态识别与故障诊断的核心是所谓的智能算法，而智能算法又有多种可能的选择，较流行的智能算法有基于支持向量机的智能诊断算法、基于人工神经网络的智能诊断算法、基于人工免疫算法的智能诊断算法、基于聚类分析的智能诊断算法、基于专家系统的智能诊断算法、基于故障树的智能诊断算法、基于粗糙集理论的智能诊断算法、基于信息融合的智能诊断算法等，不同的智能算法有着不同的应用范围，目前，还没有一种通用的智能算法。实际应用中，应根据应用场景选择合适的智能算法。

6.2 智能诊断算法

智能诊断算法是基于人工智能算法的诊断方法，原则上可分为基于统计的机器学习算法（Machine Learning）和深度学习算法（Deep Learning）两大类。

事实上，人工智能、机器学习和深度学习的技术范畴是逐层递减的，人工智能是最宽泛的概念，机器学习则是实现人工智能的一种方式，也是目前较有效的方式。深度学习是机器学习算法中最热的一个分支，在近些年取得了显著的进展，并代替了多数传统机器学习算法。人工智能、机器学习和深度学习三者之间的关系如图 6-4 所示。

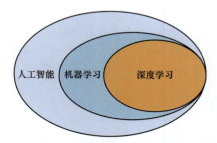

图 6-4 人工智能、机器学习和深度学习三者之间的关系

1. 人工智能

人工智能（Artificial Intelligence，AI）是研究、开发用于模拟、延伸和扩展人的智能的理论、方法、技术及应用系统的一门新的技术科学。人工智能是计算机科学的一个分支，其目标是研究、开发用于模拟、延伸和扩展人的智能的理论、方法、技术及应用系统的科学。由于这个定义只阐述了目标而没限定方法。所以，实现人工智能存在诸多方法和分支。根据人工智能技术发展水平，人工智能又可以划分为弱人工智能和强人工智能。

（1）弱人工智能（Artificial Narrow Intelligence，ANI）。弱人工智能是指擅长某个特定任务的智能。比如语言处理领域的谷歌翻译，让该系统去判断一张图片中是猫还是狗，就无能为力了；再比如垃圾邮件的自动分类、自动驾驶车辆、手机上的人脸识别等。当前的人工智能大多属于弱人工智能应用范畴。

（2）强人工智能。在人工智能概念诞生之初，人们期望能够通过打造复杂的计算机，实现与人一样的复杂智能，这被称作强人工智能，也可以称之为通用人工智能（Artificial General Intelligence，AGI）。这种智能要求机器像人一样，听、说、读、写样样精通。目前的发展技术尚未达到通用人工智能的水平，但已经有众多研究机构展开了研究。

2. 机器学习

机器学习（Machine Learning，ML）是一门多领域交叉学科，专门研究怎样使用计算机模拟或实现人类的学习行为，以获取新的知识或技能，重新组织已有的知识结构使之不断改善自身的性能。是人工智能核心，是使计算机具有智能的根本途径。

机器学习是实现人工智能的重要途径，也是最早发展起来的人工智能算法。与传统的基于规则设计的算法不同，机器学习的关键在于从大量的数据中找出规律，自动地学习出算法所需的参数。

机器学习算法中最重要的就是数据，根据使用的数据形式，常见的机器学习算法可以分为监督学习（Supervised Learning）和无监督学习（Unsupervised Learning）两大类。通常情况下，监督式学习主要用于回归和分类，无监督式学习主要用于聚类。部分类属于监督学习与无监督学习的智能算法如图6-5所示。

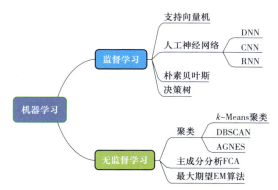

图6-5　部分类属于监督学习与无监督学习的智能算法

（1）监督学习。监督学习的主要特性是使用大量有标签的训练数据来建立模型，以预测新的未知标签的数据。监督学习通常包括训练与预测阶段。在训练时利用带有人工标注标签的数据对模型进行训练，在预测时则根据训练好的模型对输入进行预测。监督学习是相对成熟的机器学习算法，用来指导模型建立的标签可以是类别数据、连续数据等。如果标签是可以分类的，则称这样的监督学习为分类，如果标签是连续的数据，则称其为回归。常见算法有决策树（Decision Tree，DT）、支持向量机（Support Vector Machine，SVM）及神经网络等。

（2）无监督学习。与监督学习不同的是，无监督学习没有准确的样本数据进行训练，即输入的样本数据没有标签信息，也就无法对模型进行明确的惩罚。无监督学习常见的思路是采用某种形式的回报来激励模型做出一定的决策，常见的方法有 k - Means 与主成分分析（Principal Component Analysis，PCA）。

3. 深度学习

深度学习（Deep Learning，DL）是机器学习领域中一个新的研究方向，它被引入机器学习使其更接近于最初的目标——人工智能。

深度学习是学习样本数据的内在规律和表示层次，这些学习过程中获得的信息对诸如文字，图像和声音等数据的解释有很大的帮助。它的最终目标是让机器能够像人一样具有分析学习能力，能够识别文字、图像和声音等数据。

最初的深度学习是利用深度神经网络来解决特征表达的一种学习过程。深度神经网络本身并不是一个全新的概念，可大致理解为它是包含多个隐含层的神经网络结构。为了提高深层神经网络的训练效果，人们对神经元的连接方法和激活函数等方面作出相应的调整。深度学习是机器学习研究中的一个新的领域，其动机在于建立、模拟人脑进行分析学习的神经网络，它模仿人脑的机制来解释数据，如图像、声音、文本。

深度学习是一类模式分析方法的统称，就具体研究内容而言，主要涉及 3 类方法：①基于卷积运算的神经网络系统，即卷积神经网络（CNN）；②基于多层神经元的自编码神经网络，包括自编码（Auto encoder）以及近年来受到广泛关注的稀疏编码两类（Sparse Coding）；③以多层自编码神经网络的方式进行预训练，进而结合鉴别信息进一步优化神经网络权值的深度置信网络（DBN）。

深度学习通过组合低层特征形成更加抽象的高层表示属性类别或特征，以发现数据的分布式特征表示。研究深度学习的动机在于建立模拟人脑进行分析学习的神经网络，它模仿人脑的机制来解释数据，例如图像，声音和文本等。

深度学习算法和传统的机器学习算法相比，其最大的特点是端到端的学习，即在进行学习之前无须进行特征提取等操作，可以通过深层的网络结构自动从原始数据中提取有用的特征。

在传统的机器学习过程中，需要更多的人为干预，尤其是在特征提取阶段，需要使用者具备足够的相关专业知识，才能够找到有效的数据特征，以便能够训练机器学习模型。然后，模型在对新对象进行分析和分类时引用这些特征，这给建模难度和预测效果增加了不确定性。相比之下，深度学习的方法由于具有端到端的特性，可以直接从原始数据中找到有用的信息，在预测时只使用对预测目标有用的内容，增强了其预测能力，而且不需要过多的人为干预，提高了预测结果的稳定性。

如果需要在深度学习和机器学习之间作出选择，用户需要明确是否具有高性能的 GPU 和大量的标记数据。如果用户没有高性能 GPU 和标记数据，那么机器学习比深度学习更具优势。这是因为深度学习通常比较复杂，模型计算量巨大，需要采用高性能的 GPU 方能有效地提高算力，降低运算时间。

如果用户选择机器学习，可以选择在多种不同的分类器上训练模型，也能知道哪些功能可以提取出最好的结果。此外，通过机器学习，我们可以灵活地选择多种方式的组合，使用不同的分类器和功能来查看哪种排列方式最适合数据。

综上所述，通常情况下，深度学习的计算量更大，而机器学习技术通常更易于使用。

6.2.1　支持向量机（SVM）算法原理

支持向量机（Support Vector Machine，SVM）是一种新型机器学习方法。该方法在训练样本空间有限时，通过参数的选择在泛化能力与学习精度两者之间找到权衡找到一个平衡点，保证了其具有较好的推广能力。与传统其他的机器学习方法相比，支持向量机能够有效地避免小样本、局部极小点及过拟合等常见的问题，它通过构造最优分类面，保证了对样本分类的误差值的一个最小化。支持向量机这种新型的识别算法与神经网络一样具有小样本学习的能力，以统计学习理论为基础，能够很好地处理非线性分类问题，已在电力行业的很多领域得到了应用。

SVM 方法是一种建立在统计学习理论基础上的机器学习方法，并因其在多种分类问题中所表现出的优异推广性能而深受到广大专家学者的关注。通过学习算法，支持向量机可以自动寻找那些对分类有较好区分能力的支持向量，由此构造出的分类器可以最大化类与类的间隔，因而有较好的推广性能和较高的分类准确率。支持向量机的主要思想是针对两类分类问题，在高维空间中寻找一个超平面作为两类的分割，以保证最小的分类错误率，而且支持向量机一个重要的优点是可以处理线性不可分的问题。同时由于 SVM 的求解归属一个凸优化问题的求解，即理论上存在全局最优解，这个特点能够避免局部极值这一问题。用支持向量机实现分类，首先要从原始空间中抽取特征，将原始空间中的样本映射为高维特征空间中的一个向量，以解决原始空间中线性不可分的问题。

支持向量机具有以下特点。

（1）采用内积核函数将高维空间非线性回归转化为线性回归（巧妙地解决了维数问题），并等效于低维空间的非线性回归，同时能保证机器学习具有较好的泛化能力。

（2）与优化经验风险不同，基于结构风险最小化的特征空间划分的最优超平面问题可最终可转化为二次优化问题，并存在全局理论最优解和唯一极值点。

（3）由于机器学习的复杂性不取决于样本空间的维数，而取决于支持向量数目（因为支持向量在支持向量机分类决策中起决定作用所决定的），从而可在某种意义上避免"维数灾难"。

（4）可以实现多种传统方法，且能够较好地进行模型选择。

总之，与基于统计方法的现有分类和回归等问题相比，支持向量机不涉及概率测度及大数定律等，且特别适合于小样本学习的一种新颖机器学习方法。其新颖和独特之处在于将传统的"归纳→演绎"重新定义并大大简化为"训练样本→预报样本"的高效转导推理。

支持向量机（SVM）是一种机器学习算法，可应用于线性可分和非线性可分的分类问题（也称为规划问题）。

1. 线性可分 SVM

支持向量机始于线性可分的二分类问题，即如何实现将样本数据通过一个线性函数来正确划分这种具有两种类型的数据集。所谓的线性可分规划问题是研究如何能够寻找出一个线性超平面，使得位于该超平面两侧的数据样本分别属于各自的类型。事实上，支持向量机最初正是研究线性可分规划问题而提出的。

假设给定一组大小为 n、由两个类别所组成的训练样本集 $[(\boldsymbol{x}_i, y_i), i = 1, 2, \cdots, n]$，其向量表示形式为 $\boldsymbol{x} = (\boldsymbol{x}_1, \boldsymbol{x}_2, \cdots, \boldsymbol{x}_n)^{\mathrm{T}}$，$\boldsymbol{y} = (y_1, y_2, \cdots, y_n)^{\mathrm{T}}$。其中 $\boldsymbol{x}_i$ 为第 i 个样本数据（以下简称样本），而 y_i 则为第 i 个样本类型标签（以下简称标签）。需要指出的是，这里采用深黑色体字描述多维变量数据，如第 i 个样本数据 $\boldsymbol{x}_i = (x_{i1}, x_{i2}, \cdots, x_{in})^{\mathrm{T}}$，

即 x_i 事实上为 m 维变量数据。由于是二分类问题，因此如果 x_i 属于第一类的数据，则标签 $y_i = 1$；若 x_i 属于第二类，则记 $y_i = -1$。

如果存在分类超平面

$$w^{\mathrm{T}} x + b = 0 \qquad\qquad (6-1)$$

能够将样本正确地划分成两类，即相同类别的样本都落在分类超平面的同一侧，则称该样本集是线性可分的，式（6-1）中的 w 为分类面的权重向量，$b \in \mathbb{R}$ 为偏置。

由此可知，上述的两类样本数据必然满足

$$\begin{cases} w^{\mathrm{T}} x_i + b > 0, y_i = 1 \\ w^{\mathrm{T}} x_i + b < 0, y_i = -1 \end{cases} \quad i = 1, 2, \cdots, n$$

需要指出的是，这里的 $y_i = 1$ 或 -1，仅代表着两类不同类型的数据样本，表示该样本位于分类超平面的某一侧。

实际应用中，考虑到分类的可靠性以及计算的便利性，通常是采用式（6-2）来实现样本的分类。

$$\begin{cases} w^{\mathrm{T}} x_i + b \geq 1, y_i = 1 \\ w^{\mathrm{T}} x_i + b \leq 1, y_i = -1 \end{cases} \quad i = 1, 2, \cdots, n \qquad\qquad (6-2)$$

$m = 2$ 的二维数据样本的分类原理如图 6-6 所示，其中样本 $x_i = (x_{i1}, x_{i2})^{\mathrm{T}}$，$i = 1, \cdots, n$。由此可见，此时，分类超平面应为一条直线 $w^{\mathrm{T}} x + b = 0$，且两类样本分别位于分类线的两侧，其中由灰色标记的数据样本构成了所谓的向量机。为了不失一般性，这里仍称为分类超平面，而不是分类直线。

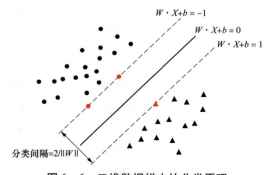

图 6-6　二维数据样本的分类原理

为了使得这种样本的分类更加可靠，希望样本距分类超平面的间距尽可能的大，这正是支持向量机算法实现样本分类原理。

事实上，在超平面 $w^{\mathrm{T}} x + b = 0$ 确定的情况下，$|w^{\mathrm{T}} x_i + b|$ 能够表示点 x_i 到分类超平面的远近，而通过观察 $w^{\mathrm{T}} x_i + b$ 的符号与类标签 y_i 的符号是否一致即可判断分类是否正确。所以，可以用 $y_i(w^{\mathrm{T}} x_i + b)$ 的正负性来判定或表示分类的正确性。由此引出了函数间隔（Functional Margin）的概念。

定义函数间隔 λ 为

$$\lambda_i = y_i(w^{\mathrm{T}} x_i + b) = |w^{\mathrm{T}} x_i + b| \qquad\qquad (6-3)$$

将式（6-3）中的 $\boldsymbol{w}$ 和 b 进行归一化处理，即用 $\boldsymbol{w}/\parallel\boldsymbol{w}\parallel$ 和 $b/\parallel\boldsymbol{w}\parallel$ 分别代替原来的 $\boldsymbol{w}$ 和 b，并将归一化后的函数间隔定义为几何间隔（Geometrical Margin）δ_i 为

$$\delta_i = \frac{\lambda_i}{\parallel\boldsymbol{w}\parallel} = \frac{\mid\boldsymbol{w}^\mathrm{T}\boldsymbol{x}_i + b\mid}{\parallel\boldsymbol{w}\parallel} \tag{6-4}$$

进一步定义一个样本集到分类超平面的距离为此集合中与分类超平面最近的样本点的几何间隔，即

$$\delta = \min\{\delta_i\} \quad i = 1,\ 2,\ \cdots,\ n \tag{6-5}$$

δ 越大，表明分类的可靠性就越高。换言之，δ 越大，分类的误分次数就越少。因此，需要在满足式（6-2）的无数个分类超平面中选择一个最优分类面，使得样本集到分类超平面的距离 δ 最大。

若选择函数间隔 $\lambda_i = \mid\boldsymbol{w}^\mathrm{T}\boldsymbol{x}_i + b\mid = 1$，则两类样本点间的几何距离为

$$2\delta_i = \frac{2\lambda_i}{\parallel\boldsymbol{w}\parallel} = 2\frac{\mid\boldsymbol{w}^\mathrm{T}\boldsymbol{x}_i + b\mid}{\parallel\boldsymbol{w}\parallel} = \frac{2}{\parallel\boldsymbol{w}\parallel}$$

因此，分类的目标就被转化为在满足式（6-2）的约束下寻求最优分类超平面，使得 $\frac{2}{\parallel\boldsymbol{w}\parallel}$ 最大，即最小化 $\frac{\parallel\boldsymbol{w}\parallel^2}{2}$。用数学语言描述该规划问题，即

$$\begin{cases} \min \dfrac{\parallel\boldsymbol{w}\parallel^2}{2} \\ s.\,t.\ y_i(\boldsymbol{w}^\mathrm{T}\boldsymbol{x}_i + b) \geqslant 1, i = 1,2,\cdots,n \end{cases} \tag{6-6}$$

由于式（6-6）所描述的规划问题的目标函数是二次的，而约束条件是线性的，所以它属于一个凸二次规划问题，可以通过拉格朗日对偶性（Lagrange Duality）变换到对偶变量（Dual Variable）的优化问题，即通过求解与原问题等价的对偶问题（Dual Problem）得到原始问题的最优解，这就是线性可分条件下支持向量机的对偶算法，这样做的优点在于：①对偶问题往往更容易求解；②可以引入核函数，进而推广到非线性分类问题。

所谓的拉格朗日对偶性是通过给每一个约束条件加上一个拉格朗日乘子（Lagrange Multiplier）α，并定义拉格朗日函数，再通过拉格朗日函数将约束条件融合到目标函数里去，从而只用一个函数表达式便能清楚地表达出带求解问题，有

$$L(\boldsymbol{w},b,\alpha) = \frac{1}{2}\parallel\boldsymbol{w}\parallel^2 - \sum_{i=1}^{n}\alpha_i(y_i(\boldsymbol{w}^\mathrm{T}\boldsymbol{x}_i + b) - 1),\ i = 1,\ 2,\ \cdots,\ n \tag{6-7}$$

由于计算的复杂性，一般不直接求解，而是依据拉格朗日对偶理论将式（6-6）所描述的优化问题转化为对偶问题。

当满足条件 $\frac{\partial L}{\partial w} = 0$，$\frac{\partial L}{\partial b} = 0$ 时，函数 $L(\boldsymbol{w},b,\alpha)$ 取得其极小值，即

$$\begin{cases} \dfrac{\partial L}{\partial w} = w - \sum_{i=1}^{n} y_i\alpha_i\boldsymbol{x}_i = 0 \\ \dfrac{\partial L}{\partial b} = \sum_{i=1}^{n} y_i\alpha_i = 0 \end{cases}$$

整理可得

$$\begin{cases} w = \sum_{i=1}^{n} y_i \alpha_i x_i \\ \sum_{i=1}^{m} y_i \alpha_i = 0 \end{cases} \tag{6-8}$$

将式（6-8）代入式（6-7），可得

$$L(\alpha) = \sum_{i=1}^{n} \alpha_i - \frac{1}{2} \sum_{i=1}^{n} \sum_{j=1}^{n} \alpha_i \alpha_j y_i y_j (x_i \cdot x_j) \tag{6-9}$$

结合式（6-5），并采用对偶原理，将优化问题变为

$$\begin{cases} \max L(\alpha) = \sum_{i=1}^{n} \alpha_i - \frac{1}{2} \sum_{i=1}^{n} \sum_{j=1}^{n} \alpha_i \alpha_j y_i y_j (x_i \cdot x_j) \\ s.t. \sum_{i=1}^{n} \alpha_i y_i = 0, \alpha_i \geqslant 0 \end{cases} \tag{6-10}$$

式（6-10）所描述的优化问题可以采用二次规划方法加以求解。设求解得到的最优解为 $\alpha^* = (\alpha_1^*, \alpha_2^*, \cdots, \alpha_n^*)^{\mathrm{T}}$，则可以得到最优的 w^* 和 b^* 为

$$\begin{cases} w^* = \sum_{i=1}^{n} \alpha_i x_i y_i \\ b^* = -\frac{1}{2} w^* (x_r + x_s) \end{cases} \tag{6-11}$$

其中，x_r 和 x_s 为两个类别中任意的一对支持向量。由此可以得到的最优分类函数为

$$f(x) = \mathrm{sgn} \left[\sum_{i=1}^{n} \alpha_i^* y_i (x x_i + b^*) \right] \tag{6-12}$$

根据 KKT（Karush Kuhn Tucker）定理可知，上述优化问题满足下面条件，即

$$\alpha_i^* (w^* \cdot x + b) - 1 = 0, i = 1, 2, \cdots, m \tag{6-13}$$

大多数 α_i^* 的值为零，那些 α_i^* 值不为零的样本点就是支持向量，一般支持向量仅仅是所有样本数据的极少部分。

根据最优的 w^* 和 b^*，可求得最优分类超平面为

$$\sum_{i=1}^{n} \alpha_i^* y_i (x_i \cdot x) + b^* = 0 \tag{6-14}$$

对于给定的未知样本 x，其分类决策函数为

$$f(x) = \mathrm{sgn} \left[\sum_{i=1}^{n} \alpha_i^* y_i (x_i \cdot x) + b^* \right] \tag{6-15}$$

其中 sgn（·）为符号函数。由式（6-15）即可判别样本 x 的所属类别，即

$$x = \begin{cases} \text{类型 } 1, & \text{if } f(x) = 1 \\ \text{类型 } 2, & \text{if } f(x) = -1 \end{cases}$$

需要指出的是，如果数据集中的绝大多数样本是线性可分的，而仅有少数几个样本（可能是异常点）导致寻找不到最优分类超平面，此时可以引入松弛变量，并对式（6-6）中的优化目标及约束项进行修正，即

$$\begin{cases} \min \frac{\|w\|^2}{2} + C \sum_{i=1}^{n} \xi_i \\ s.t. \begin{cases} y_i(w^{\mathrm{T}} x_i + b) \geqslant 1 - \xi_i \\ \xi_i > 0, \end{cases}, \quad i = 1, 2, \cdots, n \end{cases} \tag{6-16}$$

其中 C 为惩罚因子，担负着对于错分样本惩罚程度的控制作用，由此可以实现在错分样

本的比例与算法复杂度间的折中。式（6-16）所描述的优化问题的求解方法与式（6-6）相同，即转化为其对偶问题，只是约束条件变为

$$\begin{cases} \sum_{i=1}^{n} \alpha_i\, y_i = 0 \\ 0 \leqslant \alpha_i \leqslant C \end{cases} \qquad i = 1,2,\cdots,n$$

2. 线性不可分 SYM

在实际应用中，绝大多数问题都是非线性的，这时对于线性可分 SVM 是无能为力的。对于此类线性不可分问题，常用的方法是通过非线性映射 $\boldsymbol{\Phi}: \boldsymbol{R}^{\mathrm{d}} \rightarrow \boldsymbol{H}$，将原始空间的样本映射到高维的特征空间 $\boldsymbol{H}$ 中，再在高维特征空间 $\boldsymbol{H}$ 中构造最优分类超平面。原始空间向高维特征空间映射如图 6-7 所示。另外，与线性可分 SYVM 相同，考虑到通过非线性映射到高维特征空间后仍有因少量样本造成的线性不可分情况，亦考虑引入松弛变量。

如式（6-10）所示，在求解对偶问题时，需计算样本点向量的点积；同理，当通过非线性映射到高维特征空间时，也需要在高维特征空间中计算点积，从而导致计算量的增加。Vapnik 等人提出采用满足 Mercer 条件的核函数 $K(\boldsymbol{x}_i, \boldsymbol{x}_j)$ 来代替点积运算，即

$$K(\boldsymbol{x}_i, \boldsymbol{x}_j) = \boldsymbol{\Phi}(\boldsymbol{x}_i)\boldsymbol{\Phi}(\boldsymbol{x}_j) \qquad (6-17)$$

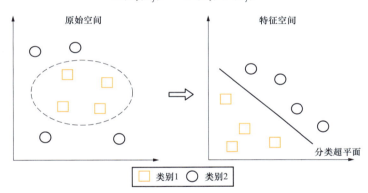

图 6-7　原始空间向高维特征空间映射

在高维特征空间中寻求最优分类超平面的过程及方法与线性可分 SVM 情况类似，只是需要用核函数取代高维特征空间中的点积计算，从而大大减少了计算量与复杂度。

映射到高维特征空间后，对应的对偶问题变为

$$\begin{cases} \max L(\boldsymbol{\alpha}) = \sum_{i=1}^{n} \alpha_i - \frac{1}{2} \sum_{i=1}^{n} \sum_{j=1}^{n} \alpha_i\, \alpha_j\, y_i\, y_j K(\boldsymbol{x}_i, \boldsymbol{x}_j) \\ \text{s. t. } \sum_{i=1}^{n} \alpha_i\, y_i = 0, \alpha_i \geqslant 0 \end{cases} \qquad (6-18)$$

设 $\boldsymbol{\alpha}^* = (\alpha_1^*, \alpha_2^*, \cdots, \alpha_n^*)^{\mathrm{T}}$ 为式（6-18）所描述的优化问题的解，则

$$w^* = \sum_{i=1}^{n} \alpha_i^*\, y_i \boldsymbol{\Phi}(\boldsymbol{x}_i)$$

由此可得最终的最优分类函数为

$$f(\boldsymbol{x}) = \mathrm{sgn}(\boldsymbol{w}^* \boldsymbol{\Phi}(\boldsymbol{x}_i) + b^*) = \mathrm{sgn}\left(\sum_{i=1}^{n} \alpha_i^*\, y_i \boldsymbol{\Phi}(\boldsymbol{x}_i)\boldsymbol{\Phi}(\boldsymbol{x}) + b^* \right) \qquad (6-19)$$

$$= \text{sgn}\left(\sum_{i=1}^{n} \alpha_i^* \, y_i K(\boldsymbol{x}_i, \boldsymbol{x}) + b^* \right)$$

可以证明，解中将只有一部分（通常是少部分）不为零，而非零部分对应的样本 $\boldsymbol{x}_i$ 正是所谓的支持向量。因此，分类问题的决策边界仅由支持向量来确定。支持向量机的算法框架结构如图 6－8 所示。

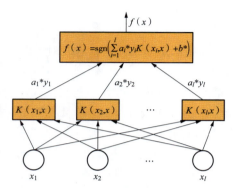

图 6－8　支持向量机的算法框架结构

3. 核函数和参数选择

SVM 中核函数的主要是把输入的样本数据映射到一个高维空间中，使用不一样的核函数也随之得到不一样的高维空间，通过改变核函数中的相关参数来改变原始数据在高维空间中的分布情况，继而影响在高维空间求出的最优分类面的推广。

常用的核函数有线性核函数、d 阶多项式核函数、高斯径向基核函数及具有参数 k 和 θ 的 Sigmoid 核函数。

线性核函数为

$$K(\boldsymbol{x}_i, \boldsymbol{x}) = \boldsymbol{x}_i \cdot \boldsymbol{x} \tag{6－20}$$

线性核函数主要用于线性可分的情况。可以看到特征空间到输入空间的维度是一样的。对于线性可分数据，其分类效果很理想，因此通常首先尝试用线性核函数来做分类，看看效果如何，如果不行再换别的核函数。

d 阶多项式核函数为

$$K(\boldsymbol{x}_i, \boldsymbol{x}) = (\boldsymbol{x}_i \cdot \boldsymbol{x} + 1)^{\mathbf{d}} \tag{6－21}$$

多项式核函数可以实现将低维的输入空间映射到高纬的特征空间，但是多项式核函数的参数多，当多项式的阶数比较高的时候，核矩阵的元素值将趋于无穷大或者无穷小，计算复杂度会大到无法计算。

高斯径向基核函数为

$$K(\boldsymbol{x}_i, \boldsymbol{x}) = \exp\left(- \frac{\parallel x - x_i \parallel^2}{2\sigma^2} \right) \tag{6－22}$$

高斯径向基核函数是一种局部性强的核函数，其可以将一个样本映射到一个更高维的空间内，该核函数是应用最广的一个，无论是大样本还是小样本都有比较好的性能，而且其相对于多项式核函数参数要少，因此大多数情况下在不知道用什么核函数的时候，优先使用高斯核函数。

具有参数 k 和 θ 的 Sigmoid 核函数为

$$K(\boldsymbol{x}_i,\boldsymbol{x}) = \tanh(k(\boldsymbol{x}_i,\boldsymbol{x}) + \theta) \qquad (6-23)$$

与神经网络相比，SVM 中的参数少，一般情况没有类似 BP 神经网络中经常出现训练结果发散这一问题，且通过 SVM 方法得到的结果是唯一解。

核函数的选择会影响 SVM 分类器的学习和推广能力，确定了核函数之后又将面临着选择核参数的问题，高斯核函数中的宽度参数 σ 对其性能影响很大，当 σ 取值过小时，所有的训练样本将会正确分类，这样导致出现过度拟合的现象，而当 σ 取值过大时，分类器的性能会变得很差导致将所有样本判为同一类，因此这样的 SVM 分类器没有学习和推广的能力。只有当 σ 的取值较为恰当时，支持向量的数量才会随之减少，进而分类器的分类识别能力也随之得到有效提高。

选择一个合适的惩罚因子 C 是设计 SVM 分类器时另一个比较重要的环节。惩罚因子 C 的作用是来调节损失和分类间隔的权重，避免将样本错分的一个参数，惩罚因子 C 越大表明越重视损失，如果有分错的样本，对其的惩罚将越大。不断增大 C 的值，能实现样本点完全正确的分类，但是这样将会导致过拟合，泛化能力不够。因此合理选择 C 值对于 SVM 分类器的性能影响尤其关键。

目前选择 C 值选择的方法有很多种，其中 K 折交叉验证法在实际应用中选择较多且证明该方法效果较好。使用该方法时，首先将所有样本随机地分成 K 个集合，通常这 K 个集合样本数均等，即完成 K 等份，接着对其中的 $K-1$ 个集合样本训练得到其决策函数，再利用得到的决策函数对剩下的那个集合的样本进行测试，如上步骤作 K 次测试后取测试误差的平均值作为算法误差的估计。

4. 多分类 SVM

因为 SVM 分类器主要针对两种不同类型的分类而设计，故没办法直接用来解决多类型问题的分类处理，对此可以采用两种不同的解决方法，第一种方法是将几个二分类的 SVM 分类器按一定的要求组合，第二个方法是从公式着手进行相关算法优化。目前常见的几种多分类处理方式主要有一对一法、一对余法、有向无环图法、决策二叉树法等。

（1）一对一法。一对一法是对所有原始样本类型，针对每两种不同的样本类型分别构造一个二类分类器，即需要对 m 个类别的样本分类时总共构造出 $m(m-1)/2$ 个分类器。该分类方法分类用到了投票法，将所有的分类器的分类识别结果进行分析和组合，从而达到多分类的效果。分类过程中每个分类器都要完成对待测数据进行类型判断并根据判断结果进行投票，最后将获得票数最多的那个类型即为待测数据的类型。一对一法构造出的分类器特点是结构相对简单，计算量也不大。

（2）一对多法。当需要对 m 类样本进行多分类问题，一对多法需要构造出 m 个分类器。即每一个类型对应一个分类器，将其他类型的数据归结到一个大类中，达到分开该类与其他的类的目的。第 k 个 SVM 求得的最优分类面，主要任务完成将其与其余的 $(k-1)$ 类分开的目的。一对多法在进行分类时，计算出对应于每个 SVM 二分类器的分类决策函数值，并将待测的样本分到那个分类决策函数值取值最大的类别中去。一对多法的优点是结构简单且易于实现，缺点是分类存在不可识别的区域，训练样本时的重复训练率太高，且当样本数目较多时，训练的速度比较慢，由于分类时每个 SVM 分类器的决策函数值都需要计算，所以造成速度慢且效率较低。

（3）有向无环图法。有向无环图法针对 m 类多分类问题时也需设计构造出 m（$m-1$）$/2$ 个二分类器。当利用该方法解决几个类型的分类问题时，它采用了有向无环图的策略，将多个 SVM 分类器的输出结果综合起来进行判断，达到分类的目的。该方法从根节点开始进行分类，然后由该节点分析的输出结果送至下一层节点再进行分类操作，依此类推至某个叶节点则分类停止，最后达到的那个叶节点的类别即为待测的数据的分类类别。该方法的优点是：因为分类时只用历经一小部分的分类器，所以分类速率比较快，具有较高的分类效率。其缺点是由于需要构造的分类器相对较多，当需要处理类别较多的情况时，分类效率不高。

（4）决策二叉树法。决策二叉树法的分类思想从根节点出发，将每一个节点中现有的多个类别依照一个分类标准划分为 2 个子类，接着从 2 个子类继续进行两类划分，如此划分直至最后的子类中只有一个类别时终止，最终会形成了一个二叉树。接着在二叉树的每个分类节点构造一个 SVM 二分类器，达到待测识别样本分类的目的。决策二叉树法的优点是需要的分类器的数目和训练样本数据数量不多，且分类时由于不需要遍历所有分类器，所以训练速度和分类速度相对较快。当需要处理较多类别的分类识别时，决策二叉树法的这一优势会更为明显。但是，如何设计树型结构，如何有效地解决由于结构的原因造成差错累积，是该方法的一个难点。

6.2.2 深度神经网络 （DNN）

深度神经网络（Deep Neural Networks，DNN）是深度学习的基础，属于一种典型的人工智能神经网络。

1. 深度神经网络（DNN）模型

（1）从感知机到神经网络。$m=3$ 的感知机模型如图 6-9 所示，它是一个具有 m 个输入和 1 个输出的模型。

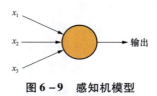

图 6-9　感知机模型

感知机可以通过输出和输入之间学习到一个线性关系，得到中间输出结果为

$$z = \sum_{i=1}^{m} w_i x_i + b$$

该线性关系结果再通过一个神经元激活函数（这里为 sign 函数），即

$$\sigma(z) = \text{sign}(z) = \begin{cases} 1, & z \geq 0 \\ -1, & z < 0 \end{cases}$$

从而得到输出结果 1 或者 -1。

这个感知机模型只能用于二元分类，且无法学习比较复杂的非线性模型。而神经网络则在感知机的模型上做了扩展，重点包括以下 3 个方面。

1）加入了隐藏层。在输入与输出层之间加入了所谓的隐藏层，隐藏层可以有多层，从而增强了模型的表达能力，当然也随之增加了模型的复杂度。具有 2 隐藏层的神经网络模型如图 6 - 10 所示。

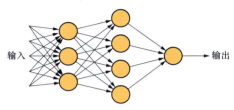

图 6 - 10　具有 2 隐藏层的神经网络模型

2）输出层的神经元也可以不止一个输出，可以有多个输出，这样模型可以灵活地应用于分类回归，以及其他的机器学习领域，比如降维和聚类等。具有 4 个神经元输出的神经网络模型如图 6 - 11 所示。

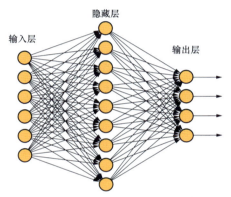

图 6 - 11　具有 4 个神经元输出的神经网络模型

3）对激活函数做了扩展，感知机的激活函数是 sign（z），虽然简单但是处理能力有限，因此神经网络中一般使用的其他的激活函数，比如在逻辑回归里面使用过的 Sigmoid 函数，即

$$\sigma(z) = \frac{1}{1 + e^{-z}} \tag{6 - 24}$$

还有后来出现的 tanh、softmax、ReLU 等。通过使用不同的激活函数，神经网络的表达能力进一步增强。

（2）DNN 的基本结构。神经网络基于感知机的扩展，而 DNN 可以理解为有多隐藏层的神经网络。从 DNN 按不同层的位置划分，DNN 内部的神经网络层可以分为输入层、隐藏层及输出层 3 类。通常情况下，第一层是输入层，最后一层是输出层，而中间的层数都是隐藏层。层与层之间是全连接的，也就是说，第 l 层的任意一个神经元一定与第 $l + 1$ 层的任意一个神经元相连。具有 3 个隐藏层、输入层有 8 个神经元、输出层有 4 个神经元（即 4 个输出类别）的 DNN 如图 6 - 12 所示。

虽然 DNN 看起来很复杂，但是从神经网络中的最基本构成而言，还是和感知机一样，即一个线性关系 $z = \sum w_i x_i + b$ 加上一个激活函数 $\sigma(z)$。由于 DNN 层数多，则线性关系系数 w_i 和偏置 b 的数量也增多。事实上，通过这些神经元所组成的神经网络，可以建立起输入

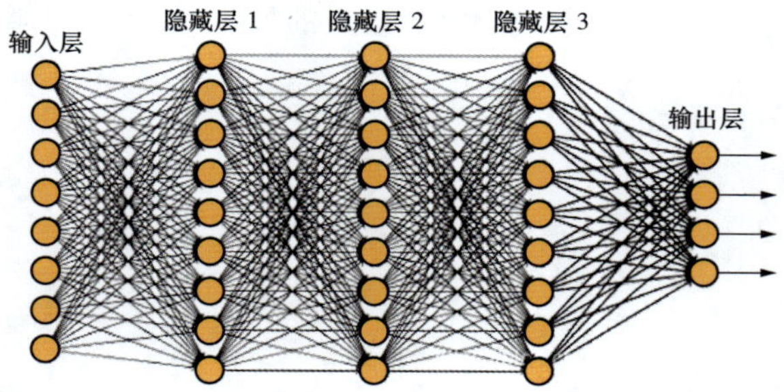

图 6-12 具有 3 个隐藏层、输入层有 8 个神经元、输出层有 4 个神经元的 DNN

与输出之间的某种函数关系，从而达到回归与分类等的目的。因此，为了实现深度学习，首先需要建立合适的神经网络结构，再通过一些数学方法确定各神经元的线性关系系数 w_i 和偏置 b，并通过特定的激活函数建立起各层之间神经元的输入与输出关系，最终实现相应的回归或分类的目的。

一个 3 层的 DNN 示例如图 6-13 所示，该神经网络第二层的第 4 个神经元到第三层的第 2 个神经元的线性系数定义为 $w_{24}^{(3)}$，其中上标 3 代表线性系数 w 所在的层数（第三层），而下标对应的是输出的第三层索引 2 和输入的第二层索引 4。需要指出的是，这里线性系数描述为 $w_{24}^{(3)}$，而不是 $w_{42}^{(3)}$。这主要是为了便于模型用于矩阵表示运算，如果是 $w_{42}^{(3)}$ 每次进行矩阵运算是 $w^\mathrm{T}x+b$，需要进行转置。将输出的索引放在前面的话，则线性运算不用转置，即直接为 $wx+b$。由此可见，第 $l-1$ 层的第 k 个神经元到 l 层的第 j 个神经元的线性系数定义为 $w_{jk}^{(l)}$。注意，输入层是没有 w 参数的。

再来看看偏置 b 的定义。还是以这个三层的 DNN 为例，第二层的第 3 个神经元对应的偏置定义为 $b_3^{(2)}$。其中，上标 2 代表所在的层数，下标 3 代表偏置所在的神经元的索引。输入层是没有偏置参数 b 的。

同样的道理，对于神经元的激活值而言，第 3 层的第 1 个神经元的激活值应该表示为 $a_1^{(3)}$。

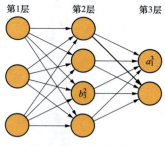

图 6-13 DNN 示例

2. DNN 前向传播算法

（1）DNN 前向传播算法数学原理。根据 DNN 各层线性关系系数 w 和偏置 b 的定义，假设选择的激活函数是 $\sigma(z)$，隐藏层和输出层的输出值为 a，则对于图 6-14 所示的 3 层 DNN，利用和感知机一样的思路，可以利用上一层的输出计算下一层的输出，也就是所谓的 DNN 前向传播算法。

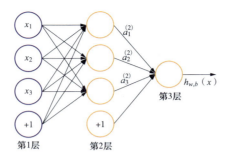

图 6 – 14　3 层 DNN

对于第 2 层的输出 $a_1^{(2)}$、$a_2^{(2)}$、$a_3^{(2)}$，有

$$a_1^{(2)} = \sigma(z_1^{(2)}) = \sigma(w_{11}^{(2)} x_1 + w_{12}^{(2)} x_2 + w_{13}^{(2)} x_3 + b_1^{(2)})$$
$$a_2^{(2)} = \sigma(z_2^{(2)}) = \sigma(w_{21}^{(2)} x_1 + w_{22}^{(2)} x_2 + w_{23}^{(2)} x_3 + b_2^{(2)})$$
$$a_3^{(2)} = \sigma(z_3^{(2)}) = \sigma(w_{31}^{(2)} x_1 + w_{32}^{(2)} x_2 + w_{33}^{(2)} x_3 + b_3^{(2)})$$

对于第 3 层的输出 $a_1^{(3)}$，有

$$a_1^{(3)} = \sigma(z_1^{(3)}) = \sigma(w_{11}^{(3)} a_1^{(2)} + w_{12}^{(3)} a_2^{(2)} + w_{13}^{(3)} a_3^{(2)} + b_1^{(3)})$$

将上面的例子一般化，假设第 $l-1$ 层共有 m 个神经元，则对于第 l 层的第 j 个神经元的输出 $a_j^{(l)}$，有

$$a_j^{(l)} = \sigma(z_j^{(l)}) = \sigma\left(\sum_{k=1}^{m} w_{jk}^{(l)} a_k^{(l-1)} + b_j^{(l)}\right) \qquad (6-25)$$

其中，如果 $l=2$，则对应的 $a_k^{(1)}$ 即为输入层的输入 x_k，其中 $k=1$，2，$\cdots$，m。

需要指出的是，使用代数法一个个地表示输出比较复杂，而如果使用矩阵法则比较的简洁。假设第 $l-1$ 层共有 m 个神经元，而第 l 层共有 n 个神经元，则第 l 层的线性系数 u 组成了一个 $n \times m$ 的矩阵 $\boldsymbol{W}^{(l)}$，第 l 层的偏置 b 组成了一个 $n \times 1$ 的向量 $\boldsymbol{b}^{(l)}$，第 $l-1$ 层的输出 a 组成了一个 $m \times 1$ 的向量 $\boldsymbol{a}^{(l-1)}$，第 l 层的未激活线性输出 z 组成了一个 $n \times 1$ 的向量 $\boldsymbol{z}^{(l)}$，第 l 层的输出 a 组成了一个 $n \times 1$ 的向量 $\boldsymbol{a}^{(l)}$。则用矩阵法表示，第 l 层的输出为

$$\boldsymbol{a}^{(l)} = \sigma(\boldsymbol{z}^{(l)}) = \sigma(\boldsymbol{W}^{(l)} \boldsymbol{a}^{(l-1)} + \boldsymbol{b}^{(l)}) \qquad (6-26)$$

（2）DNN 前向传播算法。所谓的 DNN 的前向传播算法也就是利用若干个权重系数矩阵 $\boldsymbol{W}$ 和偏置向量 $\boldsymbol{b}$ 来和输入值向量 $\boldsymbol{x}$ 进行一系列线性运算和激活运算，从输入层开始，一层层地向前计算，一直到运算到输出层，直至得到输出结果为止。

假定神经网络的总层数为 L，所有隐藏层和输出层对应的矩阵 $\boldsymbol{W}$，偏置向量 $\boldsymbol{b}$，输入值向量为 $\boldsymbol{x}$，输出层的输出 $\boldsymbol{a}^{(L)}$。算法流程如下。

第 1 步：初始化，$\boldsymbol{a}^{(1)} = \boldsymbol{x}$。

第 2 步：for l = 2 to L，计算 $\boldsymbol{a}^{(l)} = \sigma(\boldsymbol{z}^{(l)}) = \sigma(\boldsymbol{W}^{(l)} \boldsymbol{a}^{(l-1)} + \boldsymbol{b}^{(l)})$。

最后的结果即为输出 $\boldsymbol{a}^{(L)}$。

DNN 前向传播算法的实质就是在已知各层神经元的线性关系系数 $\boldsymbol{W}$、偏置 $\boldsymbol{b}$ 以及激活函数 $\sigma(z)$ 的基础上，对于给定的输入参数，确定出对应的输出。如果这些线性关系系数 $\boldsymbol{W}$、偏置 $\boldsymbol{b}$ 是已经训练好的（即通过多样本训练而确定的），则通过 DNN 前向传播算法即可实现所谓的回归或分类的人工智能运算。由此可见，运用深度神经网络实现人工智能运算的

最关键技术之一就是如何能够通过已知样本的训练，确定神经网络中各神经元的线性关系系数 W、偏置 b，这就涉及 DNN 的反向传播算法。

3. DNN 反向传播算法

（1）DNN 反向传播算法要解决的问题。为了更好地了解 DNN 的反向传播算法（Back Propagation，BP），首先需要知道 DNN 反向传播算法要解决的问题，也就是说，什么时候需要这个反向传播算法？

对于监督学习的一般问题而言，假设我们有 m 个训练样本：$\{(\boldsymbol{x}_1, \boldsymbol{y}_1), (\boldsymbol{x}_2, \boldsymbol{y}_2), \cdots, (\boldsymbol{x}_m, \boldsymbol{y}_m)\}$，其中 $\boldsymbol{x}$ 为输入向量，特征维度为 n_{in}，而 $\boldsymbol{y}$ 为输出向量，特征维度为 n_{out}。我们需要利用这 m 个样本训练出一个模型，当有一个新的测试样本（$\boldsymbol{x}_{test}, ?$）来到时，我们可以预测 $\boldsymbol{y}_{test}$ 向量的输出。

如果我们采用 DNN 的模型，即我们使输入层有 n_{in} 个神经元，而输出层有 n_{out} 个神经元。再加上一些含有若干神经元的隐藏层。此时我们需要找到所有隐藏层和输出层所对应的合适的线性系数矩阵 W 和偏置向量 b，以至于让所有的训练样本输入计算出的输出尽可能地等于或很接近样本输出。问题是，如何才能找到合适的参数呢？事实上，这也是传统机器学习的算法优化技术过程，既可以用一个合适的损失函数来度量训练样本的输出损失，接着对这个损失函数进行优化求最小化的极值，对应的一系列线性系数矩阵 W 和偏置向量 b 即为所寻求的结果。在 DNN 中，损失函数优化极值求解的过程最常见的一般是通过梯度下降法来一步步迭代完成的，当然也可以是其他的迭代方法比如牛顿法与拟牛顿法。

对 DNN 的损失函数用梯度下降法进行迭代优化求极小值的过程即为 DNN 的反向传播算法。

（2）DNN 反向传播算法的基本思路。在进行 DNN 反向传播算法前，需要选择一个损失函数，用于度量训练样本计算出的输出和真实的训练样本输出之间的损失。实际应用中，这个输出可以是随机选择一系列 W，b，应用前向传播算法计算出来，即通过一系列的计算 $\boldsymbol{a}^{(l)} = \sigma(\boldsymbol{z}^{(l)}) = \sigma(\boldsymbol{W}^{(l)} \boldsymbol{a}^{(l-1)} + \boldsymbol{b}^{(l)})$，计算到输出层（第 L 层）所对应的 $\boldsymbol{a}^L$ 即为前向传播算法计算出来的输出。

关于损失函数，DNN 可选择的损失函数有不少，其中最常见方法是的采用均方差来度量损失。当然，针对不同的任务，可以选择不同的损失函数。即对于每个样本，期望最小化式（6-27），即

$$L(\boldsymbol{W}, \boldsymbol{b}, \boldsymbol{x}, \boldsymbol{y}) = \frac{1}{2} \|\boldsymbol{a}^{(L)} - \boldsymbol{y}\|_2^2 \qquad (6-27)$$

式中 $\boldsymbol{a}^{(L)}$、$\boldsymbol{y}$ ——特征维度为 n_{out} 的向量；

      $\|\boldsymbol{a}^{(L)} - \boldsymbol{y}\|_2$——$\boldsymbol{a}^{(L)} - \boldsymbol{y}$ 的 L2 范数。

确定了损失函数，可以运用梯度下降法迭代求解每一层的 W，b，由此可以得到著名的反向传播的 4 个公式，为

$$\delta^{(L)} = \frac{\partial L(\boldsymbol{W}, \boldsymbol{b}, \boldsymbol{x}, \boldsymbol{y})}{\partial \boldsymbol{a}^{(L)}} \odot \sigma'(\boldsymbol{z}^{(L)}) \qquad (6-28)$$

$$\delta^{(l)} = ((\boldsymbol{W}^{(l+1)})^{\mathrm{T}} \boldsymbol{\delta}^{(l+1)}) \odot \sigma'(\boldsymbol{z}^{(l)}) \qquad (6-29)$$

$$\frac{\partial L(\boldsymbol{W}, \boldsymbol{b}, \boldsymbol{x}, \boldsymbol{y})}{\partial \boldsymbol{W}^{(l)}} = \delta^{(l)} (\boldsymbol{a}^{(L-1)})^{\mathrm{T}} \qquad (6-30)$$

$$\frac{\partial L(\boldsymbol{W},\boldsymbol{b},\boldsymbol{x},\boldsymbol{y})}{\partial \boldsymbol{b}^{(l)}} = \delta^{(l)} \tag{6-31}$$

其中的符号 ⊙ 代表 Hadamard 积。对于两个维度相同的向量 $\boldsymbol{A} = (a_1, a_2, \cdots a_n)^{\mathrm{T}}$ 和 $\boldsymbol{B} = (b_1, b_2, \cdots b_n)^{\mathrm{T}}$，则 $\boldsymbol{A} \odot \boldsymbol{B} = (a_1 b_1, a_2 b_2, \cdots a_n b_n)^{\mathrm{T}}$。

（3）DNN 反向传播算法流程。由于梯度下降法有批量（Batch）、小批量（mini-Batch）、随机 3 个变种，为了简化描述，这里仅以最基本的批量梯度下降法为例来描述反向传播算法。实际上在业界使用最多的是 mini-Batch 的梯度下降法。不过区别仅仅在于迭代时训练样本的选择而已。

输入：总层数 L，以及各隐藏层与输出层的神经元个数，激活函数，损失函数，迭代步长 α，最大迭代次数 MAX 与停止迭代阈值 ε，输入的 m 个训练样本 $\{(\boldsymbol{x}_1, \boldsymbol{y}_1), (\boldsymbol{x}_2, \boldsymbol{y}_2), \cdots, (\boldsymbol{x}_m, \boldsymbol{y}_m)\}$。

输出：各隐藏层与输出层的线性关系系数矩阵 $\boldsymbol{W}$ 和偏置向量 $\boldsymbol{b}$。

算法流程如下：

第 1 步：初始化各隐藏层与输出层的线性关系系数矩阵 $\boldsymbol{W}$ 和偏置向量 $\boldsymbol{b}$ 的值为一个随机值。

第 2 步：for iter to 1 to MAX：

a. for i = 1 to m：①将 DNN 输入 $\boldsymbol{a}^{(1)}$ 设置为 $\boldsymbol{x}_i$；②for $l=2$ to L，进行前向传播算法计算 $a_i^{(l)} = \sigma(z_i^{(l)}) = \sigma(W^{(l)} a_i^{(l-1)} + b^{(l)})$；③通过损失函数计算输出层的 $\delta_i^{(l)}$；④for $l=L-1$ to 2，进行反向传播算法计算 $\delta_i^{(l)} = (W^{(l+1)})^{\mathrm{T}} \delta_i^{(l+1)} \odot \sigma'(z_i^{(l)})$。

b. for $l=2$ to L，更新第 l 层的 $\boldsymbol{W}^{(l)}$，$\boldsymbol{b}^{(l)}$，即

$$\boldsymbol{W}^{(l)} = \boldsymbol{W}^{(l)} - \alpha \sum_{i=1}^{m} \delta_i^{(l)} (a_i^{(l-1)})^{\mathrm{T}}$$

$$\boldsymbol{b}^{(l)} = \boldsymbol{b}^{(l)} - \alpha \sum_{i=1}^{m} \delta_i^{(l)}$$

c. 如果所有 $\boldsymbol{W}^{(l)}$，$\boldsymbol{b}^{(l)}$ 的变化值都小于停止迭代阈值 ε，则跳出迭代循环到第 3 步。

第 3 步：输出各隐藏层与输出层的线性关系系数矩阵 $\boldsymbol{W}$ 和偏置向量 $\boldsymbol{b}$。

上述的算法虽然看起来有些复杂，但实际上根据机器学习里普通的批梯度下降算法，在求出 m 个样本的 $\delta_i^{(l)}$ 后，求平均得到 $\delta^{(L)}$，然后反向继续更新 $\delta^{(l)}$。

有了 DNN 反向传播算法，就可以很方便地用 DNN 的模型去解决各种监督学习的分类回归问题。

4. DNN 损失函数和激活函数的选择

（1）均方差损失函数及 sigmoid 激活函数。在 DNN 反向传播运算过程中，如果激活函数采用 Sigmoid，损失函数采用均方差，则在确定线性关系参数 $\boldsymbol{W}$ 和偏置 $\boldsymbol{b}$ 时可能会出现问题。对于 Sigmoid 激活函数 $\sigma(z) = \dfrac{1}{1+e^{-z}}$ 而言，其函数图像如图 6-15 所示。可以看到，当 z 的取值越来越大后，函数曲线变得越来越平缓，这就意味着此时的激活函数的导数值也越来越小。同样的，当 z 的取值越来越小时，也出现同样的问题。而仅仅在 z 取值为 0 附近时，激活函数导数的取值才较大。

回顾上述的采用 Sigmoid 作为激活函数以及采用均方差损失函数进行反向传播算法过程

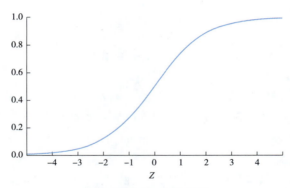

图 6 – 15　Sigmoid 函数

中，每一层向前递推都要乘以激活函数的偏导数，来计算出损失函数的梯度变化值。由于 Sigmoid 的特性，导致梯度变化值很小，从而造成 $\boldsymbol{W}$、$\boldsymbol{b}$ 更新到极值的速度较慢，即算法收敛速度较慢，最不利情况下，可能出现所谓的梯度消失，从而导致无法更新参数。因此，在实际应用中，通常需要对上述算法做出改进，例如采用其他形式的损失函数。或其他类型的激活函数。

（2）采用交叉熵损失函数以及 Sigmoid 激活函数改进 DNN 算法收敛速度。为了解决 Sigmoid 的函数特性导致反向传播算法收敛速度慢的问题，在激活函数为 Sigmoid 的条件下，可以选择交叉熵损失函数来代替均方差损失函数。

式（6 – 32）所示为交叉熵损失函数，即

$$L(\boldsymbol{W},\boldsymbol{b},\boldsymbol{a},\boldsymbol{y}) = -\boldsymbol{y} \cdot \ln\boldsymbol{a} - (1 - \boldsymbol{y}) \cdot \ln(1 - \boldsymbol{a}) \qquad (6-32)$$

其中，运算符"·"为向量内积。

针对式（6 – 32）所示的交叉熵损失函数，神经网络输出层的梯度 $\delta^{(L)}$ 为

$$\delta^{(L)} = \frac{\partial L(\boldsymbol{W},\boldsymbol{b},\boldsymbol{a}^{(L)},\boldsymbol{y})}{\partial \boldsymbol{z}^{(L)}} = -\boldsymbol{y}\frac{1}{\boldsymbol{a}^{(L)}}\boldsymbol{a}^{(L)}(1 - \boldsymbol{a}^{(L)}) + (1 - \boldsymbol{y})\frac{1}{1 - \boldsymbol{a}^{(L)}}\boldsymbol{a}^{(L)}(1 - \boldsymbol{a}^{(L)})$$

$$= -\boldsymbol{y}(1 - \boldsymbol{a}^{(L)}) + (1 - \boldsymbol{y})\boldsymbol{a}^{(L)} = \boldsymbol{a}^{(L)} - \boldsymbol{y}$$

由此可见，$\delta^{(L)}$ 梯度表达式里面已经没有了导数项 $\sigma'(\boldsymbol{z})$。作为一个特例，回顾一下在均方差损失函数时在 $\delta^{(L)}$ 的梯度，有

$$\delta^{(L)} = \frac{\partial \mathrm{L}(\boldsymbol{W},\boldsymbol{b},\boldsymbol{x},\boldsymbol{y})}{\partial \boldsymbol{z}^{(L)}} = (\boldsymbol{a}^{(L)} - \boldsymbol{y}) \odot \sigma'(\boldsymbol{z}^{(L)})$$

对比两者在第 L 层的 $\delta^{(L)}$ 梯度表达式，可以看出，使用交叉熵，得到的 $\delta^{(L)}$ 梯度表达式没有了导数项 $\sigma'(\boldsymbol{z})$，梯度为预测值和真实值的差距，这样求得的 $\boldsymbol{W}^{(l)}$，$\boldsymbol{b}^{(l)}$ 的梯度也不包含导数项 $\sigma'(\boldsymbol{z})$，因此避免了反向传播的 L 层收敛速度慢的问题。

通常情况下，如果采用了 sigmoid 激活函数，交叉熵损失函数肯定比均方差损失函数更好用。

需要指出的是，根据 BP 算法，有

$$\delta^{(l)} = \delta^{(l+1)}\frac{\partial \boldsymbol{z}^{(l+1)}}{\partial \boldsymbol{z}^{(l)}} = [(\boldsymbol{W}^{(l+1)})^{\mathrm{T}}\boldsymbol{\delta}^{(l+1)}] \odot \sigma'(\boldsymbol{z}^{(l)})$$

在后面一层层反向传播时，还是需要计算后面每层的激活函数的导数 $\sigma'(\boldsymbol{z}^{(l)})$。那么

其实交叉熵损失函数只能在输出层 L 不需要激活函数的导数，在后面的层层反向传播计算时还是需要的。所以说这个方法可以一定程度减小梯度消失的问题，并不能完全消除。

（3）采用对数似然损失函数和 softmax 激活函数实现 DNN 分类输出。在上述的 DNN 相关知识中，前提条件是：假设输出是连续可导的值。但是如果是分类问题，那么网络的最终输出的是一个个的类别，此类情况下又应如何利用 DNN 来解决这个问题呢？

比如，假设有一个 3 个类别的分类问题，此时 DNN 输出层应该有 3 个神经元，假设第一个神经元对应类别 A，第二个对应类别 B，第三个对应类别 C，而 DNN 的期望输出应该是 $(1, 0, 0)$，$(0, 1, 0)$ 和 $(0, 0, 1)$ 这 3 种类别中的一种，即样本真实类别对应的神经元输出应该无限接近或者等于 1，而非真实类别样本对应的神经元的输出应该无限接近或者等于 0。换句话说，我们希望输出层的神经元对应的输出是若干个概率值，这若干个概率值即为 DNN 模型对于输入值关于各类别的输出预测。需要注意的是，为了满足概率模型，这若干个概率值之和应该等于 1。

DNN 分类模型要求是输出层神经元输出的值在 0 和 1 之间，同时所有输出值之和为 1。很明显，现有的普通 DNN 是无法满足这个要求的。然而，事实上只需要对现有的全连接 DNN 稍作改良，即可用于解决分类问题。在现有的 DNN 模型中，可以将输出层第 i 个神经元的激活函数定义为

$$a_i^{(L)} = \sigma(z_i^{(L)}) = \frac{e^{z_i^{(L)}}}{\sum_{j=1}^{n_L} e^{z_j^{(L)}}} \qquad (6-33)$$

式中　n_L——输出层第 L 层的神经元个数，即分类问题的类别数。

由式（6-33）可以看出，所有的 $a_i^{(L)}$ 都是在（0, 1）中的数值，而 $\sum_{j=1}^{n_L} e^{z_j^{(L)}}$ 作为归一化因子保证了所有的 $a_i^{(L)}$ 之和为 1。事实上，式（6-33）所示的激活函数就是所谓的 softmax 激活函数，它在多分类问题中有着广泛的应用。

以下仅以图 6-16 所示的输出层采用 softmax 激活函数的神经网络为例，介绍 softmax 激活函数在前向传播算法时的应用。假设 DNN 的输出层为 3 个神经元，而未激活的输出为 3,1 和 -3，由此可以计算出各输出神经元的输出数值分别为：20，2.7 和 0.05，并求得归一化因子为 $20 + 2.7 + 0.05 = 22.75$。最终按式（6-33），可以求得这 3 个类别的概率输出分布分别为 0.88，0.12 和 0，由此可以诊断样本大概率属于第一类样本。

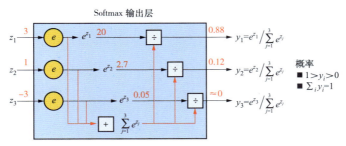

图 6-16　输出层采用 softmax 激活函数的神经网络示例

（4）梯度爆炸梯度消失与 ReLU 激活函数。如上所述，在 DNN 反向传播的算法过程中，由于使用了是矩阵求导的链式法则，即计算公式中存在一系列导数的连乘，如果连乘的导数数值在每层都是小于 1 的，则梯度越靠前，则乘积就越小。因此，如果神经网络的层数很多，则可能导致导数连乘结果趋于零，即出现所谓的梯度消失现象，进而导致神经网络中隐藏层的 $\boldsymbol{W}$，$\boldsymbol{b}$ 参数随着迭代的进行，几乎没有大的改变，从而严重地影响了算法的收敛。遗憾的是，梯度消失问题目前没有完美的解决办法，这也是限制 DNN 与深度学习的一个关键障碍。

另一方面，如果连乘的导数数值在每层都是大于 1 的，则梯度越靠前，则乘积就越大。因此，如果神经网络的层数很多，则可能导致导数连乘结果趋于很大的数值，即出现所谓的导致梯度爆炸问题。对于梯度爆炸，则一般可以通过调整 DNN 模型中的初始化参数得以解决。

对于无法完美解决的梯度消失问题，目前有很多相关研究，一个可能的部分解决梯度消失问题的办法是使用 ReLU（Rectified Linear Unit）激活函数。事实上，ReLU 在卷积神经网络 CNN 中得到了广泛的应用，在 CNN 中梯度消失似乎不再是问题。

ReLU 激活函数达式为

$$\sigma(z) = \max(0,z) \qquad (6-34)$$

（5）DNN 其他激活函数。除了上述的激活函数外，DNN 常用的激活函数还有：

1）tanh。tanh 激活函数是 sigmoid 的变种，其表达式为

$$\tanh(z) = \frac{e^z - e^{-z}}{e^z + e^{-z}} \qquad (6-35)$$

tanh 激活函数和 sigmoid 激活函数的关系为

$$\tanh(z) = 2\mathrm{sigmoid}(2z) - 1$$

tanh 与 sigmoid 相比主要的特点是它的输出落在了 [−1，1]，这样输出有利于数据标准化。同时 tanh 的曲线在较大时变得平坦的幅度没有 sigmoid 那么大，这样求梯度变化值有一些优势。当然，要说 tanh 一定比 sigmoid 好倒不一定，还是要具体问题具体分析。

2）softplus。softplus 激活函数本质上其实就是 sigmoid 函数的原函数，其表达式为

$$\mathrm{softplus}(z) = \log(1 + e^z) \qquad (6-36)$$

softplus 的导数就是 sigmoid 函数。softplus 的函数图像和 ReLU 有些类似。它出现的要比 ReLU 更早些，可以视为 ReLU 的鼻祖。ReLU 与 Softplus 函数如图 6-17 所示。

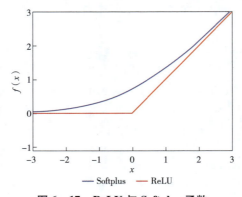

图 6-17　ReLU 与 Softplus 函数

3）PReLU。从名字就可以看出它是 ReLU 的变种，特点是如果未激活值小于 0，不是简单的直接变为 0，而是进行一定幅度的缩小。PReLU 函数如图 6 − 18 所示。

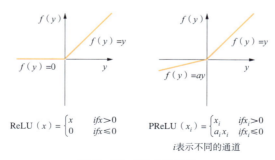

$$ReLU\,(x) = \begin{cases} x & ifx > 0 \\ 0 & ifx \leqslant 0 \end{cases} \qquad PReLU\,(x_i) = \begin{cases} x_i & ifx_i > 0 \\ a_i x_i & ifx_i \leqslant 0 \end{cases}$$

i 表示不同的通道

图 6 − 18　PReLU 函数

（6）DNN 损失函数和激活函数小结。在实际应用中，DNN 损失函数和激活函数的选用，应注意以下几点。

1）如果使用 Sigmoid 激活函数，则采用交叉熵损失函数的结果通常要比采用均方差损失函数的结果更好，因此，推荐采用交叉熵损失函数。

2）如果是 DNN 用于分类，则一般在输出层使用 Softmax 激活函数和对数似然损失函数。

3）应用 ReLU 激活函数，在一定程度可以解决梯度消失问题的，尤其是在 CNN 模型应用中。

6.2.3　卷积神经网络 （CNN）

卷积神经网络（Convolutional Neural Network，CNN）是一种具有局部连接、权重共享等特性的深层前馈神经网络，最早主要是用来处理图像信息而提出的一种深度学习模型或类似于人工神经网络的多层感知器。

在智能化 KYN 开关柜体系中，一键顺控操作功能要求能够实现可靠的电动手车及接地开关状态确认。按照规定，开关设备操作后位置检查应以设备各项实际位置为准，无法看到实际位置时，应通过间接方法，且至少有两个非同样原理或非同源的指示同时发生对应变化、所有已确定指示均同时发生对应变化才能判定分合闸是否到位，即需要实现开关位置的"双确认"，而基于图像识别技术的开关位置检测即属于一种无接触式位置检测方法，利用卷积神经网络 CNN 可以实现基于开关位置状态图像的 KYN 开关设备内部开关位置的机器化检测。此外，卷积神经网络 CNN 也可以用于其他基于图像信息的状态诊断。

1. 卷积神经网络 CNN 的技术特点

在 CNN 出现之前，用全连接前馈网络来处理图像时，会存在网络参数太多和很难保证原有图像特征两个问题。

（1）网络参数太多。如果需要处理的输入图像大小为 512 × 512 × 3（即图像高度为512，宽度为 512 以及 RGB 3 个颜色通道），在全连接前馈网络中，第一个隐藏层的每个神经元到输入层都有 512 × 512 × 3 = 786432 个互相独立的连接，每个连接都对应一个权重参数。随着隐藏层神经元数量的增多，网络参数的规模也会急剧增加，这将会造成整个神经网络的训练效率非常低，也很容易出现过拟合，同时，这也导致了它的处理成本十分昂贵且效率低下。

（2）很难保证原有图像特征。自然图像中的物体都具有局部不变性特征，比如尺度缩放、平移、旋转等操作不影响其语义信息。而全连接前馈网络很难提取这些局部不变性特征，图像在数字化的过程中很难保证原有的特征，这也导致了图像处理的准确率不高。

CNN 网络能够很好地解决以上两个问题。事实上，卷积神经网络是受生物学上感受野（Receptive Field）机制的启发而提出的。所谓的感受野机制主要是指听觉、视觉等神经系统中一些神经元的特性，即神经元只接受其所支配的刺激区域内的信号。在视觉神经系统中，视觉皮层中的神经细胞的输出依赖于视网膜上的光感受器，视网膜上的光感受器受刺激兴奋时，将神经冲动信号传到视觉皮层，但不是所有视觉皮层中的神经元都会接受这些信号。一个神经元的感受野是指视网膜上的特定区域，只有这个区域内的刺激才能够激活该神经元。

基于感受野机制，CNN 网络能够很好地提取图像特征，而且可以将复杂的问题简单化，将庞大的网络参数降维成相对较少量的参数再做处理。换言之，在大部分的场景下，使用这种降维处理技术不会影响处理结果。比如，对于图像识别的应用领域，人们关心的是如何能够快速、准确地识别出图像中的对象类别。因此，即使通过相对较少的网络参数（较少的神经元数目），只要能够准确地提取被处理图像的特征，最终也可以实现对图像对象的识别或分类。这与于人类用肉眼辨别图像对象内容非常相似，比如在日常生活中，我们将一张 $1024 \times 1024 \times 3$ 表示鸟的彩色图降维成一张 $100 \times 100 \times 3$ 表示鸟的彩色图，如图 6 – 19 所示，基本上还是能够用肉眼辨别出这是一只鸟而不是一只狗。这也是卷积神经网络在图像分类中的一个重要应用。

图 6 – 19　图像的降维

事实上，CNN 网络利用了类似视觉的方式保留了图像的特征，当图像做翻转、旋转或者变换位置的时候，它也能有效地识别出来是类似的图像。

综上所述，相对于其他的神经网络而言，CNN 网络具有的最突出的优势和特点为局部区域连接和权值共享。

2. 卷积神经网络的数学基础

卷积（Convolution）是分析数学中一种重要的运算。在信号处理或图像处理中，经常使用一维或二维卷积运算。

1）一维卷积运算。一维卷积运算常用在信号处理中，用于计算信号的延迟累积。假设一个信号发生器每个时刻 t 产生一个信号 x_t，其信息的衰减率为 w_k，即在 $k – 1$ 个时间步长后，信息为原来的 w_k 倍。假设 $w_1 = 1$，$w_2 = 1/2$，$w_3 = 1/4$，则在时刻 t 收到的信号 y_t 为当前时刻产生的信息和以前时刻延迟信息的叠加，即

$$y_t = w_1 \times x_t + w_2 \times x_{t-1} + w_2 \times x_{t-2} = \sum_{k=1}^{3} w_k \times x_{t-k+1} \qquad (6-37)$$

这里，我们把 w_i（$i = 1$，2，$\cdots$）称为滤波器（Filter）或卷积核（Convolution Kernel）。一般而言，假设滤波器长度为 K，则它和一个信号序列 x_1，x_2，$\cdots$ 的卷积为

$$y_t = \sum_{k=1}^{K} w_k \times x_{t-k+1} \qquad (6-38)$$

为了简单起见，这里假设卷积的输出 y_t 的下标 t 从 K 开始。信号序列 x 和滤波器 w 的卷积定义为

$$y = w * x \qquad (6-39)$$

其中，$*$ 表示卷积运算。

基于上述卷积运算，可以设计不同的滤波器来提取信号序列的不同特征。比如，令滤波器 $W = [1/K, \cdots, 1/K]$ 时，卷积相当于信号序列的简单移动平均（窗口大小为 K）；当令滤波器 $w = [1, -2, 1]$ 时，可以近似实现对信号序列的二阶微分，即

$$x''(t) \; x(t+1) + x(t-1) - 2x(t)$$

2）二维卷积运算。卷积也常用于图像处理中。由于数字图像通常表达为一个二维数据结构，因此需要将一维卷积进行扩展二维卷积。给定一个图像（数据）$X \in R^{M \times N}$ 和一个滤波器 $W \in R^{U \times V}$，且 $U << M$，$V << N$，则该图像的二维卷积运算为

$$y_{ij} = \sum_{u=1}^{U} \sum_{v=1}^{V} w_{uv} \times x_{i-u+1, j-v+1} \qquad (6-40)$$

输入信息 X 和滤波器 W 的二维卷积定义为

$$Y = W * X \qquad (6-41)$$

其中 $*$ 表示二维卷积运算。二维卷积示例如图 6-20 所示。

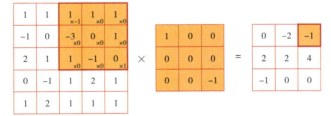

图 6-20　二维卷积示例

在图像处理中常用的均值滤波（Mean Filter）就是一种二维卷积，将当前位置的像素值设为滤波器窗口中所有像素的平均值，即 $w_{uv} = \dfrac{1}{UV}$。

在图像处理中，卷积经常作为特征提取的有效方法。一幅图像在经过卷积操作后得到结果称为特征映射（Feature Map）。图像处理中几种常用的滤波器以及其对应的特征映射如图 6-21 所示。最上面的滤波器是常用的高斯滤波器，可以用来对图像进行平滑去噪；中间和最下面的滤波器可以用来提取边缘特征。

3）互相关。在机器学习和图像处理领域，卷积的主要功能是在一个图像（或某种特征）上滑动一个卷积核（即滤波器），通过卷积操作得到一组新的特征。在计算卷积的过程中，需要进行卷积核翻转。在具体实现上，一般会以互相关操作来代替卷积，从而会减少一些不必要的操作或开销。互相关（Cross-Correlation）是一个衡量两个序列相关性的函数，通常是用滑动窗口的点积计算来实现。给定一个数字图像 $X \in R^{M \times N}$ 和卷积核 $W \in R^{U \times V}$，它

高斯滤波器

原始图像

×

=

滤波器

输出特征映射

图6-21 图像处理中几种常用的滤波器示例及其对应的特征映射

们的互相关定义为

$$y_{ij} = \sum_{u=1}^{U} \sum_{v=1}^{V} w_{uv} \times x_{i+u-1, j+v-1} \tag{6-42}$$

对比公式（6-40）可知，互相关和卷积的区别仅仅在于卷积核是否进行翻转，因此互相关也可以称为不翻转卷积。

式（6-42）可以表述为

$$Y = W \otimes X = \mathrm{rot}180(W) * X \tag{6-43}$$

其中，$\otimes$ 表示互相关运算，rot180（W）表示将 W 旋转 180°。因此，如果卷积核是对称的，则卷积运算结果与互相关运算结果相同。

在神经网络中使用卷积是为了进行特征抽取，卷积核是否进行翻转和其特征抽取的能力无关。特别是当卷积核是可学习的参数时，卷积和互相关在能力上是等价的。因此，为了实现上（或描述上）的方便起见，通常情况下采用互相关来代替卷积。事实上，很多深度学习工具中卷积操作其实都是互相关操作。

3. 卷积神经网络的构成

卷积神经网络一般由卷积层、池化层和全连接层交叉堆叠而所构成。典型的卷积网络整体结构如图6-22所示，其中一个卷积块为连续 M 个卷积层（包括激活函数）和 b 个池化层（M 通常设置为 2~5，b 为 0 或 1），一个卷积网络中可以堆叠 N 个连续的卷积块，然后

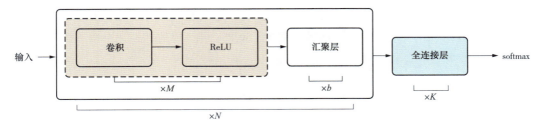

图 6-22　典型的卷积网络整体结构

在后面接着 K 个全连接层（N 的取值区间比较大，比如 $1 \sim 100$ 或者更大；K 一般为 $0 \sim 2$）。

全连接层和卷积层对比如图 6-23 所示。卷积神经网络与全连接神经网络最突出的差别在于卷积块中神经元连接方式的不同。在全连接前馈神经网络中，前一层中每个神经元均需要连接到后一层每个神经元，如图 6-23（a）所示。如果第 l 层有 M_l 个神经元，第 $l-1$ 层有 M_{l-1} 个神经元，则这两层神经元的连接有 $M_l \times M_{l-1}$ 个。由于两层神经元的连接线数目也等于网络的权重矩阵参数数目，因此权重矩阵含有 $M_l \times M_{l-1}$ 个参数。由此可见，当 M_l 和 M_{l-1} 都很大时，神经网络的权重矩阵参数非常多，从而导致训练的效率会非常低。

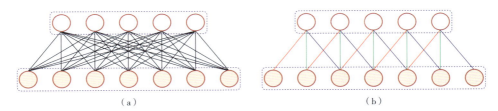

（a）　　　　　　　　　　　　　　　　　（b）

图 6-23　全连接层和卷积层对比

（a）全连接层；（b）卷积层

在卷积神经网络中，前一层中每个神经元仅与后一层的部分神经元相连接，如图 6-23（b）所示。因此，卷积神经网络中神经元的连接线数目（权重矩阵参数数目）将大大降低，这将有利于提高神经网络的训练效率。

假设第 l 层的净输入 $z^{(l)}$ 为第 $l-1$ 活性值 $a^{(l-1)}$ 和卷积核 $w^{(l)} \in \mathbb{R}^K$ 的卷积，即

$$z^{(l)} = w^{(l)} \otimes a^{(l-1)} + b^{(l)} \tag{6-44}$$

其中卷积核 $w^{(l)} \in \mathbb{R}^K$ 为可学习的权重向量，$b^{(l)} \in \mathbb{R}$ 为可学习的偏置。

综上所述，卷积神经网络具有两个很重要的性质。

（1）局部连接。在卷积层（假设是第 l 层）中的每一个神经元都只和下一层（第 $l-1$ 层）中某个局部窗口内的神经元相连，构成一个局部连接网络，卷积层和下一层之间的连接数大大减少，由原来的 $M_l \times M_{l-1}$ 个连接变为 $M_l \times K$（卷积核大小）个连接。

（2）权重共享。从公式（6-44）可以看出，作为参数的卷积核 $w^{(l)}$ 对于第 l 层的所有的神经元都是相同的。如图 6-23 中所示的那样，图中所有的同颜色连接上的权重都是相同的。换言之，每层神经网络的权重参数是共享的。所谓的权重共享可以理解为一个卷积核只捕捉输入数据中的一种特定的局部特征。因此，如果要提取多种特征就需要使用多个不同的卷积核。

由于局部连接和权重共享，卷积层的参数只有一个 K 维的权重 $\boldsymbol{w}^{(l)}$ 和 l 维的偏置 $b^{(l)}$，共 $K+1$ 个参数。参数个数和神经元的数量无关。此外，第 l 层的神经元个数不是任意选择的，而是满足 $M_l = M_{l-1} - K + 1$。

4. 卷积层

卷积层的作用是提取一个局部区域的特征，不同的卷积核相当于不同的特征提取器。由于卷积网络主要应用在图像处理上，而图像为二维结构，因此为了更充分地利用图像的局部信息，通常将神经元组织为三维结构的神经层，其大小为高度 $M \times$ 宽度 $N \times$ 深度 D，由 D 个 $M \times N$ 大小的特征映射构成。

特征映射为一幅图像（或其他特征映射）在经过卷积提取到的特征，每个特征映射可以作为一类抽取的图像特征. 为了提高卷积网络的表示能力，可以在每一层使用多个不同的特征映射，以更好地表示图像的特征。

在输入层，特征映射就是图像本身。如果处理的图像为灰度图像，则有一个特征映射，输入层的深度 $D=1$；如果为彩色图像，则分别有 RGB 3 个颜色通道的特征映射，输入层的深度 $D=3$。

不失一般性，假设一个卷积层的结构如下。

（1）输入特征映射组。$\boldsymbol{X} \in \mathbb{R}^{M \times N \times D}$ 为三维张量（Tensor），其中每个切片（Slice）矩阵 $\boldsymbol{X}^d \in \mathbb{R}^{M \times N}$ 为一个输入特征映射，$1 \leqslant d \leqslant D$。

（2）输出特征映射组。$\boldsymbol{Y} \in \mathbb{R}^{M' \times N' \times P}$ 为三维张量，其中每个切片矩阵 $\boldsymbol{Y}^p \in \mathbb{R}^{M' \times N'}$ 为一个输出特征映射，$1 \leqslant p \leqslant P$。

（3）卷积核。$\boldsymbol{W} \in \mathbb{R}^{U \times V \times P \times D}$ 为四维张量，其中每个切片矩阵 $\boldsymbol{W}^{p,d} \in \mathbb{R}^{M \times N}$ 为一个二维卷积核，$1 \leqslant p \leqslant P$，$1 \leqslant d \leqslant D$。

卷积层的三维结构示意如图 6 – 24 所示。

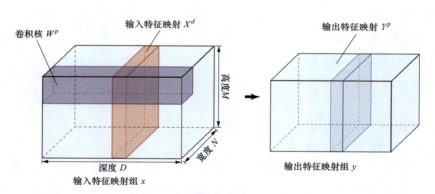

图 6 – 24　卷积层的三维结构示意

为了计算输出特征映射 $\boldsymbol{Y}^p$，用卷积核 $\boldsymbol{W}^{p,1}$，$\boldsymbol{W}^{p,2}$，$\cdots$，$\boldsymbol{W}^{p,D}$ 分别对输入特征映射 $\boldsymbol{X}^1$，$\boldsymbol{X}^2$，$\cdots$，$\boldsymbol{X}^D$ 进行卷积，然后将卷积结果相加，并加上一个标量偏置 b 得到卷积层的净输入 $\boldsymbol{Z}^p$，再经过非线性激活函数后得到输出特征映射 $\boldsymbol{Y}^p$，即

$$\boldsymbol{Z}^p = \boldsymbol{W}^p \otimes \boldsymbol{X} + b^p = \sum_{d=1}^{D} \boldsymbol{W}^{p,d} \otimes \boldsymbol{X}^d + b^p \tag{6-45}$$

$$\boldsymbol{Y}^p = f(\boldsymbol{Z}^p) \tag{6-46}$$

其中 $\boldsymbol{W}^p \in \mathbb{R}^{U \times V \times D}$ 为三维卷积核，$f(\,\cdot\,)$ 为非线性激活函数，通常采用 ReLU 函数。整个计算过程如图 6－25 所示。

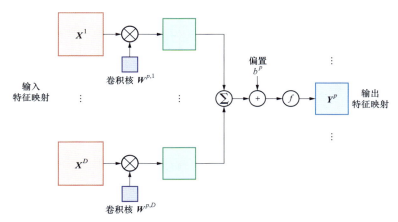

图 6－25　卷积层中从输入特征映射组 X 到输出特征映射 Y^p 的计算示例

如果希望卷积层输出 P 个特征映射，可以将上述计算过程重复 P 次，得到 P 个输出特征映射 $\boldsymbol{Y}^1$，$\boldsymbol{Y}^2$，$\cdots$，$\boldsymbol{Y}^P$。

在输入为 $\boldsymbol{X} \in \mathbb{R}^{M \times N \times D}$，输出为 $\boldsymbol{Y} \in \mathbb{R}^{M' \times N' \times P}$ 的卷积层中，每一个输出特征映射都需要 D 个卷积核以及一个偏置。假设每个卷积核的大小为 $U \times V$，那么共需要 $P \times D \times (U \times V) + P$ 个参数。

5. 池化层

池化层（Pooling Layer）的作用是进行特征选择，降低特征数量，从而减少参数数量。

通过卷积层虽然可以显著减少网络中连接的数量，但特征映射组中的神经元个数并没有显著减少。如果后面接一个分类器，分类器的输入维数依然很高，很容易出现过拟合。为了解决这个问题，可以在卷积层之后加上一个池化层，从而降低特征维数，避免过拟合。

假设池化层的输入特征映射组为 $\boldsymbol{X} \in \mathbb{R}^{M \times N \times D}$，对于其中每一个特征映射 $\boldsymbol{X}^d \in \mathbb{R}^{M \times N}$，$1 \leqslant d \leqslant D$，将其划分为很多区域 $R_{m,n}^d$，$1 \leqslant m \leqslant M'$，$1 \leqslant n \leqslant N'$。这些区域可以重叠，也可以不重叠。池化（Pooling）是指对每个区域进行下采样（Down Sampling）得到一个值，作为这个区域的概括。

常用的池化函数有两种。

（1）最大池化（Maximum Pooling 或 Max Pooling）。对于一个区域 $R_{m,n}^d$，选择这个区域内所有神经元的最大活性值作为这个区域的表示，即

$$y_{m,n}^d = \max\{x_i\}, i \in R_{m,n}^d \tag{6－47}$$

式中　x_i——区域 $R_{m,n}^d$ 内每个神经元的活性值。

（2）平均池化（Mean Pooling）。通常是取区域内所有神经元活性值的平均值，即

$$y_{m,n}^d = \frac{1}{\lfloor R_{m,n}^d \rfloor} \sum x_i, i \in R_{m,n}^d \tag{6－48}$$

对每一个输入特征映射 $\boldsymbol{X}^d$ 的 $M' \times N'$ 个区域进行子采样，得到池化层的输出特征映射

$Y^d = \left\{ y_{m,n}^d \right\}$，$1 \leqslant m \leqslant M'$，$1 \leqslant n \leqslant N'$。

池化层中最大池化过程示例如图 6 - 26 所示。由此可以看出，池化层不但可以有效地减少神经元的数量，还可以使得网络对一些小的局部形态改变保持不变性，并拥有更大的感受野。

典型的池化层是将每个特征映射划分为 2 × 2 大小的不重叠区域，然后使用大池化的方式进行下采样．池化层也可以看作一个特殊的卷积层，卷积核大小为 $K \times K$，步长为 $S \times S$，卷积核为 max 函数或 mean 函数。过大的采样区域会急剧减少神经元的数量，也会造成过多的信息损失。

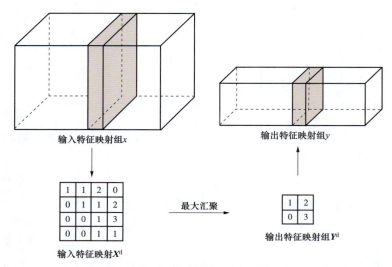

图 6 - 26　池化层中最大池化过程示例

6. 网络参数学习

与其他智能神经网络原理类似，运用 CNN 实现诸如图像分类或识别的一项关键技术就是如何能够通过众多有标签的训练样本，训练出合适的网络参数（以下简称参数）。在卷积网络中，参数为卷积核中权重以及偏置。和全连接前馈网络（如深度神经网络 DNN）类似，卷积网络也可以通过误差反向传播算法来进行参数学习。

在全连接前馈神经网络中，梯度主要通过每一层的误差项 δ 进行反向传播，并进一步计算每层参数的梯度。在卷积神经网络中，主要有两种不同功能的神经层，即卷积层和池化层。而参数为卷积核以及偏置，因此只需要计算卷积层中参数的梯度。

（1）损失函数关于参数的梯度。为了方便讨论，这里仅讨论输入层的深度 $D = 1$ 的卷积神经网络。不失一般性，对第 l 层为卷积层，第 $l - 1$ 层的输入特征映射为 $X \in \mathbb{R}^{M \times N \times 1}$，通过卷积计算得到第 l 层的特征映射净输入 $Z^{(l)} \in \mathbb{R}^{M' \times N' \times P}$。第 l 层的第 p（$1 \leqslant p \leqslant P$）个特征映射净输入为

$$Z^{(l,p)} = W^{(l,p)} \otimes X^{(l-1)} + b^{(l,p)} \tag{6-49}$$

式中　$W^{(l,p)}$、$b^{(l,p)}$——分别为卷积核和偏置。

第 l 层中共有 P 个卷积核和 P 个偏置。

如前所述，可以分别运用函数导数的链式法则来计算损失函数关于参数的偏导数及梯度。

若损失函数 $L\left(\boldsymbol{w}, b, \boldsymbol{x}, \boldsymbol{y}\right)$ 关于第 l 层的卷积核 $\boldsymbol{W}\left(l, p\right)$ 的偏导数为

$$\frac{\partial L}{\partial \boldsymbol{W}^{(l,p)}} = \frac{\partial L}{\partial \boldsymbol{Z}^{(l,p)}} \frac{\partial \boldsymbol{Z}^{(l,p)}}{\partial \boldsymbol{W}^{(l,p)}} = \sum_{i=1}^{M-U+1} \sum_{j=1}^{N-V+1} \frac{\partial L}{\partial z_{i,j}^{(l,p)}} \frac{\partial z_{i,j}^{(l,p)}}{\partial w_{i,j}^{(l,p)}} =$$

$$\sum_{i=1}^{M-U+1} \sum_{j=1}^{N-V+1} \frac{\partial L}{\partial z_{i,j}^{(l,p)}} x_{u+i-1,v+j-1}^{(l,p)} = \frac{\partial L}{\partial \boldsymbol{Z}^{(l,p)}} \otimes \boldsymbol{X}^{(l-1)} = \delta^{(l,p)} \otimes \boldsymbol{X}^{(l-1)} \tag{6-50}$$

式中　$\delta^{(l,p)}$——损失函数关于第 l 层的第 p 个特征映射净输入 $\boldsymbol{Z}^{(l,p)}$ 的偏导数。

同理可得，损失函数关于第 l 层的第 p 个偏置 $b^{(l,p)}$ 的偏导数为

$$\frac{\partial L}{\partial b^{(l,p)}} = \frac{\partial L}{\partial \boldsymbol{Z}^{(l,p)}} \frac{\partial \boldsymbol{Z}^{(l,p)}}{\partial b^{(l,p)}} = \frac{\partial L}{\partial \boldsymbol{Z}^{(l,p)}} = \delta^{(l,p)} \tag{6-51}$$

在卷积网络中，每层参数的梯度依赖其所在层的误差项 $\delta^{(l,p)}$。

（2）卷积神经网络的反向传播算法。卷积层和池化层中误差项的计算有所不同，因此需要分别计算其误差项。

1）池化层。当第 $l+1$ 层为池化层时，因为池化层是下采样操作，$l+1$ 层的每个神经元的误差项 δ 对应于第 l 层的相应特征映射的一个区域。l 层的第 p 个特征映射中的每个神经元都有一条边和 $l+1$ 层的第 p 个特征映射中的一个神经元相连。根据导数的链式法则，第 l 层的一个特征映射的误差项 $\delta^{(l,p)}$，只需要将 $l+1$ 层对应特征映射的误差项 $\delta^{(l+1,p)}$ 进行上采样操作（和第 l 层的大小一样），再和 l 层特征映射的激活值偏导数逐元素相乘，就得到了 $\delta^{(l,p)}$。

第 l 层的第 p 个特征映射的误差项了 $\delta^{(l,p)}$ 的具体推导过程为

$$\delta^{(l,p)} = \frac{\partial L}{\partial \boldsymbol{Z}^{(l,p)}} = \frac{\partial L}{\partial \boldsymbol{Z}^{(l+1,p)}} \frac{\partial \boldsymbol{Z}^{(l+1,p)}}{\partial \boldsymbol{X}^{(l,p)}} \frac{\partial \boldsymbol{X}^{(l,p)}}{\partial \boldsymbol{Z}^{(l+1,p)}} = f_l'\left(\boldsymbol{Z}^{(l,p)}\right) \odot up\left(\delta^{(l+1,p)}\right) \tag{6-52}$$

其中，$f_l'\left(\cdot\right)$ 为第 l 层使用的激活函数导数，up 为上采样函数（up sampling）与池化层中使用的下采样操作刚好相反。如果下采样是最大池化，误差项 $\delta^{(l+1,p)}$ 中每个值会直接传递到上一层对应区域中的最大值所对应的神经元，该区域中其他神经元的误差项都设为 0。如果下采样是平均池化，误差项 $\delta^{(l+1,p)}$ 中每个值会被平均分配到上一层对应区域中的所有神经元上。

2）卷积层。当 $l+1$ 层为卷积层时，假设特征映射净输入 $\boldsymbol{Z}^{(l+1)} \in \mathbb{R}^{M' \times N' \times P}$，其中第 p（$1 \leqslant p \leqslant P$）个特征映射净输入为

$$\boldsymbol{Z}^{(l+1,p)} = \boldsymbol{W}^{(l+1,p)} \otimes \boldsymbol{X}^{(l)} + b^{(l+1,p)} \tag{6-53}$$

式中　$\boldsymbol{W}^{(l+1,p)}$、$b^{(l+1)}$——第 $l+1$ 层的卷积核以及偏置。

第 $l+1$ 层中共有 $P \times 1$ 个卷积核和 P 个偏置。

第 l 层的特征映射的误差项 $\delta^{(l)}$ 的具体推导过程为

$$\delta^{(l)} = \frac{\partial L}{\partial \boldsymbol{Z}^{(l)}} = \frac{\partial L}{\partial \boldsymbol{X}^{(l)}} \frac{\partial \boldsymbol{X}^{(l)}}{\partial \boldsymbol{Z}^{(l)}}$$

$$= f'_l(\boldsymbol{Z}^{(l,p)}) \odot \sum_{p=1}^{P} rot180(W^{(l+1,p)} \widetilde{\otimes} \frac{\partial L}{\partial \boldsymbol{Z}^{(l+1,p)}}) \qquad (6-54)$$

$$= f'_l(\boldsymbol{Z}^{(l,p)}) \odot \sum_{p=1}^{P} rot180(W^{(l+1,p)} \widetilde{\otimes} \delta^{(l+1,p)})$$

其中，$\widetilde{\otimes}$ 为宽卷积。

6.2.4 长短时记忆神经网络 （LSTM）

长短时记忆神经网络（Long Short – term Memory Networks，LSTM）是循环神经网络（Recurrent Neural Network，RNN）的一个变体，是一种可以学习长期依赖信息的神经网络，特别适合用于针对时间序列数据的智能处理，如语言模型、手写体识别、序列生成、机器翻译、语音、视频分析等。

时间序列数据的样本间存在顺序关系，每个样本和它之前的样本存在关联，换言之，此类应用在选择和决策参考了上一次的状态。因此，LSTM 可以用于电力负荷预测、电气设备发热状态预警，以及机械故障诊断和预测等领域。

1. 循环神经网络（RNN）

在前馈神经网络中，信息的传递是单向的，这使得网络变得更容易学习，然而这也在一定程度上也减弱了神经网络模型的能力。事实上，前馈神经网络可以看作一个复杂的函数，其每次输入都是独立的，即网络的输出只依赖于当前的输入。但是在很多现实任务中，网络的输出不仅和当前时刻的输入相关，也和其过去一段时间的输出相关。比如一个有限状态自动机，其下一个时刻的状态（输出）不仅仅和当前输入相关，也和当前状态（上一个时刻的输出）相关。此外，前馈网络难以处理时序数据，比如视频、语音、文本等。时序数据的长度一般是不固定的，而前馈神经网络要求输入和输出的维数都是固定的，不能任意改变。因此，当处理这一类和时序数据相关的问题时，就需要一种能力更强的模型。

循环神经网络（RNN）是一类具有短期记忆能力的神经网络。在循环神经网络中，神经元不但可以接受其他神经元的信息，也可以接受自身的信息，形成具有环路的网络结构。和前馈神经网络相比，循环神经网络更加符合生物神经网络的结构。

循环神经网络 RNN 通过使用带自反馈的神经元，能够处理任意长度的时序数据。

给定一个输入序列 $\boldsymbol{x}_{1:T} = (\boldsymbol{x}_1, \boldsymbol{x}_2, \cdots, \boldsymbol{x}_t, \cdots, \boldsymbol{x}_T)$，循环神经网络通过式（6-55）更新带反馈边的隐藏层的活性值 $\boldsymbol{h}_t$，即

$$\boldsymbol{h}_t = f(\boldsymbol{h}_{t-1}, \boldsymbol{x}_t) \qquad (6-55)$$

其中，$\boldsymbol{h}_0 = 0$，$f(\cdot)$ 为一个非线性函数，可以是一个前馈网络。

循环神经网络架构如图 6-27 所示，其中"延时器"为一个虚拟单元，记录神经元的最近一次（或几次）活性值。由此可见，相较于传统人工神经网络，RNN 存储中间输出结果，用以保存当前信息的某些特征在下一时刻处理时使用，以便保存当前信息的某些特征在下一时刻处理时使用，这就使得 RNN 拥有了一定程度的记忆能力，因而可以用来解决具有时间相关性的数据处理问题。

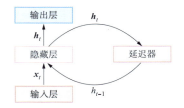

图 6 - 27　循环神经网络架构

由于循环神经网络具有短期记忆能力，相当于存储装置，因此其计算能力十分强大。理论上，循环神经网络可以近似任意的非线性动力系统。前馈神经网络可以模拟任何连续函数，而循环神经网络可以模拟任何程序。

循环神经网络可以应用到很多不同类型的机器学习任务。根据这些任务的特点可以分为以下几种模式：序列到类别模式、同步的序列到序列模式、异步的序列到序列模式。

（1）序列到类别模式。序列到类别模式主要用于序列数据的分类问题，输入为序列，输出为类别，如图 6 - 27 所示。比如在文本分类中，输入数据为单词的序列，输出为该文本的类别。

假设一个样本 $x_{1:T} = (x_1, x_2, \cdots, x_t, \cdots, x_T)$ 为一个长度为 T 的序列，输出为一个类别 $y \in \{1, \cdots, C\}$。可以将样本 x 按不同时刻输入到循环神经网络中，并得到不同时刻的隐藏状态 $h_1, \cdots, h_T$。

1）正常模式。将 h_T 看作整个序列的最终表示（或特征），并输入给分类器 $g(\cdot)$ 进行分类，如图 6 - 28（a）所示，即

$$\hat{y} = g(h_T) \tag{6-56}$$

其中 $g(\cdot)$ 可以是简单的线性分类器（比如 Logistic 回归）或复杂的分类器（比如多层前馈神经网络）。

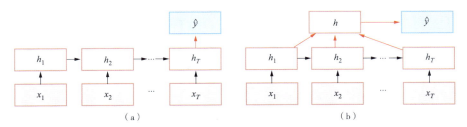

图 6 - 28　序列到类别模式
（a）正常模式；（b）按时间进行平均采样模式

2）按时间进行平均采样模式。除了将最后时刻的状态作为整个序列的表示之外，还可以对整个序列的所有状态进行平均，并用这个平均状态来作为整个序列的表示，如图 6 - 28（b）所示，即

$$\hat{y} = g\left(\frac{1}{T} \sum_{t=1}^{T} h_t \right) \tag{6-57}$$

（2）同步序列到序列模式。同步序列到序列模式主要用于序列标注（Sequence Labeling）任务，即每一时刻都有输入和输出，输入序列和输出序列的长度相同，如图 6 - 29 所

示。比如在词性标注（Part – of – Speech Tagging）中，每一个单词都需要标注其对应的词性标签。

在同步的序列到序列模式中，输入为一个长度为 T 的序列 $x_{1:T} = (x_1, x_2, \cdots, x_T)$，输出为序列 $y_{1:T} = (y_1, y_2, \cdots, y_T)$。样本 x 按不同时刻输入到循环神经网络中，并得到不同时刻的隐状态 h_1，h_2，$\cdots$，h_T。每个时刻的隐状态 h_t 代表了当前时刻和历史的信息，并输入给分类器 $g (\cdot)$ 得到当前时刻的标签 $\hat{y}_t$，即

$$\hat{y}_t = g(h_T), \forall\, t \in [1, T] \tag{6-58}$$

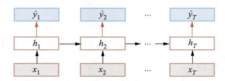

图 6 – 29　同步的序列到序列模式

（3）异步序列到序列模式。异步序列到序列模式也称为编码器 – 解码器（Encoder – Decoder）模型，即输入序列和输出序列不需要有严格的对应关系，也不需要保持相同的长度。比如在机器翻译中，输入为源语言的单词序列，输出为目标语言的单词序列。

在异步的序列到序列模式中，输入为长度为 T 的序列 $x_{1:T} = (x_1, x_2, \cdots, x_T)$，输出为长度为 M 的序列 $y_{1:M} = (y_1, y_2, \cdots, y_M)$。异步序列到序列模式一般通过先编码后解码的方式来实现，先将样本 x 按不同时刻输入到一个循环神经网络（编码器）中，并得到其编码 h_T，然后再使用另一个循环神经网络（解码器），得到输出序列 $\hat{y}_{1:M}$。为了建立输出序列之间的依赖关系，在解码器中通常使用非线性的自回归模型。令 $f_1 (\cdot)$ 和 $f_2 (\cdot)$ 分别为用作编码器和解码器的循环神经网络，则编码器 – 解码器模型可以写为

$$h_t = f_1(h_{t-1}, x_t), \qquad \forall\, t \in [1, T] \tag{6-59}$$

$$h_{T+1} = f_2(h_{T+t-1}, \hat{y}_{t-1}), \qquad \forall\, t \in [1, T] \tag{6-60}$$

$$\hat{y}_t = g(h_{T+1}), \qquad \forall\, t \in [1, T] \tag{6-61}$$

其中 $g (\cdot)$ 为分类器，$\hat{y}_t$ 为预测输出 $\hat{y}_t$ 的向量表示。在解码器通常采用自回归模型，每个时刻的输入为上一时刻的预测结果 $\hat{y}_{t-1}$。

异步的序列到序列模式示例如图 6 – 30 所示，其中 $\langle EOS \rangle$ 表示输入序列的结束，虚线表示将上一个时刻的输出作为下一个时刻的输入。

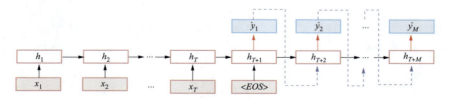

图 6 – 30　异步的序列到序列模式示例

2. 长短时记忆神经网络（LSTM）

作为 RNN 一种改进神经网络，LSTM 引入了门（Gate）的概念，用来有选择性地控制信息的输入和权重，从而解决了 RNN 无法处理长距离数据依赖的问题，抑制了 RNN 的梯度消失和爆炸现象，能更好地处理非线性和时滞性问题。相较于其他预测方法，LSTM 在温度这种时间序列数据的预测问题上有着更高的预测精度和更强的适应性。

LSTM 的核心概念在于细胞状态以及"门"结构。细胞状态相当于信息传输的路径，让信息能在序列链中传递下去。可以将其看作网络的"记忆"，记忆门中的一个控制信号决定是否应该保留该信息，在实现上通常是乘 1 或乘 0 来选择保留或忘记。理论上讲，细胞状态能够将序列处理过程中的相关信息一直传递下去。因此，即使是较早时间步长的信息也能携带到较后时间步长的细胞中来，这就克服了短时记忆的影响。信息的添加和移除是通过"门"结构来实现，"门"结构在训练过程中会去学习应该保存或遗忘哪些信息。

与 RNN 相比较，LSTM 进一步优化了隐藏层的结构，将简单的单链条重复模块拓展为了具有 3 层结构的门控处理模块，增加一个状态量 C_t（单元状态）来保存更长时间间隔的信息特征。原始 RNN 与 LSTM 模式比较如图 6－31 所示。

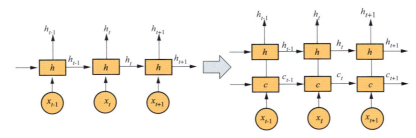

图 6－31　原始 RNN 与 LSTM 模式比较

对于 LSTM 而言，在某一时刻 t，网络的输入除了当前时刻的输入值 x_t，还有上一时刻的输出值 h_{t-1} 和上一时刻的单元状态 c_{t-1}。而网络的输出除了当前时刻的输出值 h_t，还有当前时刻的单元状态 c_t。LSTM 的内部结构中通过门机制来控制单元状态 c_t，所谓门机制就是指一个经过激活函数激活的全连接层，当取激活函数为 Sigmoid 函数时，门可以用式（6－62）表示，即

$$f(\boldsymbol{x}) = \sigma(\boldsymbol{w}\boldsymbol{x} + \boldsymbol{b}) \tag{6－62}$$

式中　$\boldsymbol{w}$——该门的连接权重向量；

$\qquad$ $\boldsymbol{b}$——偏置向量。

由于 Sigmoid 函数的值域为 ［0，1］，所以门的作用实际上就是在控制该向量中多少元素能够保留，实现了对要保存的状态信息的挑选。

LSTM 设计了 3 个门来控制单元状态 c_t，即所谓的遗忘门（Forget Gate），输入门（Input Gate）及输出门（Output Gate）。LSTM 神经网络的基本结构如图 6－32 所示。

遗忘门负责控制上一时刻的单元状态 $\boldsymbol{c}_{t-1}$ 有多少保留到当前时刻 $\boldsymbol{c}_t$，有

$$f(\boldsymbol{x}) = \sigma(\boldsymbol{w}_f \cdot [\boldsymbol{h}_{t-1}, \boldsymbol{x}_t] + b_f) \tag{6－63}$$

式中　$\boldsymbol{w}_f$——遗忘门的权重矩阵，由对应上一时刻输出 $\boldsymbol{h}_{t-1}$ 的 $\boldsymbol{w}_{fh}$ 和对应着当前时刻输出 $\boldsymbol{x}_t$ 的 $\boldsymbol{w}_{fx}$ 两部分组成；

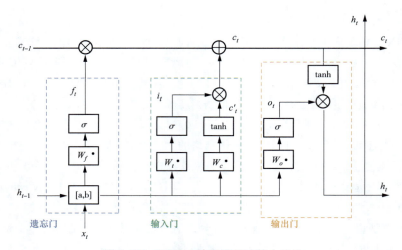

图 6 – 32　LSTM 神经网络的基本结构

b_f ——遗忘门的偏置项。

设隐藏层的维度为 d_h，单元状态的维度为 d_c，当前时刻输入的维度为 d_x，则权重矩阵的维度就是 $d_c \times (d_h + d_x)$，该部分的计算写成矩阵形式为

$$[\,w_f\,]\begin{bmatrix} \boldsymbol{h}_{t-1} \\ \boldsymbol{x}_t \end{bmatrix} = [\,\boldsymbol{w}_{fh}, \boldsymbol{w}_{fx}\,]\begin{bmatrix} \boldsymbol{h}_{t-1} \\ \boldsymbol{x}_t \end{bmatrix} = \boldsymbol{w}_{fh}\,\boldsymbol{h}_{t-1} + \boldsymbol{w}_{fx}\,\boldsymbol{x}_t \tag{6-64}$$

输入门决定了当前时刻网络的输入 $\boldsymbol{x}_t$ 对单元状态 $\boldsymbol{c}_t$ 的影响，相关的计算公式为

$$\boldsymbol{i}_t = \sigma(\boldsymbol{w}_i \cdot [\,\boldsymbol{h}_{t-1}, \boldsymbol{x}_t\,] + b_i) \tag{6-65}$$

$$\boldsymbol{c}'_t = \tanh(\boldsymbol{w}_c \cdot [\,\boldsymbol{h}_{t-1}, \boldsymbol{x}_t\,] + b_c) \tag{6-66}$$

其中，tanh 表示双曲正切激活函数，经过遗忘门的选择性保留和输入门的选择性更新后，单元状态就可以确定为

$$\boldsymbol{c}_t = \boldsymbol{f}_t \circ \boldsymbol{c}_{t-1} + \boldsymbol{i}_t \circ \boldsymbol{c}'_t \tag{6-67}$$

其中，符号 ° 表示矩阵按元素乘。

输出门则通过 $\boldsymbol{o}_t$ 与更新后的 $\boldsymbol{c}_t$ 来控制输出 $\boldsymbol{h}_t$，有

$$\boldsymbol{o}_t = \sigma(\boldsymbol{w}_o \cdot [\,\boldsymbol{h}_{t-1}, \boldsymbol{x}_t\,] + b_o) \tag{6-68}$$

$$\boldsymbol{h}_t = \boldsymbol{o}_t \circ \tanh(\boldsymbol{c}_t) \tag{6-69}$$

上述公式中各项的含义与遗忘门中的类似，式（6–62）～式（6–69）就组成了 LSTM 神经网络一个计算单元的基本结构。

LSTM 的建立除了 $\boldsymbol{f}_t$、$\boldsymbol{i}_t$、$\boldsymbol{c}_t$、$\boldsymbol{o}_t$、$\boldsymbol{h}_t$ 等值的前向计算，还应包括每个神经元误差项和相应门权重矩阵的反向计算。首先根据定义，当前时刻 t 和上一时刻 $t-1$ 的误差项分别可以写为

$$\boldsymbol{\delta}_t = \frac{\partial E}{\boldsymbol{h}_t} \tag{6-70}$$

$$\boldsymbol{\delta}_{t-1} = \frac{\partial E}{\partial \boldsymbol{h}_{t-1}} = \frac{\partial E}{\partial \boldsymbol{h}_t}\frac{\partial \boldsymbol{h}_t}{\partial \boldsymbol{h}_{t-1}} \tag{6-71}$$

由于 $\boldsymbol{f}_t$、$\boldsymbol{i}_t$、$\boldsymbol{c}_t$、$\boldsymbol{o}_t$、$\boldsymbol{h}_t$ 等均是 $\boldsymbol{h}_t$ 的函数，根据全导数公式，可得

$$\boldsymbol{\delta}_t^T \frac{\partial \boldsymbol{h}_t}{\partial \boldsymbol{h}_{t-1}} = \boldsymbol{\delta}_{o,t}^T \frac{\partial \mathrm{net}_{o,t}}{\partial \boldsymbol{h}_{t-1}} + \boldsymbol{\delta}_{f,t}^T \frac{\partial \mathrm{net}_{f,t}}{\partial \boldsymbol{h}_{t-1}} + \boldsymbol{\delta}_{i,t}^T \frac{\partial \mathrm{net}_{i,t}}{\partial \boldsymbol{h}_{t-1}} + \boldsymbol{\delta}_{c',t}^T \frac{\partial \mathrm{net}_{c',t}}{\partial \boldsymbol{h}_{t-1}} \qquad (6-72)$$

与原始 RNN 神经网络不同的是，LSTM 有 4 个加权输出，因此反向传递的误差项也应有 4 个。结合式（6-64）～式（6-67），可以得出 LSTM 的 4 个加权输出的误差项，分别为

$$\boldsymbol{\delta}_{o,t}^T = \boldsymbol{\delta}_t^T \circ \tanh(\boldsymbol{c}_t) \circ \boldsymbol{o}_t \circ (1 - \boldsymbol{o}_t) \qquad (6-73)$$

$$\boldsymbol{\delta}_{f,t}^T = \boldsymbol{\delta}_t^T \circ \boldsymbol{o}_t \circ (1 - \tanh(\boldsymbol{c}_t)^2) \circ \boldsymbol{c}_{t-1} \circ \boldsymbol{f}_t \circ (1 - \boldsymbol{f}_t) \qquad (6-74)$$

$$\boldsymbol{\delta}_{i,t}^T = \boldsymbol{\delta}_t^T \circ \boldsymbol{o}_t \circ (1 - \tanh(\boldsymbol{c}_t)^2) \circ \boldsymbol{c}_t' \circ \boldsymbol{i}_t \circ (1 - \boldsymbol{i}_t) \qquad (6-75)$$

$$\boldsymbol{\delta}_{c',t}^T = \boldsymbol{\delta}_t^T \circ \boldsymbol{o}_t \circ (1 - \tanh(\boldsymbol{c}_t)^2) \circ \boldsymbol{i}_t \circ (1 - (\boldsymbol{c}_t')^2) \qquad (6-76)$$

据此可以得到反向传递误差项到任一时刻 k 的公式，即

$$\boldsymbol{\delta}_k^T = \prod_{j=k}^{t-1} (\boldsymbol{\delta}_{o,j}^T \boldsymbol{w}_{oh} + \boldsymbol{\delta}_{f,j}^T \boldsymbol{w}_{fh} + \boldsymbol{\delta}_{i,j}^T \boldsymbol{w}_{ih} + \boldsymbol{\delta}_{c',j}^T \boldsymbol{w}_{ch}) \qquad (6-77)$$

根据各个误差项就可以求出相应的权重梯度为

$$\frac{\partial E}{\partial \boldsymbol{w}_{oh,t}} = \frac{\partial E}{\partial net_{o,t}} \frac{\partial net_{o,t}}{\partial \partial \boldsymbol{w}_{oh,t}} = \boldsymbol{\delta}_{o,jt}^T \boldsymbol{h}_{t-1} \qquad (6-78)$$

同理，可以求出 $\frac{\partial E}{\partial \boldsymbol{w}_{fh,t}}$、$\frac{\partial E}{\partial \boldsymbol{w}_{ih,t}}$ 和 $\frac{\partial E}{\partial \boldsymbol{w}_{ch,t}}$。

网络训练时，根据上述公式逐步计算相应误差项和权重矩阵，完成整个 LSTM 前向输出和反向误差传播的算法。可见 LSTM 的结构中有着许多非线性处理单元和历史信息挑选保留机制，这成为 LSTM 能够处理非线性的时间序列预测问题的关键。

6.2.5　聚类分析

聚类分析（Cluster Analysis）简称聚类，是根据数据的属性对数据进行划分的一种数据分析方法，旨在发现数据的内部结构，挖掘数据中有潜在价值的信息。聚类将不同类别的数据作为输入，按照一定的规则划分数据，并输出数据所属的簇（Cluster）信息。这种数据的划分（聚类）过程需要满足一定条件（相似性条件），即同一个簇中的数据具有较大的相似性，不同簇之间的数据具有较大的差异性。简而言之，聚类分析是综合考虑给定数据的多个对象及其属性，根据数据对象的属性特点，使用合适的相似度的度量方法，通过度量对象间的相似度找到有实际意义或最合适的分组。每一个分组中的对象具有较高的相似性。这样的组用聚类的术语称为簇。

根据聚类的定义，设数据集为 $\boldsymbol{D} = \{\boldsymbol{x}_1, \boldsymbol{x}_2, \cdots, \boldsymbol{x}_n\}$，其中 n 为数据集中包含了 n 个未标记的数据对象，每个数据对象的特征属性为 d 维，则聚类分析就是按照一定的相似性度量方法，将所有的数据对象通过一定的方法划分为 k（$k<<n$）个相互不重复的簇 $\boldsymbol{C} = \{\boldsymbol{C}_1, \boldsymbol{C}_2, \cdots, \boldsymbol{C}_k\}$。其中 $\boldsymbol{D} = \boldsymbol{C}_1 \cup \boldsymbol{C}_2 \cup \cdots \cup \boldsymbol{C}_k$，并且 $\boldsymbol{C}_i \cap \boldsymbol{C}_j \neq \boldsymbol{\Phi}$（$i \neq j$），每个数据对象将分配到一个类标签 $y_i \in \{1, 2, \cdots, k\}$。

根据不同的聚类机理，经典的聚类分析算法可以分为基于划分的聚类算法（Partitioning-Methods）、基于密度的聚类算法（Density-based Methods）、基于层次的聚类算法（Hierar-chicalMethods）、基于网格的聚类算法（Grid-based Methods）及基于模型的聚类算法（Model-basedMethods）几类。

1. 基于划分的聚类算法

基于划分的聚类方法通常需要用户预先确定要将数据集划分的簇数目 k，并选取初始簇中心。在此基础上，算法循环计算数据对象到各簇中心点的相似度，如果相似度满足要求，则将该数据对象划分到相应的簇中。这些算法通常情况下会得到一个局部最优解，如果要得到最佳的结果，算法就需要对所有的可能解——列举并进行对比。

在基于划分的聚类算法中，k – Means 算法被提出的时间较早，也是目前最为流行的聚类算法之一。k – Means 算法中的 k 代表类簇个数，Means 代表类簇内数据对象的均值（这种均值是一种对类簇中心的描述），因此，k – Means 算法又称为 k – 均值算法。k – Means 算法是一种基于划分的聚类算法，以距离作为数据对象间相似性度量的标准，即数据对象间的距离越小，则它们的相似性越高，则它们越有可能在同一个类簇。数据对象间距离的计算有很多种，k – Means 算法通常采用欧氏距离来计算数据对象间的距离。

（1）k – Means 聚类原理。k – Means 算法以距离作为数据对象间相似性度量的标准，通常采用欧氏距离来计算数据对象间的距离，即

$$\text{Dist}(\boldsymbol{x}_i,\boldsymbol{x}_j) = \sqrt{\sum_{m-1}^{D}(x_{i,m} - x_{j,m})^2} \tag{6-79}$$

式中　D——数据对象的属性个数。

k – Means 算法聚类过程中，每次迭代，对应的类簇中心需要重新计算（更新）。事实上，对应类簇中所有数据对象的均值，即为更新后该类簇的类簇中心。若第 k 个类簇的类簇中心为 Center_k，则类簇中心更新方式为

$$\text{Center}_k = \frac{1}{|C_k|}\sum_{x_i \in C_k}\boldsymbol{x}_i \tag{6-80}$$

式中　C_k　　——第 k 个类簇；

$|C_k|$——第 k 个类簇中数据对象的个数。

这里的求和是指类簇 k 中所有元素在每列属性上的和，因此 Center_k 也是一个含有 D 个属性的向量，表示为 $\text{Center}_k = (\text{Center}_{k,1},\text{Center}_{k,2},\cdots,\text{Center}_{k,D})$。

k – Means 算法需要不断的迭代来重新划分类簇，并更新类簇中心，那么迭代终止的条件是什么呢？一般情况，有两种方法来终止迭代。一种方法是设定迭代次数 T，当到达第 T 次迭代，则终止迭代，此时所得类簇即为最终聚类结果；另一种方法是采用误差平方和准则函数，函数模型为

$$J = \sum_{k=1}^{K}\sum_{x_i \in C_k}\text{Dist}(\boldsymbol{x}_i,\text{Center}_k) \tag{6-81}$$

式中　k——类簇个数。

当两次迭代 J 的差值小于某一阈值时，即 $\Delta J < \delta$ 时，则终止迭代，此时所得类簇即为最终聚类结果。

（2）k – Means 算法的基本步骤。

1）初始化。在数据集中，随机选择一组初始质心。

2）数据点分配。将数据点分配给距离它最近的簇。

3）质心更新。计算每个簇中数据的均值，即该簇新质心。

4）当质心不变或达到最大迭代次数时，停止迭代，得到划分好的簇；否则，执行步骤2）。

（3）k – Means 算法特点及其改进。k – Means 算法具有易实现、收敛速度快、聚类效果

良好、解释性较强等优点；然而，k – Means 算法也有 k 值不好选取、不适用于非凸数据集、对异常点比较敏感、初始质心的选择会影响其聚类效果等缺陷。

k – Means 算法是 k – Means 算法的一种改进算法。它们的区别在于中心点选择方式不同。k – Means 算法可以用样本点之外的点，或者说是数据集中不存在的点作为选择的中心点。而 k – Medoids 每次只能选择样本点作为中心点，即数据集中实际存在的点。这样的选择方式使得 k – Medoids 算法在面对噪声点和离群点时，表现得更具鲁棒性，虽然 k – Medoids 对于小规模数据集效果很好，但不能够很好地应用于数据集规模较大的情况。并且时间复杂度较高，运行速度慢。

k – Means 算法的每一次的聚类结果都会有差别，其根本的原因是该算法在选取初始簇中心时，没有确定的方法进行选取。数据集中的任何一个点都有相同的可能性成为簇中心。为了解决上述问题，又推出了 k – Means + + 算法。k – Means + + 算法在选择聚类中心时会优先选取相互之间距离较远的点作为簇中心。简而言之，在 k – Means + + 算法中，第一个簇中心是随机选择的，接下来选择距离第一个簇中心点较远的点作为第二个簇中心点。以此类推，逐步选取 k 个簇的中心点。这样一个简单的改变，从本质上消除了初始簇中心点对结果的影响，大大地提高了 k – Means 算法的聚类质量。

2. 基于密度的聚类算法

基于密度的聚类算法通常根据数据点的局部密度识别出数据集中的噪声点。这种方法有效地降低了噪声数据对聚类质量的影响。它的基本原理是，首先根据数据对象的原始分布特点，定义了数据点的局部密度。然后，依据数据点密度连通将数据点聚集来进行聚类。事实上，若聚类结构可通过样本分布的紧密程度得出，基于密度的聚类算法以空间分布上显示的样本点密集程度为标准进行聚类，即一个区域内的样本密度一旦大于给定的阈值，就将它归类于与之相近的簇中。

目前，密度聚类较为流行的策略是从数据对象局部密度的角度出发，发现数据对象之间的联系的紧密程度。然后，它将联系紧密的数据对象不断聚集扩展，最终得到较为理想的聚类结果。最著名的基于密度的聚类算法就是 DBSCAN（Density – Based Spatial Clustering of Applications with Noise）算法。

在基于密度的聚类算法中，DBSCAN 属于一种最基于代表性的聚类算法。

（1）DBSCAN 算法中的一些概念。

1）Eps 邻域。以给定对象 p 为圆心，Eps 为半径的圆形区域，称为 p 的 Eps 邻域，即

$$N_{Eps}(p) = \{q \in D \mid Dist(p,q) \leq Eps\} \qquad (6-82)$$

式中　Dist (p, q) ——对象 p 和 q 之间的距离；

　　$N_{Eps}(p)$ ——数据集 D 中与对象 p 之间距离不大于 Eps 的所有对象的集合。

2）核心对象。如果对象 p 的 Eps 邻域内包含不少于数目为 MinPts 的对象，则称该对象 p 为核心对象，即

$$|N_{Eps}(p)| \geq MinPts \qquad (6-83)$$

3）密度直达。在数据集 D 中，若 p 是核心对象，且对象在 q 对象 p 的半径 Eps 邻域内，则可以认为对象 q 从对象 p 出发是密度直达的。

4）密度可达。对于对象链 p_1, p_2, $\cdots$, p_i, $\cdots$, p_n 如果满足 $p_1 = p$ 和 $p_n = q$，p_i 是从 p_{i+1}

关于 Eps 和 MinPts 密度直达，那么 p 是从 q 关于 Eps 和 MinPts 密度可达的。

5）密度相连。如果存在对象 $O \in D$，使对象 p 和对象 q 都是从 O 关于 Eps 和 MinPts 密度可达，则 p 和 q 密度相连。

6）噪声点。从数据集 D 中取任意一点 p，从 p 开始在 D 中搜索满足 Eps 和 MinPts 条件且密度可达的所有点，这些点构成一个类，不属于任何类别的对象则被标记为噪声点。

（2）DBSCAN 算法原理。DBSCAN 算法以对象点 p 与 q 之间的距离 Dist（p，q）度量样本空间中每个样本之间的相似性。Dist（p，q）的值越小，则代表对象 p 和 q 越相似。

DBSCAN 算法首先对数据集中每个点的 Eps 邻域进行检查来发现簇。如果一个点的 Eps 邻域中数据点个数大于 MinPts，则以该点为核心点创建一个簇。接着，迭代地将与核心数据点密度直接可达的数据点合并。这个阶段会将一些满足密度可达条件的簇合并。当所有的对象都已添加到相应簇中时，迭代过程结束。

DBSCAN 算法过程如下。

1）给定数据集 D，初始化所有对象，将其被标记为未访问。对数据集 D 中任一个未被访问的对象点 p 的 Eps 邻域进行搜索，若满足 $| N_{Eps}（p）| \geq Minpts$，就会创建一个以该点为核心的新簇 C，否则对象点 p 会被标记为噪声点，此时对象点 p 被标记为已访问，并且将 p 的 Eps 邻域的所有对象都放在候选集 M 中；

2）选择候选集 M 内未被访问的点 q，$N_{Eps}（q）$ 表示该对象点的邻域 q，若 $| N_{Eps}（q）| \geq$ MinPts，就会创建一个以该点为核心的新簇 M，并将该点标记为已访问。将簇 M 的点加入 C 中；

3）重复步骤 2），直到簇 C 中的所有点都已被访问；

4）重复步骤 1）～3），直至数据集 D 中的所有点都已被访问，最后所有点都会被加入簇或是成为噪声点。

（3）密度聚类算法的特点。

1）优点。相较于其他聚类方法，基于密度的聚类算法有一些特有的优点。

a. 密度联类算法能够将数据集 D 聚类识别出任意形状的簇，比如能聚类出非凸集的簇。这对于绝大多数聚类算法来说无法实现，大多数聚类算法只能适用于将数据集聚类成凸簇。

b. 密度聚类能够对数据集 D 中的噪声点进行识别。当取得合适参数值的条件下，密度聚类对于正常点中的异常点识别效果良好。

2）缺点。基于密度聚类在使用时也存在一些缺点。

a. 算法时间复杂度高，比如 DBSCAN 算法，它的时间复杂度是 O（n^2）。当使用该算法处理数据量庞大的数据集时，因为时间复杂度高，对数据处理所需时间长。

b. 算法参数选择困难。在使用聚类算法时，聚类结果受算法参数的影响很大。如 DB-SCAN 算法需要手动选择参数，往往不同参数取值得到的聚类结果不同。只能靠人工手动尝试选取参数并在观察聚类结果后多次对参数值手动调整，难以得到最佳聚类结果，这大大降低了算法实用性。

3. 基于层次的聚类算法

层次聚类算法按照划分策略可分为自顶向下和自底向上两类。凝聚型层次聚类属于后者，该算法首先将数据集中的每一个点看作一个簇，然后根据簇之间的相似度将其一个个地合并，直至所有数据点被合并在一个簇中或者满足某个终止条件。

AGNES 算法是早期的凝聚型层次聚类算法，这种层次聚类技术有助于将所有数据点构建成一个树形结构，这种树形结构可以快速有效地找到最近最相关的数据对象。

AGNES 算法的基本步骤如下。

（1）每个数据点都看作一个初始簇。

（2）用距离函数计算簇之间的距离。

（3）找出距离最近的两个簇 C_i 和 C_j，将其合并，簇数减 1 并重新给簇编号。

（4）当簇数大于预期的簇数时，执行步骤（2）；否则执行步骤（5）。

（5）输出划分好的簇。

AGNES 聚类算法具有简单、易于实现的优点，但也存在一些问题，前期把每个数据点都当成一个簇导致其计算量很大，聚类个数的选择对聚类效果有很大影响，异常点也会影响聚类划分结果。

4. 基于网格的聚类算法

基于网格的聚类算法使用一种多分辨率的网格数据结构。它将对象空间量化成有限数目的单元。这些单元形成了网格结构，所有的聚类操作均在网格结构上进行。这类方法主要优点是处理速度快。

STING 是一种基于网格的多分辨率的聚类方法。它使用分层或递归的方法将输入对象的空间区域划分成一个个矩形结构。这种多层矩形单元对应不同级别的分辨率，并形成一个层次结构。每个网格单元的属性的统计信息被作为统计参数预先计算和存储。然后，它自顶向下依次查询。如果查询要求被满足，就返回满足要求的相关单元区域。最后，它进一步处理落在相关单元中的数据，直到满足要求。STING 算法主要的优点是效率高。此外，网格结构有利于并行处理和增量更新。

5. 基于模型的聚类算法

基于模型的聚类方法假设数据集是由一系列概率分布所决定的。它首先给每一个簇假设一个模型，然后在数据集中寻找能够很好地满足这个模型的簇。这个模型可以是数据点在空间中的密度分布函数，也可以是通过基于标准的统计来自动求出。

EM 算法是一种求解最大似然估计的方法。它通过观测样本来找出样本模型参数。EM 算法首先通过初始化参数来计算隐藏变量，计算期望值，达到隐藏变量。然后，通过隐藏变量不断调整初始化参数，直到初始参数不再发生变化。EM 算法原理简单，稳定上升的步骤能非常可靠地找到最优的收敛值。但是它对初始值敏感。初始值的选取直接影响到收敛效率和能否求得全局最优解

6. 聚类算法常用的相似性度量函数

在聚类算法中，通常需要衡量所有数据中两两之间的相似度，因为可以用数据对象之间的相似度信息代替原始数据。这种方法可以理解为进行数据分析之前，将数据变换到相似性空间。假设有两个数据对象 x_i 和 x_j，每个数据对象均具有 d 维属性特征，则可以采用以下方式来计算它们之间的相似度。

（1）欧氏距离。欧氏距离也称欧几里得度量，是计算数据点间距离最常用的方法之一。它表示的是两个数据点在空间中的真实距离，还可以计算向量的自然长度（即该点到原点的距离）。在二维和三维空间中的欧氏距离就是两点之间的实际距离。有

$$d(\boldsymbol{x}_i,\boldsymbol{x}_j) = \sqrt{\sum_{m=1}^{d}(x_{im}-x_{jm})^2} \qquad (6-84)$$

（2）曼哈顿距离。在实际生活中，从某处到达另一处的距离并不能简单地用直线距离来表示。比如在城市中从一个十字路口行驶到另一个十字路口，行驶距离显然不是两点之前的直线距离。这个实际的行驶距离就是曼哈顿距离，曼哈顿距离也称城市街区距离。有

$$d(\boldsymbol{x}_i,\boldsymbol{x}_j) = \sum_{m=1}^{d}|x_{im}-x_{jm}| \qquad (6-85)$$

（3）切比雪夫距离。切比雪夫距离又被称为上确界距离，它实际上计算的是数据所有属性中差值最大的一项值。有

$$d(\boldsymbol{x}_i,\boldsymbol{x}_j) = \lim_{p\to\infty}(|x_{im}-x_{jm}|^p)^{1/p} \qquad (6-86)$$

（4）余弦相似度。余弦相似度，通常是计算两个向量之间的相似度，也可以叫余弦相似性。计算方法是计算两个向量夹角的余弦值，即

$$d(\boldsymbol{x}_i,\boldsymbol{x}_j) = \frac{\sum_{m=1}^{d}x_{im}\times x_{jm}}{\sqrt{\sum_{m=1}^{d}(x_{im})^2}\sqrt{\sum_{m=1}^{d}(x_{jm})^2}} \qquad (6-87)$$

（5）皮尔逊相关系数。皮尔逊相似度是用于度量两个变量 X 和 Y 之间的相关（线性相关），其值介于 -1 与 1 之间，有

$$d(\boldsymbol{x}_i,\boldsymbol{x}_j) = \frac{\sum_{m=1}^{d}(x_{im}-\overline{x}_i)\times(x_{jm}-\overline{x}_j)}{\sqrt{\sum_{m=1}^{d}(x_{im}-\overline{x}_i)^2}\sqrt{\sum_{m=1}^{d}(x_{jm}-\overline{x}_j)^2}} \qquad (6-88)$$

7. 聚类评价指标

对于一些能够可视化的数据集来说，可以通过直接观察聚类结果估计聚类算法的优劣程度。而对于不能够可视化的数据集，需要将聚类结果量化评价，就需要评价指标的帮助。此外许多算法都有或多或少的参数，评价指标可以帮助获得最优的参数组合。聚类性能度量指标分为外部指标和内部指标。

（1）外部评价指标。外部指标指的是有监督学习下的一种评价指标，也就是所谓的有参考标准的评价指标。可以将聚类算法的聚类结果和已知的（有标签、人工标准或基于一种理想的聚类的结果）相比较，实现对聚类算法性能的评价。常用的外部评价指标有标准化互信息（NMI）、调整兰德系数（ARI）、准确率（ACC）和平衡 F 分数（F1-score）。

假设聚类分析算法对数据集的划分结果为 $\boldsymbol{C}=\{\boldsymbol{C}_1,\boldsymbol{C}_2,\cdots,\boldsymbol{C}_k\}$，根据真实类标将数据集划分为 $\boldsymbol{C}'=\{\boldsymbol{C}'_1,\boldsymbol{C}'_2,\cdots,\boldsymbol{C}'_k\}$。同时，用 Y 和 Y' 分别表示 $\boldsymbol{C}$ 和 $\boldsymbol{C}'$ 对应的分配的簇标签。

1）标准化互信息（NMI）。NMI 度量的是算法的聚类结果与真实划分的相似程度，也是评价聚类算法聚类效果的重要指标。它基本上能够对聚类算法划分结果与标准划分之间匹配度进行客观公正的评价。它的取值范围是 0 到 1，值越接近 1，表示聚类算法划分得越准确。有

$$NMI = \frac{\sum_{i=1}^{k}\sum_{j=1}^{k}\log\frac{n|C_i\cap C_i|}{|C_i\|C_i|}}{\sqrt{\sum_{i=1}^{k}|C_i|\log\frac{|C_i|}{n}}\sqrt{\sum_{j=1}^{k}|C_j|\log\frac{|C_j|}{n}}} \qquad (6-89)$$

2）调整兰德系数（ARI）。ARI 反映的是真实划分与标准划分的重叠程度。它的取值范围是 $[-1,1]$，值越大表示算法的划分结果越好。

定义 a 在 C 中属于同一类，并且在 C' 中属于同一类的数据对象对；b 在 C 中属于同一类，但在 C' 中属于不同类的数据对象对；c 在 C 中属于不同类，但在 C' 中属于同一类的数据对象对；d 在 C 中属于不同类，并且在 C' 中属于不同类的数据对象对。有

$$a = \{x_i,x_j \mid y_i = y_j, y_i' = y_j', i < j\} \tag{6-90}$$

$$b = \{x_i,x_j \mid y_i = y_j, y_i' \neq y_j', i < j\} \tag{6-91}$$

$$c = \{x_i,x_j \mid y_i \neq y_j, y_i' = y_j', i < j\} \tag{6-92}$$

$$d = \{x_i,x_j \mid y_i \neq y_j, y_i' \neq y_j', i < j\} \tag{6-93}$$

由于每个数据对象只能存在于一个集合中，所以

$$ARI = \frac{2(ad-bc)}{(a+b)(b+d)(a+c)(c+d)} \tag{6-94}$$

3）准确率（ACC）。准确率衡量真实划分与标准划分一致的程度，所以需要在计算时对齐类标。ACC 的取值范围是 $[0,1]$，值越大聚类质量越好。有

$$ACC = \sum_{i=1}^{n}\delta(y_i, map(y_i'))/n \tag{6-95}$$

其中，如果 $x=y$，则 $\delta(x,y)=1$，否则 $\delta(x,y)=0$。map（·）表示利用 Hungarian 算法将每个聚类标签映射到一个类标签，并且映射是最佳的。

4）平衡 F 分数（F1-score）。F1-score 是精确率和召回率的加权调和平均。通常应用于信息检索领域，评价提出模型的优劣。有

$$P = \frac{TP}{TP+FP} \tag{6-96}$$

$$R = \frac{TP}{TP+FN} \tag{6-97}$$

$$F1 = \frac{2PR}{P+R} \tag{6-98}$$

式中　P ——精确率；

　　　R ——召回率；

　　　TP ——正样本被分类器正确分类的个数；

　　　TN ——正样本被错误分类的个数；

　　　FP ——负样本被分类为正样本的个数；

　　　FN ——正样本被分类为负样本的个数。

（2）内部评价指标。内部评价指标是无监督学习下的一种评价指标，不需要标准的类标签。它利用样本数据集中样本点与聚类中心之间的距离来衡量聚类结果的优劣。戴维森堡丁指数（DBI）和轮廓系数（SC）是较为常用的内部评价指标。需要注意的是，有时候内部评价指标好并不意味着聚类结果也好。

1）戴维森堡丁指数（DBI）。DBI 用来计算任意两个簇内部数据点距离之和与簇间数据点距离之比。该指标越小表示簇内部数据点分布越集中。有

$$DBI = \frac{1}{k}\sum_{i=1}^{k}\max(\frac{\overline{C}_i+\overline{C}_j}{d(\sigma_i+\sigma_j)}) \tag{6-99}$$

式中 $\bar{C}_i$ ——簇 i 中所有数据点到中心点 σ_i 的平均距离；

$d(\sigma_i, \sigma_j)$ ——中心点 σ_i 到中心点 σ_j 的距离。

2）轮廓系数（SC）。轮廓系数的计算方式是所有样本点轮廓系数的平均值。轮廓系数的取值范围为 $[-1,1]$。同一个类中数据点距离越相近，不同类之间数据点距离越远，轮廓系数值越大。有

$$SC = \frac{b(i) - a(i)}{\max(b(i), a(i))} \tag{6-100}$$

式中 $a(i)$ ——数据点 i 与同类别内其他数据点距离的平均值，体现了簇内数据点的密集程度；

$b(i)$ ——样本 i 与非同类别内数据点距离的平均值，体现了簇间数据点的稀疏程度。

6.3 局部放电类型智能诊断

如前所述一旦开关柜内部绝缘部件的绝缘性能降低到一定水平之后（但还未完全丧失其绝缘性能），则会在这些绝缘薄弱部位产生局部放电。局部放电现象的出现意味着开关柜的绝缘性能的降低，因此需要及时采取相应措施，排除可能进一步发展成绝缘击穿的隐患。特别是局部放电类型的不同，对开关柜绝缘劣化进程的影响也不尽相同。因此，对局部放电类型的诊断具有很强的实际应用价值。实际应用中，可以借助于合适的智能诊断算法来实现对局部放电类型的诊断。

6.3.1 局部放电信号特征提取

通常情况下，仅从获取的局部放电波形中很难直接利用局部放电波形实现局部放电模式的识别，工程上通常是从局部放电监测数据中提取能够反映该类信号特性的特征参数。在此基础上，采用合适的智能诊断算法来实现对局部放电类型的诊断。因此，局部放电类型识别第一步是要对局部放电数据的相关特征值进行确定和提取，然后将提取到的特征值作为输入值输入到算法中，最终得到局部放电类型的识别结果。

事实上，能够描述局部放电特征的参数并没有统一的确定模式，实际应用中，应根据智能诊断算法以及软硬件资源来选取。比如，分布特征参数可作为一种可真实描述局部放电谱图正负半周期特征的参数，这些参数可以定性定量地用数据分析出局部放电谱图的特征；还可以利用局部放电图谱的偏斜度 S_k、均值 μ、偏差 σ、陡峭度 K_u、局部峰点等参数来描述 PRPD 图谱的形状特征；使用相位不对称度 φ、互相关系数 C_c、放电量因数 Q 等参数来描述 PRPD 图谱的正负半周期的轮廓特征；如果采用卷积神经网络 CNN 来对 PRPD 图谱进行局部放电类型诊断，甚至不需要事先提供局放特征参数，而是直接将 PRPD 图谱作为卷积神经网络的输入，进而实现局部放电类型的分类与诊断。

以下仅介绍几个能够描述样本数据特征的特征参数。

1. 偏斜度 S_k

偏斜度 S_k 是用来描述样本数据的分布相对于正态分布形状的偏斜程度值，表达式为

$$S_k = \sum_{i=1}^{w} (x_i - \mu)^3 p_i \Delta x / \sigma^3 \tag{6-101}$$

式中 Δx ——相窗宽度；

x_i ——第 i 个相窗的相位；

w ——半周期内的相窗数；

p_i、μ、σ ——分别为以 x_i 为随机变量时相窗 i 内事件出现的概率、均值、标准差。

均值和标准差的计算公式为

$$\mu = \sum_{i=1}^{w} p_i \varphi_i \qquad (6-102)$$

$$\sigma = \sqrt{\sum_{i=1}^{w} p_i (\varphi_i - \mu)^2} \qquad (6-103)$$

偏斜度表示样本数据的分布相对于正态分布形状的偏斜程度。当偏斜度 $S_k > 0$ 时，表示图谱形状向左偏斜；当偏斜度 $S_k < 0$ 时，表示图谱形状向右偏斜；当偏斜度 $S_k = 0$ 时，表示图谱形状左右对称。

2. 陡峭度 K_u

陡峭度 K_u 又称为峰度系数，用来表示局部放电脉冲形状的突出程度。公式为

$$K_u = \left| \sum_{i=1}^{w} (x_i - \mu)^4 p_i \Delta x / \sigma^4 \right|^{-3} \qquad (6-104)$$

对于正态分布而言，其陡峭度 $K_u = 0$。所以，当陡峭度 $K_u > 0$ 时，则表明局部放电图谱的轮廓比正态分布轮廓陡峭；当 $K_u < 0$ 时，则表明局部放电图谱的轮廓比正态分布轮廓平缓。

3. 互相关系数 C_c

在不对称电极系统中，其正负半周期内的放电强度和相位分布等参数差异较明显，因此，可采用互相关系数 C_c 来描述局部放电正负半周期的相似程度。公式为

$$C_c = \frac{\sum_{i=1}^{w} q_i^+ q_i^- - \left(\sum_{i=1}^{w} q_i^+ \sum_{i=1}^{w} q_i^- \right) / w}{\sqrt{\sum_{i=1}^{w} (q_i^+)^2 - \sum_{i=1}^{w} (q_i^+)^2 / w \left[\sum_{i=1}^{w} (q_i^-)^2 - \sum_{i=1}^{w} (q_i^-)^2 / w \right]}} \qquad (6-105)$$

式中　q_i^+、q_i^- ——分别为正负半周期中单个相窗内的平均局部放电量；

W ——半周期内的相窗数。

互相关系数 C_c 表示图谱正负半周期的相似程度，C_c 越大越相似。其他的典型特征参数见表 6-1

表 6-1　　　　　　　　　　　其他典型特征参数

特征参数	描述	作用
S_{k+}	正半周期偏斜度	表示局部放电图谱的左右不对称度
S_{k-}	负半周期偏斜度	表示局部放电图谱的左右不对称度
k_{u+}	正半周期陡峭度	表示局部放电图谱的突出或平坦度
k_{u-}	负半周期陡峭度	表示局部放电图谱的突出或平坦度
C_c	互相关系数	表示 PRPD 图谱正负半周期内形状的相似程度
φ_+	正半周期放电起始相位	正半周期内出现局部放电脉冲的最小相位
φ_-	负半周期放电起始相位	负半周期内出现局部放电脉冲的最小相位
q_+	正半周期内局部放电的平均放电量	正半周期内局部放电的平均放电量
q_-	负半周期内局部放电的平均放电量	负半周期内局部放电的平均放电量

6.3.2 基于支持向量机识别局部放电类型诊断

要实现支持向量机在开关柜局部放电模式识别的应用，首先需要采集到局部放电数据，并将数据进行预处理，同时将数据分为训练集和测试集，用于训练模型以及测试模型的性能。支持向量机模式识别步骤如图 6 – 33 所示。

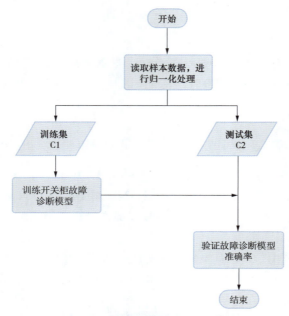

图 6 – 33　支持向量机模式识别步骤

在使用支持向量机解决问题时，需要将要解决的问题转化为支持向量机能够理解的数学问题，其中主要步骤如下。

（1）确定要分类的结果，对局放类型进行编号处理。

（2）确定特征参数，选取合适的特征参数作为支持向量机算法模型的输入。

（3）获取样本数据，对数据进行预处理操作后，将数据分为训练集和测试集。

（4）选择 SVM 局放分类模型参数。

（5）建立 SVM 局放分类模型。

（6）训练局放分类模型。

（7）利用训练好的局放分类模型对诊断对象进行局放类型诊断。

1. 模型训练

根据支持向量机实现步骤，首先确定需要分类的结果。这里需要对尖端放电、气泡放电、沿面放电及悬浮放电 4 种类型的局部放电进行诊断，并且将不同的放电类型赋予不同的编号。其中，尖端放电编号为 1，气泡放电编号为 2，沿面放电编号为 3，悬浮放电编号为 4。

在此基础上，选取合适的特征参数作为支持向量机算法模型的输入，选取前文所述的正半周期偏斜度 S_{k+}、负半周期偏斜度 S_{k-}、正半周期陡峭度 k_{u+}、负半周期陡峭度 k_{u-}、互相关系数 C_c、正半周期放电起始相位 φ_+、负半周期放电起始相位 φ_-、正半周期内局部放电的平均放电量 q_+、负半周期内局部放电的平均放电量 q_- 9 个特种参数作为支持向量机算法的输入。同时还要建立样本训练集和测试集，对于每种放电类型样本数据库，将处理得到的样本数据分成两部分，其中训练集占 70%，验证集和测试集各占 15%。应注意训练集和测试集种要包括各种工况下的局放样本。然后，选择合适的核函数，确定 SVM 局放分类模型参数，进行模型训练。这里选择径向基核函数，并利用网格搜索法确定最优参数惩罚因子 C 和核参数 γ，即使用不同的罚因子 C 和核参数 γ，利用训练集训练，测试集进行验证，最终确定准确率最高的参数。不同惩罚因子 C 和核参数 8 识别准确率见表 6 - 2。可以看出，当 $C = 10$、$\gamma = 0.0001$ 时，识别准确率最高。

表 6 - 2　　　　　　　　　　　不同惩罚因子 C 和核参数 γ 识别准确率

惩罚因子 C	核参数 $\gamma = 0.0001$	核参数 $\gamma = 0.001$	核参数 $\gamma = 0.01$
$C = 0.1$	0.670	0.955	0.020
$C = 1$	0.960	0.956	0.861
$C = 10$	0.989	0.975	0.925
$C = 100$	0.961	0.710	0.742
$C = 1000$	0.951	0.960	0.482

最后建立 SVM 局放分类模型，采用所确定的参数，并利用样本训练集对分类器模型进行训练，最后用测试集对模型的泛化、准确率等能力进行性能评估。

2. 识别结果

局部放电的发生过程具有一定的随机性，在单个周期内的放电次数和脉冲时间间隔存在较大差异。因此，仅通过单个周期的放电数据难以提取有效的特征参数。如果在局部放电类型识别中仅以单个周期放电脉冲作为样本进行特征量提取，则会导致局部放电类型的特征量计算结果分散性大，同一放电类型下的特征量差异化明显，对放电类型识别会产生较大影响。本例中，在稳定放电状态下对 4 种局部放电缺陷模型连续采集 250 个工频周期的局部放电脉冲信号，最后获得 4 种类型局部放电数据 900 组，其中 600 组数据用作训练集数据，300 组数据用作验证集和测试集数据。

使用 Python 程序搭建支持向量机算法模型，根据图 6 - 1 所示支持向量机模式识别步骤搭建支持向量机算法模型，最后将测试集数据输入模型得到模型的识别准确率。分别识别结果见表 6 - 3。

表 6 - 3　　　　　　　　　　　　　　分类识别结果

局放类型	训练组数	测试组数	正确率（%）
沿面放电	144	75	92.5
悬浮放电	148	75	94.3
气泡放电	148	70	91.7
尖端放电	160	80	95.4
总识别率	600	300	94.5

可以看出，虽然 4 种局部放电类型放电特征参数差别较大，但最终的识别率都在 90% 以上，准确率较高，说明模型参数选取较为合适。可以看出对尖端放电的识别率要高于其他类型局部放电的识别率，这是因为对尖端放电而言，由于极性效应，其放电脉冲几乎只出现在负半周期，与其他 3 种相比差别较大。

最后，将采集到的 900 组数据采用交叉验证方式，以 700 组数据为训练集，200 组数据为验证集，总识别率为 94.5%，说明对于不同的局部放电类型，模型基本能够准确识别。

6.4　人工智能算法在开关设备中的应用与展望

随着人工智能技术在众多领域中的推广应用，电力开关设备（包括 KYN 开关柜）借助人工智能技术提高其运行性能的应用也越来越受到关注，并且在某些场景中已取得了可观的进展，如开关设备局部放电类型的智能诊断等应用。事实上，借助于人工智能技术，建立起相关的应用模型，通过足够数量的样本数据训练该应用模型，使得开关设备具备了一定的智能化水平，这将有利于提高开关设备的性能及安全运行水平。

本节将关注于人工智能在开关设备可能的应用场景（不包括已叙述的开关设备局部放电类型的智能诊断），其中包括 KYN 开关柜中（手车）开关状态的智能识别、电缆接头等关键部位的过热故障监测与温度预测、断路器机械故障智能诊断等应用。需要指出的是，本小节仅举例说明人工智能技术在 KYN 开关柜中的可能应用场景。事实上，随着人工智能技术的发展以及大数据的积累，人工智能技术在包括 KYN 开关柜的高压开关柜及其他电力设备领域中必将得到更广泛的应用。

6.4.1　（手车）开关状态智能识别

为了适应智能化变电站对 KYN 开关柜实现状态监测和程序化操作的要求，采用一键顺序控制操作技术，将大量重复、烦琐的人工倒闸操作逻辑嵌入到高压开关设备内部，形成统一的操作模块，就地判别开关设备的运行状态，按顺序执行一系列开关设备的就地或遥控操作，同时校验开关设备的位置，避免误操作。将重复和易误操作的步骤转变为智能化自动化的操作模式，可以缩短停电时间，提高供电可靠性。为了实现开关柜的一键顺控，KYN 开关柜需要满足一定的应用条件，其中包括可靠的（电动）手车及接地开关的状态确认，这是基于开关柜的"五防"联锁操作规定，即断路器、接地开关等开关设备的合闸与分闸操作需要在满足规定前提条件下方可执行。根据《国家电网公司电力安全工作规程　变电部分》（Q/GDW1799.1—2013）规定，设备操作后位置检查应以设备各项实际位置为准，无法看到实际位置时，应通过间接方法，且至少有两个非同样原理或非同源的指示同时发生对应变化、所有已确定指示均同时发生对应变化才能判定分合闸是否到位，即需要实现开关位置的"双确认"。由于 KYN 开关柜属于户内交流金属铠装移开式开关设备，开关柜是由固定的柜体和可抽出部件（即手车）两大部分组成，开关柜带电运行时手车是位于金属铠装柜体内部，通常是无法直接看到开关的实际位置。因此，传统的应用方式是基于辅助开关接点的开/合来确认（电动）手车及接地开关的状态。

随着 KYN 开关柜可视化技术的应用，借助于安装在开关柜内部的微型摄像头，使得运维操作人员可以远程查看开关柜的内部情况，特别是断路器手车的摇入/摇出状态，以及接地开关分/合状态。在此基础上，运用人工智能的图像识别技术，可以实现对 KYN 开关柜手车的摇入/摇出状态，以及接地开关分/合状态的智能识别，即无需操作人员的介入，实现 KYN 开关柜手车的摇入/摇出状态，以及接地开关分/合状态的自动识别，进而为一键顺控操作提供必要实施条件，这对 KYN 有着十分重要的实际应用价值。

目前的开关状态识别算法可以借助于基于传统图像识别与深度学习两种技术路线来实现，其中，基于传统图像识别技术的算法可以利用目标开关的形状、边缘以及角度等信息，依据开关状态的知识来判断开关的运行状态。也可以利用模板匹配的技术，事先准备好开关闭合与断开状态的模板，将检测到的目标开关与模板进行匹配来判别当下开关的运行状态。而基于深度学习技术的开关运行状态识别算法则利用诸如卷积神经网络等人工智能技术，提取目标开关图像的特征图，然后基于该特征图来进行分类，将开关的状态识别任务转换成二分类任务。

1. 基于 SVM 的开关状态识别

该算法可分两个步骤进行，即先对目标进行定位，在一幅图像中检测到目标，并进行分割；然后再提取目标的各种图形特征，进而实施状态识别。

（1）目标定位。算法利用滑动窗口在整幅输入图像上进行扫描，得到候选目标区域。

（2）图像特征提取。基于特定的图像特征算法，提取候选区域的图像特征，典型的图像特征包括 SIFT、HOG、SURF 等。

（3）确定 SVM 分类器。根据待识别目标图像所包含的状态尺度，确定 SVM 分类器类型（二分类器或多分类器）。

（4）训练 SVM 分类器。利用提取到的训练数据集（图像特征）训练 SVM 分类器。

（5）状态识别。利用训练好的 SVM 非线性分类器模型对输入图片进行分类，以实现对开关运行状态的识别。

2. 基于卷积神经网络的开关状态识别

基于 SVM 的开关状态识别方法存在两个主要的问题：其一是基于滑动窗口的区域选择进行全局扫描，效率低下；其二是 SVM 输入的图像特征需要事先人为确定，这种图像特征指标的优劣又会直接影响状态识别的效率与准确性。此外，过多的人为介入因素与人工智能理念相悖。而卷积神经网络在提取图像特征方面具有很强的灵活性，可以利用不同的卷积层、池化层和最后输出的特征向量的大小来控制整体模型的拟合能力。因此，利用深度学习强大的非线性学习能力构建一个卷积神经网络，可以有效避免对开关状态进行分类时人工特征难以设计的问题。

基于卷积神经网络的 KYN 开关柜手车及接地开关的状态识别分类模型如图 6 - 34 所示，模型分为特征提取器和分类器两部分。其中，特征分类器是由多个结构相似的卷积层通过顺序连接构成，其输出为待识别目标分类的图像特征，展平处理后输入到分类器。分类器由 3 层全连接层与一层 Softmax 层组成。设特征提取器输出的特征尺寸为 $w \times h \times c$，作为第 1 层全连接层的输入，输出维度数为 $w \times h \times c$ 的一维特征向量。类似地，第 2 层全连接层的输入和输出维度均为 $w \times h \times c$，然后第 3 层全连接层输出维度为 2 的特征向量，该特征向量随后经过 Softmax 层进行概率归一化，得到一个 2 维类别概率向量，据此判断出开关状态。

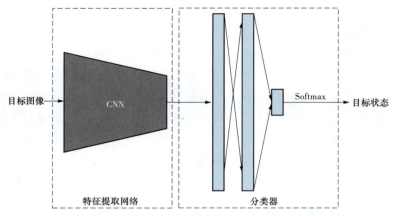

图 6 – 34　KYN 开关柜手车及接地开关的状态识别分类模型

6.4.2　母线及电缆接头等关键部位的过热故障监测与温度预测

　　KYN 开关柜在运行过程中，若母线及电缆等导电部件接触部位异常（接触电阻增高）时，可能会产生过热故障。由于过热故障发生时热量会逐渐累积，所以异常温升不但是故障的原因，也是重要的征兆。因此，有必要对 KYN 开关柜的温度和其他重要状态量的变化进行在线监测以动态反映设备的运行状况，并通过对监测数据的分析和处理来预测关键部位的温度变化，从而在故障演变早期实现对故障发展趋势的预测，提前掌握设备的潜在故障风险。

　　事实上，温度序列是一种典型的时间序列数据，而且是一种呈现出不确定性变化的非平稳时间序列。KYN 开关柜母线及电缆接点等关键监测部位的温度数据属于典型的时间序列数据，在长期时间序列中，温度数据波动性明显，但是会呈现一定周期性，而短期阶层上升区域同样会呈现小范围的随机波动，但是波动范围较小。此外，历史温度、负荷电流和环境温度等多种因素和设备温度之间也存在着复杂的非线性、时滞性（热惯性）关系，所以使用传统方法处理温度预测问题精度有限、适应性较差。

　　6.2.4 节所述的长短时记忆神经网络（LSTM）在上述应用领域有着独特优势。如前所述，LSTM 是由递归神经网络（RNN）改进而来的，LSTM 引入了门（Gate）的概念，用来有选择性地控制信息的输入和权重，解决了 RNN 无法处理长距离数据依赖的问题，抑制了 RNN 的梯度消失和爆炸现象，能更好地处理非线性和时滞性问题。相较于其他预测方法，LSTM 在温度这种时间序列数据的预测问题上有着更高的预测精度和更强的适应性。

　　基于4.4 节所介绍的高压开关柜温度在线监测技术，利用温度监测设备采集的关键点温度、负荷电流和环境温度数据训练 LSTM 网络模型，通过映射非线性能力较强的 LSTM 网络深入分析未来时刻温度与上述数据之间的关系，预测其短期内温度化趋势以实现环网柜的故障预测。基于 LSTM 网络的 KYN 开关柜关键点温度预测模型的建模流程如图6 – 35 所示。

6.4.3　断路器机械故障智能诊断

　　KYN 开关柜中的断路器在操作过程中会产生声音和振动信号，其中包含大量代表断路器运行状态的特征信息。因此，利用断路器运行过程中产生的声音和振动信号特征，可以实现断路器操动机构运行状态的诊断。事实上，当断路器操动机构出现机械故障（或异常）

210

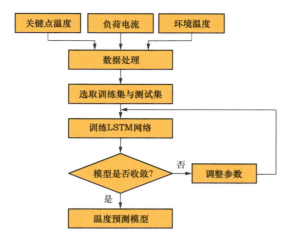

图 6-35　基于 LSTM 网络的 KYN 开关柜关键点温度预测模型的建模流程

时，断路器动作时将产生不同指纹特征的声、振信号。因此，可以借助于超声波传感器采集断路器动作时的声频信号，运用智能诊断方法，建立并训练出断路器运动机构的机械故障智能诊断模型，进而建立起断路器关合闸声纹诊断模型，及时发现断路器操动机构可能出现的机械故障。

断路器机械故障诊断可分为信号预处理、特征提取、训练诊断模型及状态识别 4 个部分。

1. 信号预处理

通常情况下，实际采集的声频信号中会包含些噪声，这些噪声一般存在于周围环境中，采集时无法避免。断路器周围环境中的噪声一般是由附近机器的嗡鸣声、现场的电磁干扰、人的说话声以及自然界中的一些声音等组合而成的。所以需要对采集到的断路器信号进行降噪，抑制混叠在信号中的噪声，提高信噪比。通常可以采用小波分析、经验模态分解（Empirical Mode Decomposition，EMD）等降噪方法来降低噪声对声音和振动信号的影响。

2. 特征提取

特征提取的目的是从采集到的断路器操动机构动作时所产生的声频信号中提取出用于故障诊断的声纹特征，通常为从信号的时域、频域或者时频域中提取有用参数，例如采用小波分析、经验模态分解等技术实现断路器操动机构动作时所产生的声频信号提取特征向量。

3. 训练诊断模型

选定智能诊断模型，如支持向量机、BP 神经网络等，利用所提取到的特征样本训练集来训练智能诊断模型，建立断路器机械故障智能诊断模型。

4. 故障诊断

将待检测信号的特征向量输入到智能诊断模型中，实现对断路器运动机构的机械故障智能诊断。